**Elementare Einführung in die Wahrscheinlichkeitsrechnung**
von Karl Bosch

**Elementare Einführung in die angewandte Statistik**
von Karl Bosch

**Leitidee Daten und Zufall**
von Andreas Eichler und Markus Vogel

**Stochastik einmal anders**
von Gerd Fischer

# Grundlegende Statistik mit R
von Jürgen Groß

**Stochastik für Einsteiger**
von Norbert Henze

**Wahrscheinlichkeitstheorie**
von Christian Hesse

**Einführung in die Wahrscheinlichkeitstheorie und Statistik**
von Ulrich Krengel

**Statistische Datenanalyse**
von Werner A. Stahel

Jürgen Groß

# Grundlegende Statistik mit R

Eine anwendungsorientierte Einführung
in die Verwendung der Statistik Software R

STUDIUM

**VIEWEG+
TEUBNER**

Bibliografische Information der Deutschen Nationalbibliothek
Die Deutsche Nationalbibliothek verzeichnet diese Publikation in der
Deutschen Nationalbibliografie; detaillierte bibliografische Daten sind im Internet über
<http://dnb.d-nb.de> abrufbar.

**Dr. Jürgen Groß**
E-Mail: gross@statistik.uni-dortmund.de

1. Auflage 2010

Alle Rechte vorbehalten
© Vieweg+Teubner Verlag | Springer Fachmedien Wiesbaden GmbH 2010

Lektorat: Ulrike Schmickler-Hirzebruch | Nastassja Vanselow

Vieweg+Teubner Verlag ist eine Marke von Springer Fachmedien.
Springer Fachmedien ist Teil der Fachverlagsgruppe Springer Science+Business Media.
www.viewegteubner.de

Umschlaggestaltung: KünkelLopka Medienentwicklung, Heidelberg
Gedruckt auf säurefreiem und chlorfrei gebleichtem Papier.

ISBN 978-3-8348-1039-7

# Vorwort

Das Buch zeigt, wie die statistische Aufbereitung und Auswertung von Daten mit Hilfe des unter der GPL frei verfügbaren Paketes R vorgenommen werden kann. Auf der Basis von aufeinander aufbauenden Lerneinheiten wird das notwendige Rüstzeug vermittelt, um auch ohne vorherige Programmierkenntnisse statistische Auswertungen durchführen zu können. Dabei werden eine Reihe statistischer Methoden beispielhaft angewendet.

Zielgruppe sind Studierende unterschiedlicher Fachrichtungen, die sich im Rahmen ihres Studiums mit der statistischen Aufbereitung und Auswertung von Daten beschäftigen.

- Es soll gezeigt werden, wie statistische Auswertungen auf möglichst unkomplizierte Art und Weise durchgeführt werden können. Daher werden nicht alle Möglichkeiten, die R bietet, in diesem Buch Erwähnung finden. Insbesondere der Aspekt der Programmierung, der beispielsweise von Ligges (2008) abgehandelt wird, wird auf das notwendige Maß eingeschränkt. Stattdessen ist es das Ziel, aufzuzeigen, wie bestimmte statistische Methoden praktisch angewendet werden können.

- Die Verfahren werden anhand von Beispiel-Datensätzen erläutert, die von R selbst zur Verfügung gestellt werden. Die Beispiele sind in den meisten Fällen in Form einer Aufgabe gestellt, deren mögliche Lösung unter Verwendung von R dann jeweils diskutiert wird.

- Das Buch hat den Charakter eines Kurses. Es kann als ein Begleiter und sinnvolle Ergänzung für Vorlesungen verwendet werden, die grundlegende statistische Methoden behandeln, wie sie z.B. in Fischer (2005), Schlittgen (2003) oder Fahrmeier et al. (2003) abgehandelt werden.

Die ersten drei Kapitel (Teil 1) des Buches bieten eine Einführung in den grundlegenden Umgang mit R. Kapitel 4 bis 18 (Teil 2) beschäftigen sich mit dem Umgang mit Daten, der Datenanalyse, sowie grundlegenden statistischen Verteilungsmodellen. Kapitel 19 bis 24 (Teil 3) beinhalten weiterführende Methoden der Varianz- und Regressionsanalyse, sowie den grundlegenden Umgang mit Methoden der Zeitreihenanalyse.

- Der größte Vorteil von R liegt natürlich in der freien Verfügbarkeit unter GPL. Nachdem man sich an die Bedienung etwas gewöhnt hat, ist es recht unkompliziert eigene oder fremde Datensätze zu laden und aufzubereiten.

- Ein weiterer Vorteil liegt darin, dass es eine große Gemeinschaft von Beitragenden gibt. Fehlerhafte Prozeduren werden schnell als solche erkannt und korrigiert. Zudem gibt es zu nahezu jedem statistischen Themengebiet frei verfügbare Pakete, welche entsprechende Methoden bereits zur Verfügung stellen.

- Schließlich ist R auch eine vollständige komplexe Programmiersprache. Der fortgeschrittene Anwender kann damit eigene Methoden implementieren, oder auch bestehende Funktion für eigene Zwecke geeignet ändern.

Einsteigern oder Wiedereinsteigern fällt es zunächst meist schwer, herauszufinden, welche Möglichkeiten von R zur Bearbeitung bestimmter statistischer Fragestellungen zur Verfügung gestellt werden. Hier ist es die Absicht und Hoffnung des Buches, sinnvolle Hilfestellungen zu geben und als nützliches Nachschlagewerk dienen zu können.

Mein Dank gilt den Autoren von R, siehe R Development Core Team (2009), sowie den zahlreichen Beitragenden. Zudem möchte ich mich bei all denjenigen Studierenden bedanken, deren Lernbereitschaft und motivierendes Interesse für die Anwendung statistischer Methoden mit Hilfe von R für mich eine Anregung dargestellt haben, dieses Buch zu schreiben. Schließlich danke ich Annette Möller, die durch intensives Korrekturlesen zu zahlreichen Verbesserungen beigetragen hat. Sämtliche verbleibenden Fehler und Irrtümer gehen zu Lasten des Autors.

Dortmund, im Februar 2010                                       Jürgen Groß

# Inhalt

# Kapitel 1

# Schnellstart

Dieses Kapitel gibt eine kurze Übersicht zur Installation und den ersten Schritten im Umgang mit R. Im Unterschied zu den meisten Programmen, erfolgt in R die Handhabung nicht bzw. nur wenig über das Anklicken von Menüpunkten. Stattdessen werden nach dem Öffnen des Programms einzeilige Kommandos auf einer Konsole eingegeben.

## 1.1 R installieren

Das Programm R kann aus dem Internet geladen und auf dem PC installiert werden. Die Hauptseite ist

http://www.r-project.org/

Die im Folgenden beschriebene Vorgehensweise zur Installation von R Version 2.9.2 (Stand Oktober 2009) wurde unter dem Betriebssystem Microsoft Windows XP durchgeführt.

1. Unter $\boxed{\text{Download}}$ auf $\boxed{\text{CRAN}}$ klicken.

2. Eine Spiegelseite auswählen (z.B. Austria).

3. Unter $\boxed{\text{Download and Install R}}$ das Betriebssystem anklicken (also üblicherweise Windows).

4. $\boxed{\text{base}}$ auswählen und dort auf den Download klicken.

5. Es wird die Datei R-2.9.2-win32.exe heruntergeladen.

6. Anklicken der Datei führt zur Installation von R.

Das Programm kann auch unter Windows Vista und Windows 7 installiert werden. Hierfür gibt es weitere Hinweise unter $\boxed{\text{How do I install R when using Windows Vista?}}$ bei Punkt 4.

## 1.2   Die R Konsole

Startet man das Programm, so ist die R Konsole das aktive Fenster. Hinter dem > Zeichen
können nun direkt Kommandos eingegeben und mit einem Return übergeben werden.

Tippt man also hinter dem > die Rechnung 3 + 5 und anschließend Return, so ergibt
sich

```
> 3 + 5
[1] 8
```

Zusätzlich zu dem Ergebnis 8 der Rechnung, antwortet die Konsole noch mit einer 1 in
eckigen Klammern vor diesem Ergebnis. Die Bedeutung dieser Notion wird in Abschnitt
1.5.1 erläutert.

**Bemerkung.**  Im Folgenden werden wir bei Erläuterungen zu Eingaben in der Konsole
das > Zeichen immer mit angeben. Alles was *hinter* diesem Zeichen steht, soll also in
genau dieser Form eingegeben (und mit einem Return abgeschlossen) werden.

**Historie anzeigen.**  Mit dem Aufruf

```
> history()
```

öffnet sich ein Fenster, welches die vergangenen Eingaben in der Konsole auflistet. Diese
können dann auch gespeichert werden.

**Mehrzeilige Eingaben.**  Das Prinzip, jede mit einem Return abgeschlossene Zeile sofort abzuarbeiten, wird von der Konsole nicht angewendet, wenn eine öffnende Klammer
nicht in derselben Zeile von der zugehörigen schließenden Klammer begleitet wird.

```
> 5 * (5 -
+ 2)
[1] 15
```

Hier wurde nach dem - Zeichen die Zeile mit einem Return beendet. Da jedoch die
geöffnete runde Klammer noch nicht geschlossen wurde, kann in der folgenden Zeile
weiter geschrieben werden. In der Konsole wird dies durch ein + anstelle des > Zeichens
kenntlich gemacht.

**Eingabe abbrechen.**  Manchmal kann es vorkommen, dass eine Zeile unabsichtlich
nicht abgeschlossen wird, wenn beispielsweise eine Klammer fehlt. In dem Fall ist es
auch möglich die Eingabe durch die Esc-Taste abbrechen.

## 1.3   Erste Schritte

Die ersten Schritte im Umgang mit R betreffen einfache Berechnungen und das Zwischen-
speichern von Ergebnissen.

## 1.3.1 Zuweisungen

> **Beispiel.** Berechne das Produkt x * y der Variablen x und y, wobei x den Wert 5 und y den Wert 6 erhalten soll.

Zunächst weisen wir dem R-Objekt x den Wert 5 zu.

```
> x <- 5
```

Hierfür haben wir <- verwendet, bestehend aus den beiden Zeichen < und -, die direkt hintereinander geschrieben werden müssen. Nun weisen wir y den Wert 6 zu.

```
> y = 6
```

Hierfür haben wir = verwendet. Diese beiden Möglichkeiten der Zuweisung sind gleich-bedeutend, d.h. es spielt keine Rolle, ob <- oder = für eine Zuweisung verwendet wird. Letzteres ist allerdings erst in neueren R Versionen möglich, daher findet man in der Literatur zu R und in älteren R-Funktionen oft die erste Schreibweise.

**Bemerkung.** Durch eine *Zuweisung* wird ein *R-Objekt* erzeugt, dessen Name im Prinzip frei wählbar ist. Das erste Zeichen darf dabei keine Zahl sein. Nach Möglichkeit sollten keine R Schlüsselwörter auf diese Weise neu definiert werden.

Eine Zuweisung selbst führt zu keiner Antwort der Konsole. Geben wir allerdings x ein

```
> x
[1] 5
```

so wird als Antwort der Wert ausgeben, den das Objekt x besitzt. Nun können wir die Berechnung abschließen.

```
> x * y
[1] 30
```

**Bemerkung.** In R wird grundsätzlich zwischen Groß- und Kleinschreibung unter-schieden.

Geben wir in der Berechnung irrtümlich ein großes X ein, so erhalten wir die folgende Antwort.

```
> X * y
Fehler: Objekt 'X' nicht gefunden
```

## 1.3.2 R als Taschenrechner

Unter Verwendung von Operatoren, Konstanten und Funktionen wie in Tabelle 1.1 be-schrieben, kann die R Konsole wie ein Taschenrechner genutzt werden.

**Bemerkung.** Es gilt Punkt- vor Strichrechnung. Trigonometrische Funktionen ver-wenden das Bogenmaß.

Insbesondere beim Rechnen mit Brüchen kommt es darauf an, die Klammern richtig

| Funktionen | | Operatoren | |
|---|---|---|---|
| `log(x)` | Natürlicher Logarithmus (zur Basis $e$) | `x + y` | Addition |
| | | `x - y` | Subtraktion |
| `log10(x)` | Logarithmus zur Basis 10 | `x * y` | Multiplikation |
| | | `x/y` | Division |
| `exp(x)` | $e^x$ | `x^y` | $x$ hoch $y$ |
| `prod(1:x)` | $x!$ (Fakultät) | **Konstanten** | |
| `abs(x)` | $|x|$ (Betrag) | | |
| `sin(x)` | Sinus | `pi` | $\pi = 3.141593$ (Kreiszahl) |
| `cos(x)` | Kosinus | `exp(1)` | $e = 2.718282$ (Eulersche Zahl) |
| `tan(x)` | Tangens | | |
| `asin(x)` | Arkussinus | | |
| `acos(x)` | Arkuscosinus | | |
| `atan(x)` | Arkustangens | | |

*Tabelle 1.1.* Einige Funktionen, Operatoren und Konstanten

zu setzen. Viele scheinbar nicht erklärbare Ergebnisse enstehen durch falsch gesetzte Klammern.

**Beispiel.** Berechne $n - \frac{1}{2n}$ für $n = 153$.

Zunächst erzeugen wir durch Zuweisung ein Objekt n.

```
> n <- 153
```

Anschließend führen wir die Berechnung durch.

```
> n - 1/(2 * n)
[1] 152.9967
```

Nicht korrekt sind hingegen n-1/2*n, (n-1)/2*n und (n-1)/(2*n), die alle zu verschiedenen Ergebnissen führen.

**Beispiel.** Berechne
$$h = a \sin(\beta)$$
für $a = 6.3$ und $\beta = 32°$. [Hinweis: $360° = 2\pi\,\text{rad}$.]

Zur Berechnung der Lösung mit Hilfe der Funktion `sin()`, müssen wir also, wie im Hinweis beschrieben, Grad in Rad umrechnen.

```
> a <- 6.3
> beta <- 32
> b <- beta * 2 * pi / 360
> a * sin(b)
[1] 3.338491
```

### 1.3.3 Wissenschaftliche Notation

Sehr große und sehr kleine Zahlen werden von R automatisch in wissenschaftlicher Notation (scientific notation) der Form `aeb`, `ae+b` oder `ae-b` dargestellt. Diese sind zu lesen als $a \cdot 10^b$, $a \cdot 10^{+b}$ und $a \cdot 10^{-b}$, die ersten beiden Darstellungen sind also gleichbedeutend.

```
> pi * 10^(-7)
[1] 3.141593e-07
```

Eine Möglichkeit, eine Darstellung in Dezimalnotation zu erhalten, bietet die Funktion `format()`.

```
> format(pi * 10^(-7), scientific = FALSE)
[1] "0.0000003141593"
```

Die Anwendung einer verwandten Funktion, `formatC()`, wird in Abschnitt 13.2.3 erläutert.

## 1.4  Skripte

Da man im Allgemeinen eine ganze Reihe von R Kommandos hintereinander ausführen wird, ist es sehr empfehlenswert, diese mit Hilfe eines Texteditors zu schreiben und zu speichern.

**Bemerkung.**  Eine Folge von R Kommandos bezeichnen wir als ein **Skript.** Dabei gilt im Prinzip die Regel: Jedes Kommando steht in einer eigenen Zeile.

Eine einfaches Skript könnte wie in Abbildung 1.1 angegeben aussehen. Obwohl es generell übersichtlicher ist, wenn jedes Kommando in einem Skript in einer einzelnen Zeile steht, ist es auch möglich mehrere Kommandos in eine einzige Zeile zu schreiben, wenn diese durch eine Semikolon getrennt werden. So könnte auch

```
> x <- 5; y = 6; x * y
[1] 30
```

eingegeben bzw. entsprechend in einem Skript verwendet werden. Für die Erstellung eines Skriptes kann im Prinzip ein beliebiger Texteditor genutzt werden.

### 1.4.1  Der R Texteditor

R selbst bietet einen einfachen Editor an. Man kann diesen erreichen, wenn die Konsole das aktive Fenster ist.

- Klickt man im Menü `Datei` auf `Neues Skript`, so öffnet sich das entsprechende Fenster. Man kann nun z.B. das Skript aus Abbildung 1.1 in dieser Form eintippen, siehe auch Abbildung 1.2. (In einem Skript selbst, taucht das > Zeichen zu Beginn einer Zeile natürlich nicht auf, da man es in der Konsole ja auch nicht eintippt.)

```
# ------- #
# Multiplikation
# ------- #
# Zuweisungen:
x <- 5
y = 6
# Ergebnis:
x * y
```

*Abbildung 1.1.* Ein einfaches Skript

- Klickt man dann im Menü unter ⌑Bearbeiten⌑ auf den Punkt ⌑Alles Ausführen⌑, so werden die Kommandos zeilenweise abgearbeitet. In unserem Fall antwortet die Konsole dann mit dem Endergebnis 30.

### 1.4.2   Ein beliebiger Texteditor

Eine zweite Möglichkeit ein Skript auszuführen, die mit jedem beliebigen Texteditor funktionieren sollte, ist die folgende:

1. Schreibe im Texteditor jedes R Kommando in eine eigene Zeile, die jeweils mit einem Return beendet wird. (Auch die letzte Zeile sollte mit einem Return beendet werden.)

2. Markiere die Zeilen, die ausgeführt werden sollen (also meist alle) und lade sie in den Zwischenspeicher (etwa mit der Tastenkombination Strg C).

3. Gehe in die R Konsole und füge den Inhalt des Zwischenspeichers direkt hinter dem > ein (etwa mit der Tastenkombination Strg V).

### 1.4.3   Spezielle Texteditoren für R

Es gibt spezielle, auf R zugeschnittene Texteditoren (wie etwa Tinn-R), die den Umgang mit R erleichtern und z.B. Schlüsselkommados farblich hervorheben. Dies ist nützlich, wenn man viel mit R arbeitet. Zu Beginn reicht aber ein einfacher Texteditor aus, weshalb wir hier nicht weiter auf solche Editoren eingehen, siehe aber Anhang B in Ligges (2008).

### 1.4.4   Kommentare

Wie in Abbildung 1.1 beispielhaft dargestellt, ist es möglich und auch sinnvoll innerhalb von erstellten Skripten Kommentare zu verwenden.

**Bemerkung.** Setzt man innerhalb eines Skriptes eine Raute #, so wird der gesamte, in dieser Zeile folgende Text als Kommentar gewertet und bei der Auswertung nicht weiter beachtet.

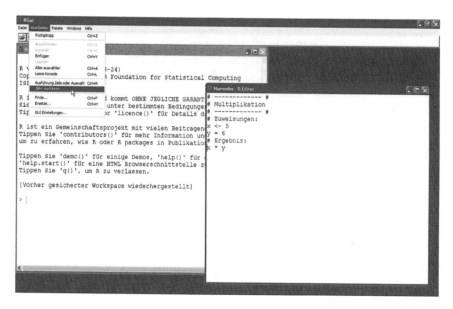

*Abbildung 1.2.* Bildschirm bei Ausführung eines R Skriptes

Natürlich könnte man in ein Skript Erklärungen und Kommentare auch ohne Verwendung von # einfügen. Würde man dann aber das gesamte Skript an die R Konsole übergeben, so würden auch die Kommentare als R-Kommandos aufgefasst werden, was zu unnötigen Warn- und Fehlermeldungen führt.

**Bemerkung.** Die Arbeit mit R sollte mit Hilfe von Skripten geschehen, die jeweils gespeichert werden und mit sinnvollen Kommentaren versehen sind.

## 1.5 Weitere Schritte

Einfache Berechnungen mit Zahlen stellen eine Basis für den Umgang mit R dar. Im Zentrum steht aber die Verarbeitung größerer Datenmengen. Hierfür wird in R der Vektor als grundlegende Datenstruktur verwendet.

### 1.5.1 Vektoren

Wir haben mehrfach bei einer Konsolenantwort die eckigen Klammern [1] vor der eigentlichen Ausgabe gesehen. Ihre Bedeutung wird klar, wenn wir mit den Eingaben

```
> set.seed(1)
> z <- rnorm(15)
```

einen Vektor z der Länge 15 erzeugen, dessen Elemente standardnormalverteilte Pseudozufallszahlen sind, vgl. auch Abschnitt 11.3. Die Bedeutung des Aufrufs set.seed(1) wird in Abschnitt 11.1 erläutert. Wir können uns den Vektor z nun anschauen.

```
> z
 [1] -0.6264538  0.1836433 -0.8356286  1.5952808  0.3295078 -0.8204684
 [7]  0.4874291  0.7383247  0.5757814 -0.3053884  1.5117812  0.3898432
[13] -0.6212406 -2.2146999  1.1249309
```

Das 7. Element des Vektors z ist die Zahl 0.4874291 und das 13. Element ist -0.6212406. Mit

```
> length(z)
[1] 15
```

wird die Länge des Vektors z ausgegeben.

## 1.5.2  Funktionen

R Kommandos bestehen im wesentlichen aus Zuweisungen und Funktionsaufrufen. So ist zum Beispiel `rnorm()` eine Funktion. Eine solche Funktion wird, wie oben, durch Angabe eines Wertes für das Funktionsargument aufgerufen. Dabei haben Funktionen in den meisten Fällen mehrere Argumente.

## 1.5.3  Argumente

Die Argumente einer Funktion können mit `args()` angezeigt werden.

```
> args(rnorm)
function (n, mean = 0, sd = 1)
NULL
```

Die Funktion `rnorm()` besitzt die drei Argumente n (die Anzahl der zu erzeugenden Werte), `mean` (der Erwartungswert der Normalverteilung) und `sd` (die Standardabweichung der Normalverteilung).

**Argumentnamen.**  Bei Aufruf der Funktion können die Namen der Argumente auch explizit angegeben werden. Völlig gleichwertig zu `rnorm(15)` sind `rnorm(n = 15)` und `rnorm(n = 15, mean = 0, sd = 1)`.

**Bemerkung.**  Es ist nicht notwendig eine Funktion mit *jedem* möglichen Argument aufzurufen. Manche Argumente besitzen bereits eine Voreinstellung, die aber auch geändert werden kann.

Wie man oben sieht, sind `mean = 0` und `sd = 1` die Voreinstellungen, d.h. es werden standardnormalverteilte Pseudozufallszahlen erzeugt. Man kann diese Werte aber auch ändern und dann Pseudozufallszahlen aus anderen Normalverteilungen erzeugen.

**Reihenfolge der Argumente.**  Weiterhin ist es nicht unbedingt notwendig, die Namen der Argumente auch tatsächlich anzugeben. Ebenfalls gleichwertig zu oben ist

```
> set.seed(1)
> z <- rnorm(15, 0, 1)
```

In dem Fall spielt aber die Reihenfolge der Argumente eine Rolle. Da n, mean und sd auch in dieser Reihenfolge die Funktionsargumente sind, kann unter Berücksichtigung dieser Reihenfolge auf die Benennung verzichtet werden.

**Argument- und Variablennamen.** Eine weitere gleichwertige Folge von Aufrufen ist

```
> set.seed(1)
> n <- 15
> z <-rnorm(n = n)
```

In diesem Fall wird zunächst dem R-Objekt n der Wert 15 zugewiesen und anschließend die Funktion rnorm() aufgerufen, bei der das Argument n den Wert der Variablen n erhält.

Die Funktion kann also auch bei identischer Benennung zwischen Objekt- und Argumentnamen unterscheiden. Links steht der Argumentname (stets n für das erste Argument) und rechts der Objektname. Natürlich hätte man für das erzeugte Objekt n auch einen anderen Namen wählen können.

## 1.5.4  Hilfen

Kennt man den Namen der Funktion, so kann man sich mit args() die Argumente zwar anzeigen lassen, kennt aber damit nicht auch ihre Bedeutung. Weitere Informationen erhält man bei Eingabe von

```
> ?rnorm
```

oder gleichbedeutend

```
> help("rnorm")
```

wobei die Anführungszeichen nicht zu vergessen sind. Es öffnet sich nun eine Seite, die Erklärungen zu dieser Funktion gibt. Schaut man sich die Hilfeseite an, so findet man unter dem Punkt Usage unter anderem

```
    rnorm(n, mean = 0, sd = 1)
```

Hier kann man ebenfalls die Anzahl der Argumente, ihre Reihenfolge, ihre Namen und mögliche Voreinstellungen ablesen.

Unter dem Punkt Arguments findet man weitere Erläuterungen zu der Bedeutung der Argumente.

**Bemerkung.** Unter dem Punkt Examples (ganz unten auf einer Hilfeseite) sind kleine Beispiele angegeben. Diese können markiert und in die R Konsole kopiert werden. So lässt sich in vielen Fällen erkennen, welche Auswirkungen ein bestimmtes Kommando hat.

Hilfeseiten können bei aktiver R Konsole auch über das Menü $\boxed{\text{Hilfe}}$ angesteuert werden.

**Thematisch geordnete Übersicht.** Auf der Internet-Hauptseite von R werden eine ganze Reihe von Dokumentationen verschiedener Autoren bereitgestellt. Sehr nützlich, insbesondere für Einsteiger, sind thematisch geordnete Übersichten *(Reference Cards)* über wichtige R Funktionen. Man findet diese, wenn man, wie in Abschnitt 1.1 unter Punkt 1. und 2. beschrieben, $\boxed{\text{CRAN}}$ wählt. Anschließend kann unter dem Punkt $\boxed{\text{Documentation}}$ auf $\boxed{\text{Contributed}}$ geklickt werden.

### 1.5.5   Einstellungen

Mit Hilfe der Funktion `options()` kann das Verhalten von R an eigene Bedürfnisse angepasst werden. So kann beispielsweise über das Argument `scipen` ein anderes Verhalten hinsichtlich der automatischen Verwendung der wissenschaftlichen Notation eingestellt werden. Für die in diesem Buch beschriebenen Anwendungen, sind solche Anpassungen aber nicht notwendig.

## 1.6   R beenden

Wenn R beendet wird, erscheint zunächst die Frage, ob der aktuelle Workspace gesichert werden soll. Im Workspace befinden sich unter anderem die R-Objekte (und ihre Werte), die in der aktuellen Sitzung definiert wurden. Man kann sich diese mittels

```
> ls()
```

anzeigen lassen. Alternativ kann auch, bei aktiver Konsole, unter dem Menüpunkt $\boxed{\text{Verschiedenes}}$ der Unterpunkt $\boxed{\text{Liste Objekte auf}}$ gewählt werden.

Sichert man den aktuellen Workspace, so stehen die Objekte mit ihren Werten nach dem erneuten Starten des Programms wieder zur Verfügung.

Dies hört sich zwar wie ein Vorteil an, kann jedoch Verwirrung stiften, wenn man vergisst bereits definierte Objekte aus früheren Sitzungen in der aktuellen Sitzung mit zu berücksichtigen. Es scheint daher in den meisten Fällen eher ratsam jede Sitzung mit einem leeren Workspace zu beginnen. Will man an einem zuvor gespeicherten Skript weiter arbeiten, so kann man dieses ja zunächst in der Konsole abarbeiten lassen.

**Bemerkung.** Es wird empfohlen den Workspace nicht zu speichern. Einen leeren Workspace erhält man auch, wenn man im Menü unter dem Punkt $\boxed{\text{Verschiedenes}}$ den Unterpunkt $\boxed{\text{Entferne alle Objekte}}$ anklickt.

# Kapitel 2

# Zusätzliche Pakete

Funktionen und Datensätze sind in R thematisch in sogenannten Paketen zusammengefasst. Wichtige grundlegende Pakete sind in R standardmäßig enthalten, stehen also nach der Installation von R automatisch zur Verfügung.

## 2.1 Paketnamen und Hilfeseiten

Mit der im vorhergehenden Kapitel bereits erwähnten Eingabe

```
> ?rnorm
```

öffnet sich eine Hilfeseite, in deren linker oberer Ecke

```
Normal(stats)
```

steht. Der Begriff `stats` ist hier der Name des Paketes, der Begriff `Normal` steht üblicherweise für eine Funktion aus diesem Paket. Da auf dieser Seite mehrere Funktionen erklärt werden, ist `Normal` hier sozusagen ein Sammelbegriff. Mit

```
> ?Normal
```

öffnet sich dann auch tatsächlich dieselbe Hilfeseite. Eine weitere Möglichkeit diese Seite anzuzeigen, besteht darin, vor den Funktionsnamen, den Namen des Paketes, gefolgt von drei Doppelpunkten zu setzen.

```
> ?stats:::rnorm
```

Tatsächlich wird auch in der R Konsole mit dem Aufruf von `stats:::rnorm()` dieselbe Funktion angesprochen wie mit dem Aufruf von `rnorm()`.

| Paketname | Beschreibung |
|-----------|--------------|
| base | Das R Basis Paket |
| datasets | Beispieldatensätze |
| graphics | Grafik Funktionen |
| grDevices | Grafik-Einrichtungen |
| grid | Grid Grafiken |
| methods | Methoden und Klassen |
| splines | Spline Funktionen |
| stats | Statistik Funktionen |
| stats4 | Statistik Funktionen (S4 Klassen) |
| tcltk | Tcl/Tk GUI Programmierung |
| tools | Erstellung von Paketen |
| utils | Nützliche Funktionen |

*Tabelle 2.1.* Standardpakete, die nicht geladen werden müssen

## 2.2   Hilfen zu Paketen

Im Zusammenhang mit Paketen stellt sich natürlich zunächst die Frage, welche überhaupt installiert sind und was sie beinhalten.

Klickt man bei aktiver R Konsole unter $\boxed{\text{Hilfe}}$ auf den Punkt $\boxed{\text{HTML Hilfe}}$, so öffnet sich eine Seite, die auch den Menüpunkt $\boxed{\text{Packages}}$ enthält.

Klickt man diesen Punkt an, so erhält man eine Übersicht aller zur Zeit installierten Pakete. Auch das Paket stats wird hier mit aufgelistet. Klickt man auf ein spezielles Paket, so erhält man eine Übersicht über die darin enthaltenen Objekte (Funktionen und Datensätze).

## 2.3   Laden installierter Pakete

Die Funktionen des installierten Paketes stats stehen, ebenso wie alle in Tabelle 2.1 aufgeführten Pakete, in R direkt zur Verfügung, vgl. auch Kapitel 10 in Ligges (2008). Dies gilt aber nicht notwendig für andere installierte Pakete.

**Bemerkung.** Bis auf die Standardpakete muss jedes weitere installierte Paket zunächst geladen werden, bevor es verwendet werden kann.

So ist beispielsweise das Paket MASS üblicherweise zwar installiert, aber nicht geladen. Will man die Funktion truehist aus diesem Paket verwenden, ergibt sich zum Beispiel:

```
> truehist(rnorm(100))
Fehler: konnte Funktion "truehist" nicht finden
```

Hingegen öffnet sich bei

```
> MASS:::truehist(rnorm(100))
```

ein Bildschirmfenster, in dem ein Histogramm erscheint.

**Bemerkung.** Ein Paket kann vollständig mit dem Kommando `library()` geladen werden.

```
> library(MASS)
> truehist(rnorm(100))
```

Nach dem Laden stehen sämtliche Objekte aus dem Paket zur Verfügung. Will man dies wieder rückgängig machen, so kann dies mit `detach()` geschehen.

```
> detach(package:MASS)
```

**Bemerkung.** Das Laden eines Paketes gilt nur für die aktuelle Sitzung und muss nach dem Beenden und erneuten Starten von R bei Bedarf wiederholt werden.

## 2.4 Weitere Pakete installieren

Neben den bereits bei der Installation von R mitgelieferten Paketen, existieren eine Vielzahl unterschiedlichster weiterer Pakete, die installiert werden können.

### 2.4.1 Geöffnete Internetverbindung

Ist der Rechner auf dem ein Paket installiert werden soll, mit dem Internet verbunden, so kann dies aus der geöffneten und aktiven R Konsole heraus geschehen. Dazu wählt man in der aktiven R Konsole den Menüpunkt Pakete . Klickt man auf den Punkt Installiere Paket(e) , so öffnet sich ein Fenster zur Auswahl einer Spiegelseite und anschließend ein Fenster mit einer Auflistung aller zur Verfügung stehenden Pakete.

Wählt man ein solches aus (was natürlich voraussetzt, dass man weiß worum es sich bei einem Paketnamen handelt), so erfolgt die Installation automatisch.

**Bemerkung.** Ein einmal installiertes Paket steht genau wie das Paket `MASS` stets zur Verfügung, muss aber auch bei jeder neuen R Sitzung mit `library()` erst geladen werden.

Etliche Pakete gehören zu Büchern über R. So steht `MASS` für Modern Applied Statistics with S, gehört also zu Venables & Ripley (2002).

### 2.4.2 Alternative Installation

Eine etwas umständlichere Möglichkeit kann gewählt werden, wenn der Rechner, auf dem das benötigte R Paket installiert werden soll, keine Verbindung zum Internet hat.

Dafür ist es zunächst notwendig eine Zip-Datei des Paketes aus dem Internet zu laden. Die Vorgehensweise ist analog zur Installation von R, vgl. Abschnitt 1.1, wobei unter Punkt

4. nicht $\boxed{\text{base}}$, sondern $\boxed{\text{contrib}}$ zu wählen ist. Anschließend ist in das Verzeichnis mit der richtigen Version von R zu wechseln (in unserem Fall also $\boxed{\text{2.9/}}$). Dort kann nun eine gepackte Version des benötigten Paketes (z.B. `car_1.2-16.zip`) herunter geladen und in ein beliebiges Verzeichnis gespeichert werden.

Das Paket kann nun bei aktiver R Konsole über den Menüpunkt $\boxed{\text{Pakete}}$ und Auswahl des Unterpunktes $\boxed{\text{Installiere Paket(e) aus lokalen Zip-Dateien}}$ installiert werden. Anschließend steht es, genau wie oben, zur Verfügung und kann in jeder R Sitzung mit `library()` geladen werden.

# Kapitel 3

# Attribute von R-Objekten

Dieses Kapitel erläutert kurz den Umgang mit sogenannten Attributen, welcher zumindest für den anfänglichen Umgang mit R nicht explizit notwendig ist. Die Kenntnis dieses Konzepts erleichtert aber das Verständnis für die Wirkungsweise von R-Funktionen.

## 3.1 Das Klassenattribut

In Abschnitt 1.3.1 wird erläutert, wie durch eine Zuweisung und Verwendung einer R-Funktion ein R-Objekt erzeugt werden kann.

> **Bemerkung.** Ein R-Objekt kann *versteckt* noch eine Anzahl weiterer Informationen enthalten, auf die ebenfalls explizit zugegriffen werden kann. Diese zusätzlichen Informationen werden als *Attribute* bezeichnet.

Ein Beispiel liefert ein Test auf Normalverteilung, vgl. Abschnitt 18.3.

```
> set.seed(1)
> x <- shapiro.test(rnorm(100))
> class(x)
[1] "htest"
```

Die Funktion `class()` fragt in diesem Fall das sogenannte *Klassenattribut* ab, das also für das Objekt x mit dem Begriff "htest" (für „Hypothesentest") belegt ist. Diese Belegung wird (versteckt) durch die Funktion `shapiro.test()` vorgenommen.

### 3.1.1 Generische Funktionen

Das Klassenattribut wird von R nun wiederum genutzt um bestimmte Funktionen zu beeinflussen. Es sorgt hier beispielsweise dafür, dass die Konsolenantwort in einer bestimmten Form erfolgt. Intern wird hierfür die Funktion `print.htest()` anstelle der üblichen Funktion `print.default()` verwendet.

```
> print(x)

        Shapiro-Wilk normality test

data:  rnorm(100)
W = 0.9956, p-value = 0.9876
```

Jede Funktion, die so reagiert wie `print()`, wird in R als eine *generische Funktion* bezeichnet. Beispiele für solche Funktionen sind `plot()`, `summary()` oder `predict()`

Welche möglichen Varianten einer generischen Funktion existieren, kann mit der Funktion `methods()` festgestellt werden.

```
> methods(print)
  [1] print.acf*
  [2] print.anova
...
[143] print.xtabs*

  Non-visible functions are asterisked
```

Funktionen, die nicht unmittelbar angezeigt werden können, sind dabei mit einem Sternchen gekennzeichnet. Diese können trotzdem angeschaut werden. Beispielsweise kann mit

```
> stats:::print.htest
```

die Funktion `print.htest()` angezeigt werden.

## 3.2   Umgang mit Attributen

Mit dem Aufruf

```
> unclass(x)
$statistic
        W
0.9955973
...
```

kann aus dem Objekt x ein neues Objekt erzeugt werden, welches das Klassenattribut `htest` nicht mehr enthält. Man stellt dann fest, dass hinter dem so „entkleideten" Objekt x eigentlich eine benannte Liste, vgl. Abschnitt 5.6.2, mit mehreren Elementen verborgen ist.

Sofern nicht komplizierte Funktionen eigenhändig programmiert werden sollen, ist es in der Regel aber nicht notwendig das Klassenattribut zu entfernen. So kann man im obigen Fall auch ohne Entfernen des Klassenattributes auf die Elemente der Liste zugreifen.

```
> x$statistic
        W
0.9955973
```

Auch kann man sich das Objekt in der üblichen Form mittels

```
> print.default(x)
```

anzeigen lassen, da auf diese Weise explizit die Funktion `print.default()` angesprochen wird und kein automatischer Wechsel zur Verwendung von `print.htest()` erfolgen kann.

### 3.2.1   Eigene Attribute setzen

Es gibt noch eine Reihe anderer Attribute, die man auch selber setzen kann, wie z.B. ein Kommentarattribut.

```
> x <- c(2,9,20,28,30,46)
> comment(x) <- "Meine Lottozahlen"
> x
[1]   2  9 20 28 30 46
> comment(x)
[1] "Meine Lottozahlen"
```

Wie bereits oben angedeutet, ist ein solcher direkter Umgang mit Attributen für Einsteiger aber nicht notwendig. Vielmehr werden Attribute eher indirekt verwendet. So entspricht beispielsweise die Benennung der Elemente eines Vektors mit der Funktion `names()`, vergleiche Abschnitt 4.8, eigentlich dem Setzen des Namenattributes. Ebenso entspricht die Anwendung der Funktion `levels()`, vergleiche Abschnitt 4.10.1, dem Umgang mit dem Stufenattribut.

# Kapitel 4

# Umgang mit Vektoren

Wie bereits kurz angesprochen, ist die grundlegende Datenstruktur in R der Vektor. In diesem Kapitel wird daher zunächst der Umgang mit Vektoren näher erläutert.

## 4.1 Statistische Variablen

Unter einer *statistischen Variablen* verstehen wir im Folgenden keine Variable im mathematischen Sinn. Vielmehr handelt es sich um ein Merkmal, welches an $n$ Untersuchungseinheiten (Personen, Tiere Pflanzen, ...) gemessen, beobachtet oder sonstwie erhoben wurde.

> **Bemerkung.** Unter den *Beobachtungen* einer statistischen Variablen verstehen wir im Folgenden die an $n$ Untersuchungseinheiten erhobenen Werte $x_1, \ldots, x_n$.

> **Bemerkung.** Mit den *Ausprägungen* einer statistischen Variablen meinen wir im Folgenden die *verschiedenen* Werte, die eine Variablen annehmen kann bzw. annimmt.

Es lassen sich verschiedene Variablen-Typen unterscheiden.

*Qualitative Variable:* Eine Variable, die als Werte eine endliche Zahl von „Kategorien" annimmt. Oft werden diese Kategorien durch Zahlen repräsentiert. Es ist aber nicht sinnvoll mit diesen Zahlen zu rechnen. Beispiel: „Augenfarbe" ist eine qualitative Variable mit möglichen Ausprägungen „braun", „grün", „blau", die auch durch Zahlen (z.B. 1, 2, 3) repräsentiert werden können.

   *Ordinale Variable:* Eine qualitative Variable bei der die Ausprägungen auf natürliche Weise angeordnet werden können.

*Quantitative Variable:* Eine Variable, die als Werte reelle Zahlen annimmt. Es gibt eine natürliche Ordnung und Differenzen bzw. Verhältnisse sind interpretierbar. Beispiel: „Körpergröße in cm" ist eine quantitative Variable. Die Werte (ohne Angabe der Einheit) sind reelle Zahlen größer als 0.

*Diskrete Variable:* Eine quantitative Variable, die nur höchstens abzählbar viele verschiedene Werte annehmen kann. Die Variable „Anzahl von..." ist diskret.

*Stetige Variable:* Eine quantitative Variable, die im Prinzip überabzählbar viele Werte annehmen kann. Die Variable „Körpergröße in cm" ist eine stetige Variable. Bedingt durch die Mess- bzw. Notationsgenauigkeit, sind in der Praxis aber auch nur höchstens abzählbar viele verschiedene Werte möglich.

**Bemerkung.** In R werden beobachtete Werte einer statistischen Variablen als *ein Objekt* in Form eines Datenvektors angesprochen. Das $i$-te Element, $i = 1, \ldots, n$, eines solchen Vektors entspricht dem Wert $x_i$ der Variablen $X$, welches an Untersuchungseinheit $i$ beobachtet/gemessen wurde.

Bei einer qualitativen Variablen kommen dieselben Werte mehrfach vor, d.h. man kann für jede Ausprägung die beobachteten Werte im Datenvektor zählen. Auch bei einer diskreten Variablen wird dies der Fall sein, da eben nicht jeder reelle Werte auftreten kann.

Bei einer stetigen Variablen ist dies hingegen seltener der Fall. Könnte man die Messgenauigkeit beliebig erhöhen, so würden scheinbar identische Werte sich auch als zumindest leicht unterschiedlich herausstellen. Der Fall mehrfach auftretender Werte bei einer stetigen Variablen widerspricht damit, bedingt durch die eingeschränkte Genauigkeit der Notation, eigentlich der Natur der Variablen.

**Bemerkung.** Sind unter den beobachteten Werten einer stetigen Variablen mindestens zwei oder mehr identisch, so nennt man diese auch *gebunden,* bzw. man spricht von dem Auftreten von *Bindungen (ties)*.

## 4.2 Operatoren

Der Umgang mit Vektoren lässt sich anhand des folgenden Beispiels erläutern, das wir Dalgaard (2008) entnommen haben.

**Beispiel.** Gegeben sind Gewicht und Größe von 6 Personen entsprechend der folgenden Tabelle.

| Person | 1 | 2 | 3 | 4 | 5 | 6 |
|--------|------|------|------|------|------|------|
| Gewicht | 60 | 72 | 57 | 90 | 95 | 72 |
| Größe | 1.75 | 1.80 | 1.65 | 1.90 | 1.74 | 1.91 |

Bestimme für jede Person den BMI (Formel: BMI = (Gewicht in kg)/(Größe in m)$^2$).

Zunächst werden zwei Vektoren gebildet, deren Elemente die Beobachtungen der beiden Variablen Gewicht und Größe aus der Tabelle sind. Das geschieht mit Hilfe des Kommandos c().

```
> Gewicht <- c(60, 72,  57,  90,  95,  72)
> Groesse <- c(1.75, 1.80, 1.65, 1.90, 1.74, 1.91)
```

Dann kann der BMI direkt mit der angegebenen Formel bestimmt werden, da die Operatoren *elementweise* arbeiten.

```
> BMI <- Gewicht/Groesse^2
> BMI
[1] 19.59184 22.22222 20.93664 24.93075 31.37799 19.73630
```

Wie bereits in Abschnitt 4.1 beschrieben, setzt diese Vorgehensweise natürlich voraus, dass die Werte innerhalb der Vektoren auch an der richtigen Stelle stehen. So wissen wir, dass die Person mit der Nummer 4 ein Gewicht von 90 kg bei einer Größe von 1.90 m hat. Die 4.te Stelle in den Vektoren `Gewicht` und `Groesse` gehört daher in beiden Fällen zur Person Nummer 4. Damit ist dann auch die 4.te Stelle im Vektor `BMI` der BMI von Person Nummer 4.

Andernfalls würde ein solches vektorwertiges Vorgehen keinen Sinn machen. Es liegt somit in der Verantwortung des Nutzers, dafür zu sorgen, dass die durchgeführte Berechnung auch sinnvoll interpretierbar ist.

**Bemerkung.** Sind x und y zwei Vektoren mit möglicherweise unterschiedlicher Länge, so können diese mit `c(x, y)` ebenfalls zu einem einzigen Vektor verbunden werden.

## 4.3 Funktionen

Funktionen, die auf Vektoren angewendet werden, arbeiten entweder elementweise oder mit sämtlichen Elementen des Vektors. Beispielsweise liefert

```
> log(Gewicht)
[1] 4.094345 4.276666 4.043051 4.499810 4.553877 4.276666
```

den natürlichen Logarithmus des Gewichts jeder einzelnen Person. Hingegen liefert

```
> sum(Gewicht)
[1] 446
```

das kummulierte Gewicht aller 6 Personen.

**Beispiel.** Bestimme Mittelwert $\overline{x} = \frac{1}{n} \sum_{i=1}^{n} x_i$ und empirische Standardabweichung $s_x = \sqrt{\frac{1}{n-1} \sum_{i=1}^{n} (x_i - \overline{x})^2}$ des Gewichts der 6 Personen.

Wir können hierfür die Funktionen `length()`, `sum()` und `sqrt()` verwenden. Wenden wir `length()` auf einen Vektor an, so erhalten wir die Anzahl seiner Elemente.

Zunächst bestimmen wir nun den Mittelwert, den wir `Gewicht.m` nennen wollen.

```
> n <- length(Gewicht)
> Gewicht.m <- sum(Gewicht)/n
> Gewicht.m
[1] 74.33333
```

Nun bestimmen wir für jede Person die Differenz von Gewicht und Mittelwert.

```
> Gewicht - Gewicht.m
[1] -14.333333  -2.333333 -17.333333  15.666667  20.666667  -2.333333
```

Wir quadrieren alle Werte.

```
> (Gewicht - Gewicht.m)^2
[1] 205.444444   5.444444 300.444444 245.444444 427.111111
[6]   5.444444
```

Anschließend sind diese Werte zu summieren, durch $n-1$ zu teilen und zuletzt die Quadratwurzel zu ziehen.

```
> Gewicht.sd <- sqrt(sum((Gewicht-Gewicht.m)^2)/(n-1))
> Gewicht.sd
[1] 15.42293
```

In diesem Fall ginge es aber auch viel einfacher, da es bereits vordefinierte Funktionen `mean()` und `sd()` gibt, vgl. Abschnitte 7.2 und 7.5.

## 4.4   R-Objekte

In der Lösung zum obigen Beispiel haben wir mit den R-Objekten n und `Gewicht.m` gearbeitet, denen wir vorher einen Wert zugewiesen haben. Dies erscheint sinnvoll, da wir beide Objekte nochmals bei der Berechnung der Standardabweichung benötigten.

**Bemerkung.** Wird das Ergebnis einer Berechnung voraussichtlich mehrfach benötigt, so ist es empfehlenswert dieses Ergebnis einem R-Objekt zuzuweisen und im weiteren stets auf dieses Objekt zuzugreifen.

Die in dieser Bemerkung empfohlene Vorgehensweise führt nicht nur zu mehr Übersichtlichkeit, sie reduziert auch den Rechenaufwand des Computers, wenn komplizierte Berechnungen nur einmal durchgeführt werden müssen und dann in einem Objekt „gespeichert" werden können.

Weiterhin haben wir n nicht direkt eine Zahl in der Form

```
> n <- 6
```

zugewiesen, sondern wir haben die Anzahl der Personen als Länge des Vektors Gewicht angegeben, was vielleicht unnötig kompliziert erscheint, aber durchaus sinnvoll ist.

**Bemerkung.** Bei weiterführenden Berechnungen sollten Zwischenergebnisse niemals durch Ablesen und Eintippen einem R-Objekt zugewiesen werden. Vielmehr sollte ein solches Ergebnis durch Anwendung einer geeigneten Funktion generiert werden.

Die in der letzten Bemerkung empfohlene Vorgehensweise reduziert nicht nur Fehlerquellen und erhöht die Genauigkeit (intern wird durchaus mit mehr Nachkommastellen gerechnet als angezeigt), sie ist auch effizienter, wenn ein einmal geschriebenes Skript an andere Situationen angepasst werden soll.

Würden wir in unserem Beispiel noch eine weitere Person hinzufügen, so bräuchten wir nur die beiden Vektoren Gewicht und Groesse um die entsprechenden Daten zu ergänzen.

Alle anderen Kommandos könnten in einem Skript, wie dem folgenden, in dieser Form
beibehalten werden.

```
Gewicht <- c(60, 72,  57,  90,  95,  72)
Groesse <- c(1.75, 1.80, 1.65, 1.90, 1.74, 1.91)
#
n <- length(Gewicht)
Gewicht.m <- sum(Gewicht)/n
#
d <- Gewicht-Gewicht.m
Gewicht.sd <- sqrt(sum(d^2)/(n-1))
```

## 4.5 Folgen von Zahlen

Im weiteren werden wir noch häufig sehen, dass es sinnvoll ist, mit Vektoren zu arbeiten,
die spezielle Folgen von Zahlen enthalten.

**Beispiel.** Erzeuge einen Vektor mit den Zahlen $1, 2, \ldots, 30$.

Natürlich wollen wir die einzelnen Werte nicht umständlich von Hand eingeben. Tatsächlich geht es hier recht einfach.

```
> 1:30
 [1]  1  2  3  4  5  6  7  8  9 10 11 12 13 14 15 16 17 18
[19] 19 20 21 22 23 24 25 26 27 28 29 30
```

Dasselbe erhalten wir auch mit

```
> seq(1, 30)
...
```

Das Kommando seq() kann aber noch mehr. Wir können z.B. auch eine Folge von Zahlen
zwischen 1 und 30 in 0.1 Schritten erzeugen:

```
> seq(1, 30, by = 0.1)
  [1]  1.0  1.1  1.2  1.3  1.4  1.5  1.6  1.7  1.8  1.9  2.0
  ...
[287] 29.6 29.7 29.8 29.9 30.0
```

Die Antwort der Konsole ist hier verkürzt wiedergegeben. Eine andere Möglichkeit besteht
darin, einen Vektor mit genau 500 Werten zwischen 1 und 30 zu erzeugen.

```
> seq(1, 30, length=500)
  [1]  1.000000  1.058116  1.116232  1.174349  1.232465
  ...
[496] 29.767535 29.825651 29.883768 29.941884 30.000000
```

Die Funktion seq() hat also mehrere Argumente. Die ersten beiden haben wir nicht explizit mit ihren Namen aufgerufen, sie heißen `from` und `to` und stehen damit für den Anfangs- und Endwert der Sequenz.

### 4.5.1  Wiederholte Zahlenfolgen

**Bemerkung.**  Eine weitere nützliche Funktion ist `rep()`, mit der Wiederholungen von Zahlenfolgen erzeugt werden können.

Sinnvolle Anwendungen für diese Funktion werden beispielsweise in Abschnitt 14.2.1 und in Abschnitt 23.3 gegeben

## 4.6  Indizierung

Auf die Elemente eines Vektors kann natürlich auch direkt zugegriffen werden. Kehren wir zu unserem Beispiel zurück und betrachten wir den Vektor `BMI`.

```
> BMI
[1] 19.59184 22.22222 20.93664 24.93075 31.37799 19.73630
```

Benötigen wir aus irgendeinem Grund den BMI Wert von Person 1, so könnten wir den Wert in der Konsole ablesen und eventuell heraus kopieren oder sogar neu eintippen. Wie wir aber bereits erläutert haben, ist es sinnvoller auf die Elemente eines Vektors direkt mittels einer Funktion zuzugreifen.

**Definition.**  Ist `x` ein beliebiger Vektor und ist `pos` ein Vektor mit Positionseinträgen, d.h. mit natürliche Zahlen zwischen 1 und der Länge des Vektors `x`, so nennen wir `pos` einen zu `x` gehörigen *Positionsvektor.*

**Bemerkung.**  Positionsvektoren sind keine eigene Datenstruktur in R. Die Bezeichnung wird von uns hier eingeführt, um bestimmte Wirkungsweisen zu veranschaulichen.

Mit Hilfe von Positionsvektoren können wir gezielt auf Elemente zugreifen. Mit `x[pos]` erhalten wir einen neuen Vektor, der gerade diejenigen Elemente von `x` enthält, die durch die Positionen in `pos` (in der vorgegebenen Reihenfolge) festgelegt wurden. Beispiele sind:

```
> BMI[1]
[1] 19.59184
```

```
> BMI[2:4]
[1] 22.22222 20.93664 24.93075
```

```
> BMI[c(5,1,2,2)]
[1] 31.37799 19.59184 22.22222 22.22222
```

Der oben erwähnte Vektor `pos` muss also nicht explizit als eigenes Objekt vorher definiert werden, es ist aber natürlich möglich. Auch die Ergebnisvektoren können als Wert eines R-Objektes ausgegeben werden.

```
> pos <- c(5, 1, 2, 2)
```

```
> z <- BMI[pos]
> z
[1] 31.37799 19.59184 22.22222 22.22222
```

### 4.6.1 Negative Positionen

Manchmal möchte man in einem Vektor nur bestimmte einzelne Elemente ausschließen. Eine Möglichkeit, einen entsprechenden Positionsvektor zu konstruieren, besteht in der Verwendung von Mengenoperatoren, vergleiche die zu `setdiff()` gehörige Hilfeseite.

Möchte man beispielsweise einen Vektor erzeugen, der sämtliche Elemente von BMI außer dem dritten enthält, so kann dazu der Positionsvektor

```
> ohne3 <- setdiff(1:length(BMI), 3)
> ohne3
[1] 1 2 4 5 6
```

verwendet werden. Einfacher geht es allerdings, wenn man bei der Indizierung negative Werte verwendet. Der Aufruf

```
> BMI[-3]
[1] 19.59184 22.22222 24.93075 31.37799 19.73630
```

liefert dasselbe Resultat wie der Aufruf `BMI[ohne3]`. Natürlich kann man durch die Verwendung eines Vektors auch mehrere Positionen gleichzeitig ausschließen.

```
> BMI[-c(1,5)]
[1] 22.22222 20.93664 24.93075 19.73630
```

## 4.7 Logische Vektoren

Wenn wir mit Daten arbeiten, so interessieren wir uns häufig für gewisse Teilmengen.

> **Beispiel.** Erzeuge einen Vektor, der nur diejenigen BMI Werte enthält, die echt größer als 20 sind.

Wir wollen diesen Vektor nicht durch Ablesen der Werte bilden, sondern verwenden vielmehr sogenannte logische Operatoren. Ein solcher logischer Operator ist das „echt größer als" Zeichen >.

```
> BMI
[1] 19.59184 22.22222 20.93664 24.93075 31.37799 19.73630
> BMI > 20
[1] FALSE  TRUE  TRUE  TRUE  TRUE FALSE
```

Wie man sieht, wird also für jedes Element von BMI überprüft, ob es echt größer als 20 ist. Das Ergebnis ist wieder ein Vektor mit Einträgen FALSE oder TRUE.

| Vergleiche (numerische Vektoren) | | Verknüpfungen (logische Vektoren) | | Abfragen (logischer Vektor) | |
|---|---|---|---|---|---|
| == | gleich | & | und | any() | gibt es TRUE? |
| != | ungleich | \| | oder | all() | alle TRUE? |
| < | kleiner als | ! | nicht | | |
| > | größer als | | | | |
| <= | kleiner oder gleich | | | | |
| >= | größer oder gleich | | | | |

*Tabelle 4.1.* Logische Vergleichsoperatoren und Verknüpfungen

**Bemerkung.** Ein Vektor, dessen Einträge nur aus den Schlüsselbegriffen TRUE und FALSE besteht, bezeichnen wir als *logischen Vektor.*

Logische Vektoren entsprechen einem eigenen Datentyp in R.

```
> z <- (BMI > 20)
> z
[1] FALSE  TRUE  TRUE  TRUE  TRUE FALSE
```

Mit is.logical() kann man sogar überprüfen, ob der Vektor von diesem Typ ist.

```
> is.logical(z)
[1] TRUE
```

### 4.7.1  Logische Vergleiche

Tabelle 4.1 zeigt einige Symbole, die zu logischen Vergleichen verwendet werden können. Beispielsweise wird für den Vektor

```
> x <- c(-1,0,1,2,4)
```

mit

```
> x != 0
[1]  TRUE FALSE  TRUE  TRUE  TRUE
```

elementweise überprüft, welche Elemente von Null verschieden sind. Ist das $i$-te Element von 0 verschieden, erhält das $i$-te Element im Ergebnis den Wert TRUE, andernfalls den Wert FALSE. Mit

```
> (x >= 1) & (x == 4)
[1] FALSE FALSE FALSE FALSE  TRUE
```

werden zwei logische Vektoren (nämlich x >= 1 und x == 4) durch ein logisches „und" miteinander verbunden. Das heißt, nur dann, wenn an der $i$-ten Stelle in beiden Vektoren der Wert TRUE eingetragen ist, ist auch das Ergebnis der Verküpfung TRUE. Andernfalls ist es FALSE. Mit

```
> (x >= 1) | (x == 4)
[1] FALSE FALSE  TRUE   TRUE   TRUE
```

werden diese Vektoren durch ein logisches „oder" verbunden. Das Ergebnis ist TRUE, wenn an der $i$-ten Stelle wenigstens einer der beiden Vektoren den Wert TRUE aufweist. In diesem Fall ist das Ergebnis also TRUE, wenn ein Element größer gleich 1 ist. Mit

```
> xor((x >= 1),(x == 4))
[1] FALSE FALSE  TRUE   TRUE FALSE
```

wird eine logische „entweder oder" Verknüpfung durchgeführt. Das Ergebnis ist TRUE, wenn an der $i$-ten Stelle genau einer der beiden Vektoren den Wert TRUE aufweist. In diesem Fall ist das Ergebnis also TRUE, wenn ein Element größer gleich 1 aber nicht gleich 4 ist.

**Bemerkung.** Mit dem logischen Wert TRUE kann wie mit der Zahl 1 und mit dem logischen Wert FALSE wie mit der Zahl 0 gerechnet werden.

```
> z <- (x >= 1) | (x == 4)
> sum(z)
[1] 3
```

Die Anzahl der Elemente in x, die größer gleich 1 oder gleich 4 (oder beides) sind, ist also gleich 3.

## 4.7.2  Erzeugung eines Positionsvektors

Mit which() erhält man einen Vektor mit den Positionen der TRUE Einträge.

```
> which(BMI > 20)
[1] 2 3 4 5
```

Folglich lässt sich damit ein neuer Vektor mit ausgewählten Einträgen erzeugen.

```
> BMI[which(BMI > 20)]
[1] 22.22222 20.93664 24.93075 31.37799
```

## 4.7.3  Logische Vektoren als Positionsvektoren

Der obige Weg kann in R abgekürzt werden, da logische Vektoren auch direkt genau wie Positionsvektoren verwendet werden können.

```
> BMI[BMI > 20]
[1] 22.22222 20.93664 24.93075 31.37799
```

Dieser Vektor enthält nun die gewünschten Werte, allerdings liefert er keine Informationen darüber, zu welcher Person (Position im ursprünglichen Vektor BMI) der Wert gehört. Diese Information ist aber im Vektor which(BMI > 20) enthalten. Im folgenden Abschnitt wird eine Möglichkeit gezeigt, durch Benennung von Vektorelementen beide Informationen in denselben Vektor einzubinden.

## 4.8 Benannte Vektorelemente

**Bemerkung.** Ist x ein Vektor, so können die Elemente mittels `names(x) <- y` benannt werden. Dabei ist y ein Vektor von derselben Länge wie x, dessen Elemente Zeichenfolgen sind.

```
> x <- 1:3
> y <- c("Alpha", "Beta", "Gamma")
> names(x) <- y
> x
Alpha  Beta Gamma
    1     2     3
```

Besteht der Vektor y aus numerischen Werten, werden diese automatisch in Zeichenfolgen umgewandelt. Im obigen Fall können wir im neu erzeugten Vektor als Namen die ursprünglichen Positionen der BMI-Werte im Vektor BMI verwenden.

```
> BMI20 <- BMI[BMI > 20]
> names(BMI20) <- which(BMI > 20)
> BMI20
       2        3        4        5
22.22222 20.93664 24.93075 31.37799
```

**Bemerkung.** Man kann die Namen auch verwenden, um auf einzelne Elemente zuzugreifen. Dafür müssen die Namen in Anführungszeichen stehen.

Die Aufrufe `BMI20["3"]` und `BMI20[3]` sind im obigen Beispiel beide möglich und greifen also *nicht* auf dasselbe Element des Vektors BMI zu.

## 4.9 Datentypen

Wie wir gesehen haben, gehören die Elemente von Vektoren zu unterschiedlichen atomaren Datentypen, innerhalb eines Vektors sind aber alle Elemente von demselben Datentyp. Daher macht es Sinn auch Vektoren jeweils einen solchen Datentyp zuzuordnen.

*Logische Werte* TRUE und FALSE sind vom Datentyp `logical`.

```
> is.logical(c(FALSE, FALSE, TRUE))
[1] TRUE
```

*Ganze und reelle Zahlen* sind vom Datentyp `numeric`.

```
> is.numeric(c(1, 2, 3.4))
[1] TRUE
```

*Ganze Zahlen* sind vom Datentyp `integer` (und ebenfalls vom Typ `numeric`).

```
> is.integer(c(1L, 2L, 3L))
[1] TRUE
```

Will man R zu verstehen geben, dass man explizit mit einer ganzen Zahl umgehen möchte, so kann die Zahl direkt gefolgt von einem L (nicht durch Leer- oder
Multiplikationszeichen getrennt) angegeben werden. Man kann mit solchen Zahlen
und Vektoren wie mit numerischen Vektoren umgehen. Dabei ist dann aber zum
Beispiel 5L + 3 vom Typ `numeric` aber nicht mehr vom Typ `integer`. Hingegen
ist 5L + 3L vom Typ `integer`.

Für unsere Zwecke ist eine solche Unterscheidung aber im Allgemeinen nicht notwendig, wir werden nur mit numerischen Vektoren arbeiten.

*Komplexe Zahlen* sind vom Datentyp `complex`.

```
> is.complex(c(1+1i, 2, 3.4))
[1] TRUE
```

Damit eine Zahl als komplex erkannt wird, muss direkt vor der imaginären Einheit
i stets eine Zahl stehen (nicht durch Leer- oder Multiplikationszeichen getrennt).
Dies kann auch die 1 oder die 0 sein.

*Zeichenketten* sind vom Datentyp `character`.

```
> is.character(c("A", "Ab", "Abc"))
[1] TRUE
```

Sofern sinnvoll, sind auch Umwandlungen möglich, etwa

```
> as.character(c(1, 2, 3.4))
[1] "1"   "2"   "3.4"
```

Mit analogen Funktionen können auch andere Umwandlungen durchgeführt werden.

## 4.10  Qualitative Variablen

Vektoren können von einem der im obigen Abschnitt beschriebenen Datentypen sein.
Neben solchen Vektoren gibt es aber noch einen eigenen vektorwertigen Datentyp `factor`.

Dieser ist speziell zur Darstellung qualitativer Variablen gedacht. Qualitative Variablen
geben durch ihren Wert die Zugehörigkeit einer Beobachtung zu einer Kategorie/Gruppe
an.

---

**Beispiel.**  Gegeben sind Gewicht und Größe von 6 Personen. Zudem ist von jeder
Person bekannt, ob sie Raucher ist, entsprechend der folgenden Tabelle.

| Person | 1 | 2 | 3 | 4 | 5 | 6 |
|--------|------|------|------|------|------|------|
| Gewicht | 60 | 72 | 57 | 90 | 95 | 72 |
| Größe | 1.75 | 1.80 | 1.65 | 1.90 | 1.74 | 1.91 |
| Raucher | Ja | Nein | Nein | Nein | Ja | Nein |

Repräsentiere die qualitative Variable „Raucher" durch eine geeignete Variable in R.

---

Zunächst können wir einen Vektor von Zeichenfolgen erzeugen, der die gewünschten Informationen enthält.

```
> R <- c("Ja", "Nein", "Nein", "Nein", "Ja", "Nein")
```

Ein solcher Vektor ist die Vorstufe für eine Variable vom Typ `factor`, welcher mit der Funktion `factor()` erzeugt werden kann.

```
> Raucher <- factor(R)
> Raucher
[1] Ja   Nein Nein Nein Ja   Nein
Levels: Ja Nein
```

Der formale Unterschied zu einem gewöhnlichen Vektor wird hier sichtbar.

**Bemerkung.** Ein *Faktor* ist ein Vektor, dessen Elemente die möglichen Werte einer qualitativen Variablen repräsentieren. Die auftretenden Ausprägungen werden als zusätzliche Attribute mit angegeben und als *Stufen (Levels)* bezeichnet.

Häufig werden die Ausprägungen einer solchen Variablen auch mittels Zahlen kodiert, wobei die Zahlen selbst keine numerische Bedeutung haben, sondern nur der Unterscheidung der Stufen dienen.

```
> R <- c(1,0,0,0,1,0)
> Raucher <- factor(R)
> Raucher
[1] 1 0 0 0 1 0
Levels: 0 1
```

## 4.10.1  Stufenbezeichnungen

Man kann die Stufen auch nachträglich anders bezeichnen. Hierfür kann die Funktion `levels()` verwendet werden. Einerseits kann diese Funktion dazu genutzt werden die Stufen einer Faktorvariablen herauszulesen.

```
> levels(Raucher)
[1] "0" "1"
```

Andererseits kann man damit dem Vektor der Faktorstufen auch einen anderen (vektorwertigen) Wert zuweisen.

```
> levels(Raucher) <- c("Nein", "Ja")
> Raucher
[1] Ja   Nein Nein Nein Ja   Nein
Levels: Nein Ja
```

Bei einer solchen Zuweisung muss der Anwender selbst darauf achten, in welcher Reihenfolge die Stufen von der Variablen gespeichert wurden, damit die Zuordnung richtig bleibt. (Der Wert "0" wird oben für Nichtraucher vergeben und steht in `levels()` als Stufe an erster Stelle. Daher wird bei der erneuten Umbenennung mittels `levels()` hier auch der Wert "Nein" an die erste Stelle gesetzt.)

## 4.10.2  Faktoren als Positionsvektoren

Ist eine Faktorvariable f mit $k$ Stufen gegeben, so möchte man manchmal einen zuge-hörigen numerischen Vektor erzeugen, der jeden Faktor-Wert durch einen bestimmten numerischen Wert ersetzt.

> **Beispiel.**  Erzeuge einen numerischen Vektor, der für jeden Raucher die Zahl 1.5 und für jeden Nichtraucher die Zahl 0.5 enthält.

Zunächst erzeugen wir einen Vektor x, der die beiden numerischen Werte enthält.

```
> x <- c(0.5, 1.5)
```

Mit

```
> pos <- as.numeric(Raucher)
> pos
[1] 2 1 1 1 2 1
```

erzeugen wir einen Positionsvektor pos, der verwendet werden kann, um durch eine Aus-wahl x[pos] den gesuchten Vektor zu erzeugen. Einfacher geht es hier aber mittels

```
> x[Raucher]
[1] 1.5 0.5 0.5 0.5 1.5 0.5
```

## 4.10.3  Überflüssige Stufen

Manchmal kommt es vor, dass eine Faktorvariable „überflüssige" Stufen enthält, d.h. Stufen die im Vektor selbst gar nicht als Ausprägungen auftauchen.

```
> Raucher.Ja <- Raucher[Raucher == "Ja"]
> Raucher.Ja
[1] Ja Ja
Levels: Nein Ja
```

Die Stufen von Raucher.Ja werden hier also von Raucher geerbt. Möchte man dies vermeiden, bzw. möchte man allgemein eine Faktorvariable erzeugen, die als Stufen nur die tatsächlich auftauchenden Ausprägungen beinhaltet, so kann hierfür das Argument drop = TRUE gesetzt werden.

```
> Raucher.Ja <- Raucher[Raucher == "Ja", drop = TRUE]
> Raucher.Ja
[1] Ja Ja
Levels: Ja
```

Alternativ kann auch das neue Objekt nochmals als Faktor definiert werden.

```
> Raucher.Ja <- factor(Raucher[Raucher == "Ja"])
```

In dem Fall werden ebenfalls nur die Stufen berücksichtigt, die tatsächlich auftreten.

### 4.10.4  Geordnete Stufen

Erzeugt man aus einem numerischen Vektor eine Faktorvariable, so wird die Reihenfolge der auftretenden Ausprägungen im Stufen-Vektor automatisch durch Sortieren bestimmt.

```
> R <- c(1,0,0,0,1,0)
> factor(R)
[1] 1 0 0 0 1 0
Levels: 0 1
```

Man kann diese Reihenfolge ändern, indem man zusätzlich das Argument `levels` setzt.

```
> R <- c(1,0,0,0,1,0)
> Raucher <- factor(R,levels=c(1,0,-1))
> Raucher
[1] 1 0 0 0 1 0
Levels: 1 0 -1
```

Hier haben wir sogar noch künstlich eine weitere Faktorstufe hinzugefügt, die im Vektor selbst gar nicht auftaucht.

Faktorvariablen stehen für qualitative Variablen, bei der die Reihenfolge der Ausprägungen keine Rolle spielt. Bei ordinalen Variablen hingegen kann eine bestimmte Reihenfolge sinnvoll sein. Solche Variablen können durch sogenannte geordnete Faktoren in R durch Setzen des Argumentes `order = TRUE` abgebildet werden.

```
> Raucher <- factor(R,levels=c(1,0,-1), order = TRUE)
> Raucher
[1] 1 0 0 0 1 0
Levels: 1 < 0 < -1
```

Wir haben hier sogar eine Ordnung erzeugt, die der natürlichen Ordnung der Zahlen widerspricht, was möglich ist, da die Zahlen ja nur die Zugehörigkeit zu einer Gruppe anzeigen. (So könnte beispielsweise in einem anderen Zusammenhang 1 für „schlecht", 0 für „neutral" und -1 für "gut" stehen.)

**Bemerkung.** Manche R Funktionen liefern für Faktoren und geordneten Faktoren unterschiedliche Ergebnisse. In den meisten Fällen ist es aber nicht notwendig explizit mit geordneten Faktoren zu arbeiten.

## 4.11  Das zyklische Auffüllen

Eine Besonderheit im Umgang mit Vektoren, die von R oft unbemerkt im Hintergrund ausgeführt wird, ist das sogenannte zyklische Auffüllen von Vektoren.

```
> c(1,2,3,4,5,6) * c(1,2)
[1]  1  4  3  8  5 12
```

Hier werden zwei Vektoren unterschiedlicher Länge elementweise miteinander multipliziert, ohne dass es zu einer Warn- oder Fehlermeldung kommt. Der Grund liegt darin, dass R stillschweigend die Länge des kürzeren Vektors an die Länge des längeren Vektors anpasst und zwar gerade durch zyklisches Auffüllen. Berechnet wird also eigentlich

```
> c(1,2,3,4,5,6) * c(1,2,1,2,1,2)
[1]  1  4  3  8  5 12
```

Im Beispiel

```
> c(1,2,3,4,5) * c(1,2)
[1] 1 4 3 8 5
Warnmeldung:
In c(1, 2, 3, 4, 5) * c(1, 2) : Laenge der laengeren Objekts
                ist kein Vielfaches der Laenge der kuerzeren Objektes
```

wird immerhin eine Warnmeldung ausgegeben, obwohl trotzdem auch hier ein Ergebnis durch zyklisches Auffüllen herauskommt. Berechnet wird:

```
> c(1,2,3,4,5) * c(1,2,1,2,1)
[1] 1 4 3 8 5
```

Das Auffüllen kann häufig nützlich sein, der einfachste Fall ist das Multiplizieren eines Vektors mit einer Zahl, also etwa

```
> c(1,2,3,4,5) * 2
```

anstelle von

```
> c(1,2,3,4,5) * c(2,2,2,2,2)
```

**Bemerkung.** In R wird davon ausgegangen, dass dem Anwender das Prinzip des *zyklischen Auffüllens* bekannt ist, und dass er es somit sinnvoll einsetzen kann.

Dieses Prinzip kann unter Umständen zu vom Anwender nicht beabsichtigten Ergebnissen führen, ohne dass er dies sofort bemerkt. Das ist etwa dann der Fall, wenn ein Vektor nur aus Versehen zu kurz geraten ist, er dann aber unbemerkt mit Werten aufgefüllt wird, die dort eigentlich nicht hin gehören.

## 4.12   Runden

In unserem Beispiel zur Berechnung des Body Mass Index reicht es eigentlich aus, die Werte auf höchstens 2 Nachkommastellen genau zu bestimmen. Gerundete Werte erhält man mit der Funktion `round()` bei der das zweite Argument `digits` die gewünschte Anzahl der Nachkommastellen angibt.

```
> round(BMI, digits = 2)
[1] 19.59 22.22 20.94 24.93 31.38 19.74
```

Zwei weitere Arten des Rundens wollen wir noch kurz ansprechen.

**Definition.** Sei $x$ eine reelle Zahl.

(a) Mit $\lfloor x \rfloor$ wird die größte ganze Zahl, die kleiner oder gleich $x$ ist, bezeichnet (auch *untere Gaußklammer*).

(b) Mit $\lceil x \rceil$ wird die die kleinste ganze Zahl, die größer oder gleich $x$ ist, bezeichnet (auch *obere Gaußklammer*).

In R kann die untere Gaußklammer mit der Funktion `floor()` und die obere Gaußklammer mit der Funktion `ceiling()` auf numerische Vektoren angewendet werden.

# Kapitel 5

# Umgang mit Datensätzen

Während ein Datenvektor die Beobachtungen einer einzelnen Variablen an verschiedenen Untersuchungseinheiten sind, besteht ein Datensatz aus Beobachtungen mehrerer Variablen.

## 5.1  Die Datenmatrix

Am Anfang einer statistischen Analyse steht eine Datenmatrix. Diese enthält Werte von $p$ Variablen, die an $n$ Untersuchungseinheiten gemessen/ beobachtet worden sind.

Üblicherweise werden die Beobachtungen so angeordnet, dass die $i$-te Zeile der $i$-ten Untersuchungseinheit (Objekt) und die $j$-te Spalte der $j$-ten Variable entspricht.

$$
\begin{array}{c}
\overbrace{\hspace{5cm}}^{\text{Variable}} \\
\begin{array}{ccccc}
X_1 & \cdots & X_j & \cdots & X_p
\end{array}
\end{array}
$$

$$
\text{Objekt}\left\{
\begin{array}{c|ccccc}
U_1 & x_{11} & \cdots & x_{1j} & \cdots & x_{1p} \\
\vdots & \vdots & & \vdots & & \vdots \\
U_i & x_{i1} & \cdots & x_{ij} & \cdots & x_{ip} \\
\vdots & \vdots & & \vdots & & \vdots \\
U_n & x_{n1} & \cdots & x_{nj} & \cdots & x_{np}
\end{array}
\right.
$$

Folglich kann ein im vorhergehenden Abschnitt betrachteter Datenvektor als eine *Spalte* einer Datenmatrix gesehen werden. Für den Umgang mit solchen Datenmatrizen gibt es in R die Struktur des `data.frame`, die mit der Funktion `data.frame()` erzeugt werden kann.

> **Beispiel.** Stelle den Datensatz aus Abschnitt 4.10 in R geeignet dar.

Wir haben also die drei Vektoren `Gewicht`, `Groesse` und `Raucher` vorliegen und fassen sie als Datensatz zusammen.

```
> d <- data.frame(Gewicht, Groesse, Raucher)
> d
  Gewicht Groesse Raucher
1      60    1.75      Ja
2      72    1.80    Nein
3      57    1.65    Nein
4      90    1.90    Nein
5      95    1.74      Ja
6      72    1.91    Nein
```

Wie man sieht, wird die Datenmatrix in der eingangs erwähnten Form dargestellt. Es macht hier auch keine Schwierigkeiten, dass die Variable `Raucher` von einem anderen Datentyp als die Variablen `Gewicht` und `Groesse` ist. Natürlich müssen die verschiedenen Variablen des Datensatzes dieselbe Länge haben, auch dann wenn es fehlende Werte (vgl. Abschnitt 5.4) gibt.

### 5.1.1  Datensätze ergänzen

Wollen wir die Daten einer Variablen nachträglich an einen bestehenden Datensatz anhängen, so kann hierfür die Funktion `cbind()` verwendet werden. Die Zuweisung

```
> d <- cbind(data.frame(Gewicht,Groesse),Raucher)
```

liefert dasselbe Objekt wie oben. Analog können mit Hilfe der Funktion `rbind()` weitere Zeilen an einen Datensatz angehängt werden.

## 5.2  Beispieldatensätze in R

In R gibt es eine Reihe vorgefertigter Beispieldatensätze mit denen wir im weiteren auch arbeiten wollen. Um festzustellen, welche Datensätze verfügbar sind, kann in der R Konsole

```
> data()
```

eingegeben werden. Dann öffnet sich ein Fenster, in welchem die Datensätze aus dem Standardpaket `datasets` (zusammen mit einer kurzen Beschreibung) aufgelistet werden. Gibt man

```
> data(package = "MASS")
```

ein, so werden alle Datensätze im Paket `MASS` angezeigt. Bei der Eingabe von

```
> data(package = .packages(all.available = TRUE))
```

erhält man die Datensätze aus allen installierten Paketen, also z.B. auch aus dem Paket MASS. Will man Datensätze aus solchen Paketen verwenden, so müssen diese allerdings zuvor mit library() geladen werden, vgl. Abschnitt 2.3.

---

**Beispiel.** Der Datensatz airquality aus dem Paket datasets enthält laut Beschreibung Daten zur Luftqualität in New York. Wir wollen etwas genauer wissen, um welche Art von Daten es sich handelt.

---

Eine Möglichkeit besteht darin, sich den Datensatz direkt anzeigen zu lassen.

```
> airquality
```

Schaut man sich die zugehörige Konsolenantwort an, die wir aus Platzgründen hier nicht wiedergeben, so stellt man fest, dass sie recht unübersichtlich ist. Wir können aber sehen, dass es sich um eine Datenmatrix mit 153 Zeilen und 6 Spalten handelt.

```
> nrow(airquality)
[1] 153
> ncol(airquality)
[1] 6
```

Einen etwas besseren Eindruck erhalten wir, wenn wir uns nur den Kopf des Datensatzes ansehen.

```
> head(airquality)
  Ozone Solar.R Wind Temp Month Day
1    41     190  7.4   67     5   1
2    36     118  8.0   72     5   2
3    12     149 12.6   74     5   3
4    18     313 11.5   62     5   4
5    NA      NA 14.3   56     5   5
6    28      NA 14.9   66     5   6
```

Zu Datensätzen gibt es auch Hilfeseiten, die weitere Informationen preisgeben.

```
> ?airquality
```

Aus der Hilfeseite können wir herauslesen, dass es sich um tägliche Messungen in New York aus dem Jahr 1973 handelt. Auch weitere Informationen zu den Variablen werden angegeben.

Die Zeilen der Datenmatrix gehören hier allerdings nicht zu verschiedenen Untersuchungseinheiten, sondern zu aufeinander folgenden Zeitpunkten (tägliche Messungen). Man spricht bei solchen Variablen auch von Zeitreihen, auf die wir in den Kapiteln 23 und 24 näher eingehen.

## 5.3 Indizierung

Genau wie bei einem Datenvektor, ist es auch bei einer Datenmatrix oft notwendig, bestimmte Teile zu extrahieren.

### 5.3.1   Spezifische Elemente auswählen

Auf einzelne Elemente eines `data.frame` kann durch Angabe von Zeilen- und Spalten-
nummer zugegriffen werden. Der erste Wert gibt die Nummer der Zeile, der zweite Werte
die Nummer der Spalte an.

```
> airquality[2, 3]
[1] 8
```

Dabei ist es auch möglich mehrere Zeilen und Spalten gleichzeitig auszuwählen.

```
> airquality[2:5,c(3,4)]
  Wind Temp
2  8.0   72
3 12.6   74
4 11.5   62
5 14.3   56
```

### 5.3.2   Zeilen und Spalten auswählen

In vielen Fällen ist man daran interessiert, vollständige Zeilen und/oder Spalten aus
einer Datenmatrix zu extrahieren. Eine Zeile entspricht dabei den Beobachtungen aller
Variablen an einer Untersuchungseinheit. Eine Spalte entspricht den Beobachtungen einer
Variablen an sämtlichen Untersuchungseinheiten.

#### Zeilen auswählen

Auf eine komplette Zeile kann zugegriffen werden, wenn die Spaltenangabe weggelassen
wird. Die Werte der Variablen für die 2. Zeile erhält man also mittels

```
> airquality[2, ]
  Ozone Solar.R Wind Temp Month Day
2    36     118    8   72     5   2
```

Natürlich ist es auch möglich, mehrere Zeilen gleichzeitig auszuwählen, z.B.

```
> airquality[1:20, ]
```

Das Ergebnis einer solchen Auswahl ist stets wieder ein `data.frame`.

Grundsätzlich ist es auch möglich, Zeilen über ihren Zeilennamen anzusprechen.

```
> airquality["2",]
  Ozone Solar.R Wind Temp Month Day
2    36     118    8   72     5   2
```

Im diesem Fall stimmen offenbar Zeilennummern und Zeilennamen überein.

**Bemerkung.**   Die Zahlen am linken Rand in der Anzeige eines Datensatzes sind *nicht*
die Zeilennummern, sondern die *Zeilennamen*.

Mit

```
> rownames(airquality)
```

erhält man diese Namen als Vektor. Eine Übereinstimmung von Zeilennummer und -name
ist oft *nicht* gegeben. Erzeugt man beispielsweise einen neuen Datensatz mittels

```
> pos <- seq(2, 153, 2)
> new.air <- airquality[pos,]
> head(new.air)
   Ozone Solar.R Wind Temp Month Day
2     36     118  8.0   72     5   2
4     18     313 11.5   62     5   4
6     28      NA 14.9   66     5   6
8     19      99 13.8   59     5   8
10    NA     194  8.6   69     5  10
12    16     256  9.7   69     5  12
```

so sind Zeilennummer und Zeilenname im Datensatz `new.air` nicht identisch. Angezeigt
wird der Zeilenname. Man erhält

```
> new.air["2",]
  Ozone Solar.R Wind Temp Month Day
2    36     118    8   72     5   2
```

aber

```
> new.air[2,]
  Ozone Solar.R Wind Temp Month Day
4    18     313 11.5   62     5   4
```

Grundsätzlich werden in einem `data.frame` stets Zeilennamen vergeben. In `new.air` werden die Namen des ursprünglichen Datensatzes verwendet. Dies ist zum Beispiel sinnvoll,
wenn man die Untersuchungseinheiten anhand ihrer Namen auch im neuen Datensatz
identifizieren möchte.

Wird ein `data.frame` ohne explizite Angabe von Zeilennamen erzeugt (wie der Datensatz
d aus Abschnitt 5.1), so werden automatisch die Zeilennummern als Zeilennamen verwendet. Soll unser Datensatz `new.air` ebenfalls Zeilenummern von 1 beginnend erhalten,
so kann dies mittels

```
> rownames(new.air) <- NULL
```

erreicht werden.

---

**Beispiel.** Betrachte den von uns erzeugten Datensatz d und ändere die Zeilennamen so ab, dass vor der jeweiligen Nummer auch noch das Wort „Person" erscheint.

---

Mit

```
> d.nam <- paste("Person",1:6)
```

erhält man einen Vektor mit den 6 gewünschten Bezeichnungen. Die Funktion `paste()`
verbindet die Elemente von Vektoren zu Zeichenketten. Idealerweise haben die Vektoren
gleiche Länge und sind vom Typ `character`, also z.B.

```
> paste(c("a","b"),c("1","2"))
[1] "a 1" "b 2"
```

Ist dies nicht der Fall, wie in unserem Aufruf, wird das Prinzip des zyklischen Auffüllens angewendet. Außerdem werden numerische Vektoren automatisch in Zeichenketten-
Vektoren umgewandelt. Standardmäßig wird ein Leerzeichen zwischen die Elemente eingefügt, was man durch Setzen des Argumentes `sep` aber auch ändern kann. Mit

```
> rownames(d) <- d.nam
```

erhält `d` dann die gewünschten Zeilennamen.


**Spalten auswählen**


Benötigt man die gesamte Spalte einer Datenmatrix, so kann auf sie zugegriffen werden,
wenn die Zeilenangabe weggelassen wird.

```
> airquality[, 3]
...
```

Dasselbe Ergebnis erhält man auch bei Eingabe von `airquality[,"Wind"]`. Das Resultat ist (in beiden Fällen) kein `data.frame` mehr, sondern ein `vector`, da es sich ja
um eine einzelne Spalte handelt, welche die Beobachtungen einer statistischen Variablen
enthalten. Möchte man das Ergebnis trotzdem formal als Datensatz (mit einer Spalte)
erhalten, so kann dies mittels des zusätzlichen Argumentes `drop` erreicht werden, welches
dann auf `FALSE` gesetzt werden muss.

```
> airquality[,"Wind", drop = FALSE]
...
```

Bei Eingabe von

```
> airquality[,c("Wind","Ozone")]
...
```

werden zwei Spalten ausgewählt. Das Ergebnis ist nun ein `data.frame` bei dem hier
übrigens auch die Reihenfolge der Variablen geändert ist.


### 5.3.3   Teilmengen auswählen


Häufig wird aus den Untersuchungseinheiten (repräsentiert durch die Zeilen der Datenmatrix) eine gewisse Teilmenge ausgewählt. Die Art der Auswahl bezieht sich dabei oft
auf eine Teilmenge aus dem Wertebereich einer oder mehrerer Variablen.

---

**Beispiel.**   Bilde einen Teildatensatz, in dem alle Untersuchungseinheiten enthalten
sind, für die `Temp` größer als 92 ist.

---

Eine derartige Auswahl kann auf der Basis eines logischen Vektors erfolgen, der wie ein Positionsvektor verwendet wird, vgl. Abschnitt 4.7.3.

```
> airquality[airquality$Temp > 92, ]
...
```

Dasselbe erhält man mittels

```
> subset(airquality, subset = Temp > 92)
...
```

Die Funktion `subset()` besitzt als weiteres Argument auch noch `select`, mit dessen Hilfe Spalten ausgewählt werden können.

Gibt man das Argument `select` an, ohne gleichzeitig auch das Argument `subset` anzugeben, so entspricht dies der Auswahl von Spalten (unter Beibehaltung sämtlicher Zeilen).

```
> subset(airquality, select = c(Wind, Ozone))
...
```

## 5.4  Fehlende Werte

---

**Beispiel.**  Bestimme den Mittelwert der Werte von `Ozon` im Datensatz `airquality`.

---

Bei Verwendung der Funktion `mean` gibt die Konsole eine vielleicht überraschende Antwort.

```
> mean(airquality$Ozone)
[1] NA
```

Wenn man sich die Werte der Variable `Ozone` im Datensatz `airquality` genauer ansieht, stellt man fest, dass dort eine eine Reihe von Einträgen `NA` enthalten sind.

**Bemerkung.**  Die Standardbezeichnung in R für einen *fehlenden Wert* ist `NA` (Not Available). Die Identifikation fehlender Werte sollte mit Hilfe der Funktion `is.na()` erfolgen.

---

**Beispiel.**  Bestimme die Anzahl der fehlenden Werte der Variable `Ozone`.

---

Da man mit `TRUE` wie mit der Zahl 1 und mit `FALSE` wie mit der Zahl 0 rechnen kann, vgl. Abschnitt 4.7, ist Folgendes möglich.

```
> sum(is.na(airquality$Ozone))
[1] 37
```

Ebenso kann man überprüfen, wieviele fehlende Werte der Datensatz überhaupt enthält.

```
> sum(is.na(airquality))
[1] 44
```

Für den Umgang mit fehlenden Werten gibt es eine Reihe von Möglichkeiten. So ermöglichen viele Funktionen das Ignorieren fehlender Werte, ohne dass dafür der Datensatz selbst geändert werden muss.

```
> mean(airquality$Ozone, na.rm = TRUE)
[1] 42.12931
```

### 5.4.1 Vollständige Fälle

> **Beispiel.** Erzeuge aus `airquality` einen neuen Datensatz, in dem sämtliche Zeilen des ursprünglichen Datensatzes gelöscht sind, bei denen für mindestens eine Variable ein fehlender Wert auftaucht.

Zu diesem Zweck gibt es eine eigene Funktion `na.omit()`.

```
> na.omit(airquality)
    Ozone Solar.R Wind Temp Month Day
1      41     190  7.4   67     5   1
...
153    20     223 11.5   68     9  30
```

Hierbei ist zu beachten, dass die angezeigten Zeilennummern, die Zeilennamen aus dem ursprünglichen Datensatz sind. Mit dem Aufruf

```
> complete.cases(airquality)
```

erhält man außerdem einen logischen Vektor, der für jede Untersuchungseinheit angibt, ob für mindestens eine Variable ein fehlender Wert auftaucht oder nicht.

### 5.4.2 Indizes fehlender Werte

> **Beispiel.** Für welche Paare von Zeilen- und Spaltennummern i,j ist der Eintrag in `airquality[i,j]` ein fehlender Wert?

Man erhält eine Antwort mittels der Funktion `which()` bei der zusätzlich das Argument `arr.ind` auf den Wert `TRUE` gesetzt wird.

```
> which(is.na(airquality), arr.ind = TRUE)
       row col
 [1,]    5   1
 [2,]   10   1
 ...
[44,]   98   2
```

Das Resultat ist eine Matrix, vgl. Abschnitt 5.6, mit den entsprechenden Zeilen- und Spaltennummern.

## 5.5 Gruppierende Variablen und Teildatensätze

Im obigen Abschnitt haben wir verschiedenen Möglichkeiten kennengelernt, Teildatensätze zu erzeugen. Eine weitere Möglichkeit ergibt sich, wenn auch eine qualitative Variable (Faktorvariable) an den Untersuchungseinheiten beobachtet wurde.

Dann kann für jede Stufe dieser Variablen recht einfach ein eigener Datensatz mit Hilfe der Funktion `split()` erzeugt werden. Wir betrachten den Datensatz `d` aus Abschnitt 5.1.

```
> d.split <- split(x = d, f = d[, "Raucher"])
> d.split
$Ja
  Gewicht Groesse Raucher
1      60    1.75      Ja
5      95    1.74      Ja

$Nein
  Gewicht Groesse Raucher
2      72    1.80    Nein
3      57    1.65    Nein
4      90    1.90    Nein
6      72    1.91    Nein
```

Das Ergebnis der Anwendung von `split()` ist eine *Liste*.

### 5.5.1 Listen

**Bemerkung.** Die Datenstruktur `list` erlaubt es, unterschiedliche R-Objekte als Elemente zu einem Objekt zusammenfassen. Eine Liste kann mit der Funktion `list()` erzeugt werden.

Im obigen Fall sind die einzelnen Elemente der Liste `d.split` alle wieder vom Datentyp `data.frame` und haben jeweils auch einen Namen (nämlich `Ja` und `Nein`, also die Stufennamen der Faktorvariablen `d[,"Raucher"]`). Dies ermöglicht es, einfach auf die Teildatensätze zugreifen zu können.

**Bemerkung.** Sind die Elemente einer Liste benannt, so kann auf sie mittels der Notation

`list.name$element.name`

zugegriffen werden (Dollar-Notation). Andernfalls kann auf sie mittels

`list.name[[i]]`

zugegriffen werden. Dabei steht *i* für das *i*-te Listenelement.

In unseren Beispiel können wir nun alle Nichtraucher mittels

```
> d.split$Nein
  Gewicht Groesse Raucher
```

```
2        72      1.80      Nein
3        57      1.65      Nein
4        90      1.90      Nein
6        72      1.91      Nein
```

als Datensatz erhalten.

## 5.5.2  Gruppierende Variable

Für die Anwendung von `split()` ist es im übrigen nicht notwendig, dass die Faktorvariable zum Datensatz gehört. Definieren wir zum Beispiel

```
> Sex <- factor(c("m","m","w","m","m","m"))
```

so erhalten wir

```
> split(x = d, f = Sex)
$m
   Gewicht Groesse Raucher
1       60    1.75      Ja
2       72    1.80    Nein
4       90    1.90    Nein
5       95    1.74      Ja
6       72    1.91    Nein

$w
   Gewicht Groesse Raucher
3       57    1.65    Nein
```

Auch hier gilt natürlich wieder: Diese Vorgehensweise ist nur dann sinnvoll, wenn der $i$-te Eintrag im Vektor `Sex` auch zur $i$-ten Untersuchungseinheit im Datensatz d gehört.

**Bemerkung.** Anhand der verschiedenen Ausprägungen (Stufen) einer qualitativen Variablen (Faktorvariablen) können die Untersuchungseinheiten eines Datensatzes verschiedenen Gruppen zugeordnet werden (z.B. Raucher und Nichtraucher). Wir bezeichnen eine qualitative Variable daher auch als *gruppierende Variable.*

## 5.5.3  Teildatensätze und Kenngrößen

**Beispiel.** Bestimme im Beispieldatensatz d die Mittelwerte von `Gewicht` und `Groesse` getrennt für Raucher und Nichtraucher.

Mit der Funktion `lapply()` kann ein bestimmtes Kommando auf Elemente einer Liste angewendet werden.

Da es nur sinnvoll ist, Mittelwerte für quantitative Variablen zu berechnen, berücksichtigen wir bei der Aufteilung des Datensatzes auch nur die ersten beiden Spalten.

```
> d2.split <- split(d[,1:2],d[, "Raucher"])
```

| Funktion | Beschreibung |
|----------|--------------|
| %*% | Matrixmultiplikation |
| crossprod() | Matrix Kreuzprodukt |
| diag() | Hauptdiagonale, Diagonalmatrix |
| nrow(), ncol() | Zeilen- und Spaltenzahl |
| eigen() | Eigenwerte und Eigenvektoren |
| solve() | Invertierung und lineare Gleichungssysteme |
| t() | Transponieren |

*Tabelle 5.1.* Einige Funktionen zur Matrizenrechnung

```
> lapply(d2.split, mean)
$Ja
Gewicht Groesse
 77.500   1.745

$Nein
Gewicht Groesse
 72.750   1.815
```

Weitere Möglichkeiten, Kenngrößen für die verschiedenen Stufen von gruppierenden Variablen zu berechnen werden in Abschnitt 7.6 erläutert.

## 5.6 Datensätze, Matrizen, Listen

Formal wird ein Datensatz in R über den Typ `data.frame` abgebildet. In seiner Erscheinung sieht ein Objekt vom Typ `data.frame` wie eine Matrix aus, wir haben ja auch von einer Datenmatrix gesprochen. In R bilden Matrizen allerdings einen eigenen Datentyp.

### 5.6.1 Matrizen

Matrizen können in R mit der Funktion `matrix()` erzeugt werden.

```
> A <- matrix(c(0, -1, 1, 0), nrow = 2)
> A
     [,1] [,2]
[1,]    0    1
[2,]   -1    0
```

Man kann in R mit Matrizen auch rechnen und zum Beispiel Eigenwerte einer Matrix bestimmen, vgl. auch Tabelle 5.1.

```
> eigen(A)$values
[1] 0+1i 0-1i
```

Die so definierte Matrix hat die beiden (konjugiert) komplexen Eigenwerte $i$ und $-i$.

Ein Objekt vom Typ `data.frame` wird in R *nicht* wie ein Objekt von Typ `matrix` behandelt. Dies liegt im wesentlich daran, dass ein Datensatz sowohl quantitative als auch qualitative statistische Variablen beinhalten kann und die Werte qualitativer Variablen nicht als Zahlen im üblichen Sinn interpretierbar sind. Sofern es dem Anwender aber sinnvoll erscheint, kann ein `data.frame` in ein Objekt vom Typ `matrix` umgewandelt werden.

**Bemerkung.** Mit Hilfe der Funktion `data.matrix()` kann ein Datensatz in eine numerische Matrix umgewandelt werden.

### 5.6.2 Listen

**Beispiel.** Erzeuge eine Liste `L` mit drei Elementen, die `d`, `A` und `Wind` heißen. Dabei sei `d` der oben erzeugte Datensatz, `A` die oben erzeugte Matrix und `Wind` der gleichnamige Vektor aus dem Datensatz `airquality`.

Eine Liste wird einfach mittels `list()` erzeugt, wobei die Listenelemente durch Kommata getrennte R-Objekte sind. Damit die Listenelemente die gewünschten Namen bekommen, werden sie explizit mit angegeben.

```
> L <- list(d = d, A = A, Wind = airquality$Wind)
```

Dann ist zum Beispiel der Zugriff auf eine Spalte von `d` mittels

```
> L$d$Raucher
[1] Ja   Nein Nein Nein Ja   Nein
Levels: Ja Nein
```

möglich. Der Zugriff auf eine Spalte der Matrix `A` erfolgt mittels

```
> L$A[,1, drop = FALSE]
     [,1]
[1,]    0
[2,]   -1
```

Durch Setzen von `drop` = `FALSE` wird erreicht, dass das Ergebnis wieder vom Typ `matrix` (und nicht vom Typ `vector`) ist.

### Datensatz als Liste

Während also ein Objekt von Typ `data.frame` keine Matrix ist, wird es andererseits als ein Objekt vom Typ `list` behandelt.

```
> is.list(airquality)
[1] TRUE
```

Wie wir oben bereits gesehen haben, können die Elemente von Listen auch mittels der „Dollar-Notation" angesprochen werden.

> **Bemerkung.** Auf die Spalten eines Objektes vom Typ `data.frame` kann über die Dollar-Notation wie auf ein Element einer Liste zugegriffen werden.

Damit ist es also möglich eine Spalte beispielsweise mittels

```
> airquality$Wind
```

anstelle von `airquality[, "Wind"]` anzusprechen.

## 5.7 Datensätze einbinden

Eine weitere Möglichkeit in einfacher Weise mit den Spalten eines Datensatzes zu arbeiten, besteht darin, diesen mittels der Funktion `attach()` einzubinden.

```
> attach(airquality)
```

Nun kann man direkt mit den Spalten von `airquality` umgehen, ohne dabei den Namen dieses Datensatzes verwenden zu müssen.

```
> mean(Wind)
[1] 9.957516
```

Bei dieser Vorgehensweise ist eine gewisse Vorsicht angebracht. Führt man beispielsweise eine Zuweisung

```
> Wind[2] <- NA
```

durch, so erzeugt man damit ein eigenes Objekt `Wind`, welches eine Kopie der Spalte `Wind` des Datensatzes `airquality` ist (mit einem fehlenden Wert an zweiter Stelle). Sämtliche weiteren Funktionen sprechen nun aber die so erzeugte Kopie und nicht mehr die ursprüngliche Spalte des Datensatzes an, die von dieser Zuweisung nicht betroffen ist.

```
> mean(Wind)
[1] NA
> mean(airquality$Wind)
[1] 9.957516
```

Dies kann, bei Nichtberücksichtigung, natürlich zu fehlerhaften Schlussfolgerungen führen.

Nachdem sämtliche benötigten Berechnungen mit den Variablen eines Datensatzes durchgeführt wurden, ist es sinnvoll mit

```
> detach(airquality)
```

die Wirkung von `attach()` wieder aufzuheben.

## 5.8   Datensätze sortieren

Mit dem R Kommando `sort(x)` erhält man einen Vektor mit den aufsteigend sortierten Werten von x.

Mit dem R Kommando `order(x)` erhält man einen Positionsvektor mit Platznummern, den die *i*-te Beobachtung von x nach einer aufsteigenden Sortierung einnehmen würde, d.h. `x[order(x)]` ist identisch mit `sort(x)`, wenn keine fehlenden Werte vorliegen.

Beide Funktion besitzen das Argument `na.last` mit  dem das Verhalten bei Vorliegen fehlender Werte gesteuert werden kann. Dieses ist aber unterschiedlich voreingestellt.

> **Beispiel.**   Betrachte den Datensatz `airqality` und erzeuge einen neuen Datensatz, in dem die Beobachtungen aufsteigend nach den Werten der Variablen `Solar.R` sortiert sind.

Verwendet man `order` mit der Voreinstellung `na.last = TRUE`, so werden fehlende Werte für `Solar.R` an das Ende des erzeugten Positionsvektors gestellt.

```
> airquality[order(airquality$Solar.R),]
     Ozone Solar.R Wind Temp Month Day
82      16       7  6.9   74     7  21
21       1       8  9.7   59     5  21
28      23      13 12.0   67     5  28
...
45      NA     332 13.8   80     6  14
16      14     334 11.5   64     5  16
5       NA      NA 14.3   56     5   5
...
98      66      NA  4.6   87     8   6
```

Eine absteigende Sortierung erhält man, wenn man in `sort()` bzw. `order()` das Argument `decreasing = TRUE` setzt.

# Kapitel 6

# Datensätze einlesen

Möchte man mit eigenen Datensätzen arbeiten, so liegen diese in der Regel in einer bestimmten Form als Datei vor. R besitzt verschiedene Funktionen mit denen das Einlesen durchgeführt werden kann.

## 6.1 Textformat

Am einfachsten ist das Einlesen einer Textdatei im ASCII-Format, wenn der Datensatz bereits in Form einer Datenmatrix vorliegt.

---

**Beispiel.**  Speichere den Datensatz

| Punkte im Übungsbereich | 76 | 27 | 52 | 65 | 68 | 70 |
|---|---|---|---|---|---|---|
| Note in der Klausur | 1,3 | 2,7 | 2,3 | 2,0 | 1,7 | 2,0 |

als Textdatei und lies die Datei als `data.frame` ein.

---

Wir verwenden einen einfachen Texteditor und schreiben die Daten in der Form

```
U.Punkte  K.Note
76   1,3
27   2,7
52   2,3
65   2,0
68   1,7
70   2,0
```

auf. Die Eintragungen in der 2.ten Spalte sind hier jeweils durch zwei Leerzeichen getrennt. Es würde aber auch nichts ausmachen nur ein Leerzeichen, oder sogar eine unterschiedliche Anzahl von Leerzeichen zu verwenden. Wir speichern die Werte unter dem Namen „Noten.txt" im Verzeichnis „C:\Daten\".

Wir verwenden zum Einlesen der Datei die Funktion `read.table()`. Das erste Argument dieser Funktion ist der Dateiname mit vollständiger Angabe des Pfades.

```
> Noten.txt <- "C:\\Daten\\Noten.txt"
```

Dabei ist der übliche einfache umgekehrte Schrägstrich \ hier doppelt \\ anzugeben. (Anstelle des doppelten umgekehrtes Schrägstriches kann auch der einfache Schrägstrich / verwendet werden.)

```
> N <- read.table(Noten.txt, dec = ",", header = TRUE)
```

Zusätzlich zum Pfad müssen in diesem Fall noch zwei weitere Argumente angegeben werden.

Mit `dec = ","` wird das im deutschen übliche Dezimalkomma als solches erkannt und in den für R üblichen Dezimalpunkt umgewandelt.

Mit `header = TRUE` wird die erste Zeile als Zeile mit Variablennamen erkannt und entsprechend eingelesen.

Es gibt noch eine Reihe weiterer Argumente, die man sich dann anschauen sollte, wenn das Einlesen einer Datei nicht korrekt funktioniert.

### 6.1.1   Interaktives Einlesen

Die Festlegung eines Dateinames ist insbesondere dann praktisch, wenn eine Datei häufig verwendet wird. Manchmal möchte man auf eine Datei aber über ein Dateiauswahl-Fenster zugreifen. Dies ist möglich, wenn man anstelle eines Dateinames das Kommando `file.choose()` verwendet. Bei der Eingabe von

```
> N <- read.table(file.choose(), dec = ",", header = TRUE)
```

öffnet sich ein Dateiauswahl-Fenster. Auch in diesem Fall ist es aber notwendig bereits vorher zu wissen, wie die Datei aussieht, d.h. also, ob Dezimalkommata verwendet werden und ob der Datensatz eine Namenszeile enthält oder nicht.

### 6.1.2   Einlesen über die Zwischenablage

Für kleinere Datensätze funktioniert auch das Einlesen über die Zwischenablage, wenn man den Dateinamen durch `"clipboard"` ersetzt.

Zunächst kann man in die Konsole beispielsweise

```
> N <- read.table("clipboard", dec = ",", header = TRUE)
```

eingeben, ohne dies mit einem Return abzuschließen.

Es kann nun zu einer anderen geöffneten Anwendung gewechselt werden. Hat man den obigen Datensatz beispielsweise in einem geöffneten Word Dokument vorliegen, so kann man ihn dort in die Zwischenablage kopieren.

Anschließend kann wieder zur R Konsole gewechselt werden und das Kommando mit
einem Return abgeschlossen werden.

### 6.1.3  Speichern

Liegt nun in R der Datensatz N als `data.frame` vor, so kann dieser gespeichert werden.

```
> write.table(N, Noten.txt, row.names = FALSE)
```

Durch Setzen des Argumentes `row.names = FALSE` werden die Zeilennamen nicht mit
gespeichert.

Die Datei „Noten.txt" kann nun erneut mit `read.table()` eingelesen werden. Da wir
beim Speichern nicht das Argument `dec = ","` gesetzt haben, wird der Dezimalpunkt
verwendet, d.h. wir brauchen es dann beim erneuten Einlesen

```
> N2 <- read.table(Noten.txt, header = TRUE)
```

nicht mehr anzugeben.

## 6.2  Fremde Dateiformate

In R ist auch der Umgang mit fremden Dateiformaten möglich. Wir beschreiben hier nur
kurz den möglichen Umgang mit Microsoft Excel und das Einlesen einer SPSS Datei.
Für weitergehende Ausführungen verweisen wir auf Ligges (2008, Kapitel 3).

### 6.2.1  Excel

Ein Austausch mit Datensätzen, die mit Hilfe von Microsoft Excel erstellt werden, ist
über das `csv` Format möglich.

---

**Beispiel.**  Ändere einen Eintrag im Datensatz `iris` mit Hilfe von Excel.

---

Zunächst speichern wir den Datensatz

```
> write.csv2(iris, "C:\\Daten\\iris.csv", row.names = FALSE)
```

Es ist nun möglich, die Datei mit Hilfe von Excel zu öffnen und zu bearbeiten. Durch die
Verwendung von `write.csv2()` werden Dezimalpunkte automatisch als Dezimalkomma-
ta gespeichert. In Excel ist es möglich die geänderte Datei im `csv` Format abzuspeichern.
Ist dies unter demselben Namen wir oben geschehen, so kann der Datensatz mittels

```
> iris.neu <- read.csv2("C:\\Daten\\iris.csv", header = TRUE)
```

eingelesen werden.

## 6.2.2 SPSS

Im Paket `foreign` gibt es einige Funktionen mit denen spezielle Formate geladen werden können. So kann mit

```
> library(foreign)
> d.spss <- read.spss(...)
```

eine SPSS Datei (vom Typ `.sav`) eingelesen werden. Meist ist es hierbei sinnvoll, zusätzlich das Argument `to.data.frame = TRUE` explizit zu setzen, da andernfalls `d.spss` eine Liste ist.

# Kapitel 7

# Empirische Kenngrößen

Im Folgenden sei mit $n$ die Anzahl der Beobachtungen $x_1, \ldots, x_n$ einer Variablen $X$ bezeichnet. Bei einer quantitativen Variablen $X$ werden die meisten beobachteten Werte unterschiedlich sein, obwohl es, oft bedingt durch eine eingeschränkte Mess- bzw. Erhebungsgenauigkeit, durchaus auch identische Werte geben kann. Dennoch wird man bei vielen gegebenen Werten kaum überblicken, in welchem Bereich die Werte schwanken oder wo in etwa ein Durchschnittswert anzusiedeln ist.

Die Bestimmung geeigneter Kenngrößen mit Hilfe des Computers hat also zunächst den Zweck, einen Eindruck von den Daten zu vermitteln.

Würde man dies von Hand zu erledigen haben, so wäre einem bereits viel geholfen, wenn man auf eine sortierte Liste blicken könnte. Die aufsteigend sortierten Beobachtungen seien im Folgenden mit $x_{(1)}, \ldots x_{(n)}$ bezeichnet, d.h. es gelte

$$x_{(1)} \leq \cdots \leq x_{(n)} \, .$$

Folglich bezeichnet $x_{(1)}$ den kleinsten Wert im Datensatz und $x_{(n)}$ den größten. Da die beobachteten Werte einer Variablen nicht notwendig alle verschieden sind könnte beispielsweise aber auch $x_{(1)} = x_{(2)}$ gelten.

## 7.1   Minimum und Maximum

> **Beispiel.**   Die Variable `brain` im Datensatz `mammals` aus dem Paket `MASS` enthält für 62 Landsäugetierarten dass durchschnittliche Gehirngewicht (in g). Welche Tierart weist den größten Wert auf?

Zur Bestimmung von Minimum und Maximum können die Funktionen `min()` und `max()` verwendet werden, deren Argument ein numerischer Vektor ist.

Häufig ist man an der Position von Minimum und Maximum interessiert, welche jeweils mit `which.min()` und `which.max()` bestimmt werden kann.

```
> library(MASS)
> x <- mammals$brain
> max(x)
[1] 5712
> which.max(x)
[1] 33
```

Da die Arten als Zeilennamen im Datensatz vorhanden sind, bekommt man die gesuchte
Tierart leicht heraus. Entweder lässt man sich die entsprechende Zeile des Datensatzes
anzeigen,

```
> mammals[which.max(x), ]
                 body brain
African elephant 6654  5712
```

oder man greift nur auf den zugehörigen Zeilennamen zu.

```
> rownames(mammals)[which.max(x)]
[1] "African elephant"
```

### 7.1.1  Elementweise Vergleiche

Sind zwei oder mehrere Vektoren gleicher Länge $n$ gegeben, so kann es manchmal sinnvoll
sein, den jeweils kleinsten oder größten Wert für jedes Element $i = 1, \ldots, n$ auszugeben.

**Bemerkung.** Mit Hilfe der Funktionen `pmin()` und `pmax()` kann jeweils das *elementweise* Minimum oder Maximum mehrerer Vektoren bestimmt werden.

## 7.2  Mittelwert und Median

**Beispiel.** Bestimme für die Variable `brain` aus dem Datensatz `mammals(MASS)`
einen mittleren Wert.

Arithmetisches Mittel und empirischer Median sind zwei Kenngrößen, die einen Eindruck
von der zentralen Lage gegebener Beobachtungen $x_1, \ldots, x_n$ vermitteln. Das so genannte
getrimmte Mittel kann als ein Kompromiss zwischen diesen beiden Kenngrößen aufgefasst
werden.

### 7.2.1  Arithmetisches Mittel

Das arithmetische Mittel $\bar{x} = \frac{1}{n} \sum_{i=1}^{n} x_i$ von Beobachtungen $x_1, \ldots, x_n$ einer quantitativen Variablen, kann in R mit Hilfe der Funktion `mean()` berechnet werden.

```
> library(MASS)
> x <- mammals$brain
> mean(x)
[1] 283.1342
```

Das durchschnittliche Gehirngewicht (berechnet aus den gegebenen Durchschnittswerten von 62 Landsäugetierarten) liegt damit also bei 283.13 g.

## 7.2.2   Empirischer Median

Ein anderes Verständnis von einem mitteleren/zentralen Wert bietet der sogenannte Median.

**Definition.**  Der (empirische) *Median* ist gegeben als

$$x_{\mathrm{med}} = \begin{cases} x_{\left(\frac{n+1}{2}\right)} & n \text{ ungerade} \\ \frac{1}{2}\left[x_{\left(\frac{n}{2}\right)} + x_{\left(\frac{n}{2}+1\right)}\right] & n \text{ gerade} \end{cases}$$

Man überlegt sich leicht, dass mindestens 50% der beobachteten Werte kleiner oder gleich $x_{\mathrm{med}}$ und ebenso mindestens 50% der beobachteten Werte größer oder gleich $x_{\mathrm{med}}$ sind.

```
> median(x)
[1] 17.25
```

Dieser Wert ist deutlich niedriger als das arithmetische Mittel. Er besagt, dass etwa die Hälfte der im Datensatz vorhandenen Säugetierarten ein durchschnittliches Gehirngewicht haben, welches nicht größer als 17.25 g ist.

## 7.2.3   Getrimmtes Mittel

Der Wert des Medians und sein deutlicher Unterschied zum Wert des arithmetischen Mittels zeigt, dass es im Datensatz einige verhältnismäßig sehr große Werte gibt. Man kann nun noch einen weiteren Mittelwert bestimmen bei dem ein gewisser Anteil kleinster und größter Werte einfach nicht berücksichtigt wird.

**Definition.**  Sei $\alpha$ eine Zahl mit $0 \leq \alpha \leq 0.5$ und sei $k = \lfloor n \cdot \alpha \rfloor$. Dann berechnet sich das $\alpha$-*getrimmte Mittel* als das gewöhnliche arithmetische Mittel der restlichen Werte nach Weglassen der $k$ kleinsten und der $k$ größten Werte.   □

```
> mean(x, trim = 0.1)
[1] 81.838
```

Lässt man also 10% der kleinsten und 10% der größten Werte im Datensatz weg, kommt man auf ein getrimmtes Mittel von 81.84 g.

**Satz.**  Für

$$\alpha = \frac{n-1}{2n}$$

stimmt das $\alpha$-getrimmte Mittel mit dem empirischen Median überein.

Nachrechnen bestätigt hier

```
> n <- length(x)
```

```
> alpha <- (n-1)/(2*n)
> mean(x, trim = alpha)
[1] 17.25
```

**Bemerkung.** Die Funktion `mean()` gibt für jeden Wert des Argumentes `trim` der größer oder gleich 0.5 ist, ebenfalls den Median aus.

## 7.3   Empirische Quantile

**Beispiel.** Im Datensatz `Orange` gibt die Variable `circumference` den Umfang von $n = 35$ Orangen-Bäumen (in mm) an. Nehmen wir nun fiktiv an, jemand möchte die Bäume fällen, aber etwa 30% der Bäume mit den kleinsten Umfängen stehen lassen. Wie lautet dann der entsprechende Wert für den Umfang, den ein Baum nicht überschreiten darf, um stehen zu bleiben?

Der im Beispiel gesuchte Wert ist ein sogenanntes (empirisches) Quantil.

**Definition.** Für $0 \leq p \leq 1$ heißt ein Wert $\tilde{x}_p$ (empirisches) $p$-*Quantil*, wenn etwa $p \cdot 100\%$ der beobachteten Werte kleiner oder gleich $\tilde{x}_p$ sind.

Im obigen Beispiel ist also ein 0.3-Quantil gesucht. In R können $p$-Quantile mit der Funktion `quantile()` berechnet werden. Für das Argument `x` gibt man den Datenvektor an, für das Argument `probs` einen Vektor mit den Werten $p$, für die man die zugehörigen $p$-Quantile bestimmt haben möchte.

```
> x <- Orange$circumference
> x.schlange <- quantile(x, probs = 0.3)
> x.schlange
 30%
76.2
```

Wir können noch die Gegenprobe machen.

```
> mean(x <= x.schlange) * 100
[1] 31.42857
```

Daran erkennen wir, dass der prozentuale Anteil von Werten kleiner oder gleich dem berechneten Wert 76.2 de facto etwas größer als 30% ist.

Bei der Bestimmung von $p$-Quantilen mit Hilfe des Computers benötigt man eine eindeutige Rechenvorschrift. Tatsächlich berechnen verschiedene statistische Softwarepakete $p$-Quantile durchaus unterschiedlich und oft auch nicht so, wie man es vielleicht aus einem statistischen Lehrbuch kennt.

Das Argument `type` der Funktion `quantile()` legt eine Berechnungsvorschrift fest. Setzt man beispielsweise `type = 6`, so erhält man laut Hilfeseite ein Quantil wie es von SPSS oder Minitab berechnet würde.

```
> x.schlange.spss <- quantile(x, probs = 0.3, type = 6)
> x.schlange.spss
```

```
30%
73.8
> mean(x <= x.schlange.spss) * 100
[1] 28.57143
```

In diesem Fall erhalten wir als 0.3-Quantil also den Wert 73.8, der prozentuale Anteil der Werte im Datensatz kleiner oder gleich 73.8 ist 28.57%.


## 7.3.1   Empirisches Quantil vom Typ 7

Man kann zur Zeit zwischen 9 Berechnungsarten wählen, von denen einige mit denen bekannter Statistik-Software übereinstimmen. Die Voreinstellung ist `type = 7`.

**Definition** (*p*-Quantil vom Typ 7).   Sei $p$ ein gegebener Wert mit $0 \leq p \leq 1$.

(a) Gibt es eine ganze Zahl $k \in \{1, \ldots, n\}$ mit

$$p = \frac{k-1}{n-1} \,,$$

so ist das $p$-Quantil von Typ 7 gegeben als

$$\widetilde{x}_p := x_{(k)} \,.$$

(b) Gibt es eine ganze Zahl $k \in \{1, \ldots, (n-1)\}$ mit

$$\frac{k-1}{n-1} < p < \frac{k}{n-1} \,,$$

so ist das $p$-Quantil vom Typ 7 gegeben als

$$\widetilde{x}_p := (1-\gamma)x_{(k)} + \gamma x_{(k+1)}$$

mit $\gamma = p(n-1) - (k-1)$.

Zu jedem $p \in [0,1]$ gibt es genau eine ganze Zahl $k$, die eine der beiden Bedingungen aus der Definition erfüllt, d.h. jedem solchen $p$ wird eindeutig ein $\widetilde{x}_p$ zugeordnet. Im Fall $p = 0$ ist $\widetilde{x}_p = x_{(1)}$ und im Fall $p = 1$ ist $\widetilde{x}_p = x_{(n)}$.

Im obigen Beispiel sind für $p = 0.3$ die Ungleichungen

$$\frac{k-1}{n-1} < p < \frac{k}{n-1}$$

für $k = 11$ erfüllt. Die Berechnung entsprechend der obigen Definition liefert dann das (oben bereits ausgerechnete) $p$-Quantil vom Typ 7.

```
> n <- length(x)
> p <- 0.3
> k <- 11
```

**Lineare Interpolation**

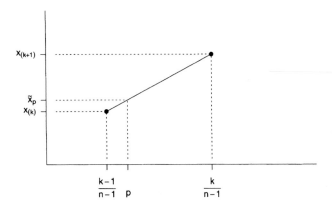

*Abbildung 7.1.* Ermittlung des empirischen $p$-Quantils $\tilde{x}_p$ aus einer linearen Interpolation

```
> g <- p * (n-1) - (k-1)
> sort.x <- sort(x)
> (1-g) * sort.x[k] + g * sort.x[k+1]
[1] 76.2
```

Die obige Definition (b) besagt zudem, dass sich das $p$-Quantil vom Typ 7 aus einer linearen Interpolation zwischen den Punkten $(\frac{k-1}{n-1}, x_{(k)})$ und $(\frac{k}{n-1}, x_{(k+1)})$ ergibt, vgl. Abbildung 7.1. Dies kann mit Hilfe der Funktion `approx()` ebenfalls nachvollzogen werden.

```
> approx(c(k-1, k)/(n-1), sort.x[c(k, k+1)], xout = p)
$x
[1] 0.3

$y
[1] 76.2
```

Weitere Eigenschaften

Teil (a) aus der obigen Definition beinhaltet, dass die aufsteigend geordneten Werte eines Datensatzes als empirische Quantile interpretierbar sind.

**Bemerkung.** Der $k$-te (aufsteigend) geordnete Wert $x_{(k)}$ ist ein empirisches $\left(\frac{k-1}{n-1}\right)$-Quantil vom Typ 7.

Der folgende Satz besagt, dass die Aufrufe `quantile(x, 0.5)` und `median(x)` denselben Wert liefern.

**Satz.** Das 0.5-Quantil vom Typ 7 ist identisch mit dem Median.

Diese Eigenschaft lässt sich aus der obigen Definition formal durch Nachrechnen zeigen. Sie ist aber nicht notwendig für die anderen Quantil Typen gültig.

**Definition.** Das 0.25-Quantil heißt *unteres* (oder erstes) *Quartil,* das 0.75-Quantil heißt *oberes* (oder drittes) *Quartil.* Die Differenz $\tilde{x}_{0.75} - \tilde{x}_{0.25}$ heißt *Interquartilsabstand* (interquartile range, IQR).

Der Interquartilsabstand kann mit der Funktion `IQR()` berechnet werden.

## 7.4  Kenngrößen Zusammenfassung

**Beispiel.**  Erstelle für die Variable `circumference` aus dem Datensatz `Orange` eine Übersicht über die Verteilung der Werte auf der Basis von Kenngrößen.

### 7.4.1  Die Funktion `summary()`

Zunächst einmal sind der größte und der kleinste Werte von Interesse, da damit die Bandbreite der Werte ersichtlich wird.

Wie wir bereits gesehen haben, sind für quantitative Variablen das arithmetische Mittel und der Median sinnvolle Orientierungswerte.

Schließlich kann man durch Angabe von unterem und oberem Quartil weitere Rückschlüsse über Lage und Streuung der Beobachtungen ziehen. So liegen beispielsweise etwa 50% der Beobachtungen zwischen unterem und oberem Quartil.

Die Funktion `summary()` berechnet diese Kenngrößen.

```
> x <- Orange$circumference
> summary(x)
   Min. 1st Qu.  Median    Mean 3rd Qu.    Max.
   30.0    65.5   115.0   115.9   161.5   214.0
```

**Bemerkung.**  Die Funktion `summary()` kann auch auf einen `data.frame` angewendet werden und liefert dann für jede Variable im Datensatz eine derartige Zusammenfassung. Für qualitative Variablen werden die beobachteten Häufigkeiten der einzelnen Stufen angegeben.

### 7.4.2  Die Funktion `fivenum()` und die hinges

Die Funktion `fivenum()` gibt eine sogenannte Fünf-Punkte-Zusammenfassung. Dazu gehören ebenfalls Minimum, Maximum und Median.

```
> x <- Orange$circumference
> fivenum(x)
```

```
[1]  30.0  65.5 115.0 161.5 214.0
```

Anstelle von oberem und unterem Quartil, werden aber sogenannte hinges ausgegeben. Diese liegen meist in der Nähe der Quartile oder stimmen sogar, wie hier, mit ihnen überein.

**Definition.** Sei $n_* = \left\lfloor \frac{n+1}{2} \right\rfloor$.

(a) Der *untere hinge* ist gegeben als

$$h_L = \frac{1}{2} \left[ x_{(\lfloor \frac{n_*+1}{2} \rfloor)} + x_{(\lceil \frac{n_*+1}{2} \rceil)} \right] .$$

(b) Der *obere hinge* ist gegeben als

$$h_U = \frac{1}{2} \left[ x_{(\lfloor n+1 - \frac{n_*+1}{2} \rfloor)} + x_{(\lceil n+1 - \frac{n_*+1}{2} \rceil)} \right] .$$

**Bemerkung.** Die von `fivenum()` ausgegebenen Werte, insbesondere die hinges, werden in R auch für die Darstellung eines Boxplots verwendet. Dies steht im Widerspruch zu der in der Literatur üblichen Definition eines Boxplots, welche in der Regel die Quartile verwendet, siehe Abschnitt 8.4.

Da sich, wie bereits angesprochen, Quartile und hinges nicht wesentlich unterscheiden, spielt dies, insbesondere bei einer grafischen Aufbereitung aber keine große Rolle.

## 7.5  Streuung

**Beispiel.** Bestimme für die Variable `circumference` aus dem Datensatz `Orange` ein Kenngröße, die ihr Streuverhalten beschreibt.

### 7.5.1  Empirische Varianz

Die *empirische Varianz* (auch Stichprobenvarianz) ist als

$$s_x^2 = \frac{1}{n-1} \sum_{i=1}^{n} (x_i - \overline{x})^2$$

definiert. Sie wird in R mittels der Funktion `var()` berechnet.

```
> x <- Orange$circumference
> var(x)
[1] 3304.891
```

Im Unterschied zu einigen Lehrbüchern, wird bei der Berechnung der empirischen Varianz in R also der Faktor $\frac{1}{n-1}$ und nicht der Faktor $\frac{1}{n}$ verwendet. Ein Grund für diese scheinbar etwas unintuitive Vorgehensweise liegt in der Theorie der Punktschätzung. Betrachtet man die hinter dem konkreten Schätzwert $s^2$ stehende Zufallsvariable, so ist diese im einfachen Stichprobenmodell erwartungstreu für die unbekannte Varianz der Stichprobenvariablen, vgl. etwa Abschnitt 3.1.C in Fischer (2005).

## 7.5.2 Empirische Standardabweichung

In der praktischen Anwendung ist meist die *empirische Standardabweichung* (standard deviation, sd) $s_x = \sqrt{s_x^2}$ von größerem Interesse, da ihr Wert bezüglich der Einheit der Variablen direkt mit dem arithmetischen Mittel vergleichbar ist. In R gibt es dafür die Funktion sd().

```
> x <- Orange$circumference
> sd(x)
[1] 57.48818
```

Ein Intervall der Form

$$[\overline{x} - cs_x, \overline{x} + cs_x]$$

für eine Zahl $c \geq 1$ wird auch als ein Schwankungsintervall oder Streuungsintervall bezeichnet. Je kürzer ein solches Intervall, umso stärker sind die Beobachtungen um das arithmetische Mittel konzentriert.

## 7.5.3 Empirischer MAD

Eine alternative Kenngröße zur klassischen Standardabweichung $s_x$ basiert auf dem Median. Zunächst werden die Beträge $y_i = |x_i - x_{\mathrm{med}}|$, $i = 1, \ldots, n$, bestimmt und anschließend

$$\mathrm{mad}_x = y_{\mathrm{med}} \cdot 1.4826$$

berechnet, d.h. der Median der absoluten Abweichungen vom Median (median absolute deviation, mad), welcher noch mit dem Faktor 1.4826 multipliziert wird. Die Gründe für die Wahl dieses Faktors liegen in der Theorie der Punktschätzung. Diese Kenngröße kann mit der Funktion mad() berechnet werden.

```
> x <- Orange$circumference
> mad(x)
[1] 77.0952
```

Sie liefert hier einen etwas größeren Wert als die Funktion sd().

## 7.6 Kenngröße pro Gruppe

In Abschnitt 5.5 wird erläutert wie ein Datensatz entsprechend den Stufen einer Faktorvariablen geteilt werden kann. Dies kann zum Beispiel genutzt werden, um bestimmte Kenngrößen, wie etwa den Mittelwert einer Variablen, getrennt nach Gruppenzugehörigkeit zu bestimmen. Wir wollen hier noch weitere Möglichkeiten für solche Berechnungen erläutern.

**Beispiel.** Der Datensatz `cabbage` aus dem Paket `MASS` enthält für $n = 60$ Kohlköpfe unter anderem ihr gemessenes Gewicht `HeadWt`, ihre Sorte `Cult` und ihre Pflanzzeit `Date`. Berechne für jede Stufenkombination von `Cult` und `Date` das mittlere Gewicht.

## 7.6.1 Die Funktion `tapply()`

Eine grundlegende Funktion mit deren Hilfe solche Berechnungen durchgeführt werden können, ist `tapply()`.

**Bemerkung.** Ist `x` ein Vektor und `f.list` eine Liste mit Faktorvariablen, so wird mittels

```
tapply(x, f.list, FUN)
```

für jede mögliche Stufenkombination der Faktorvariablen in `f.list`, die Funktion `FUN` auf diejenigen Elemente von `x` angewendet, deren Positionen mit denjenigen der jeweiligen einzelnen Stufenkombination übereinstimmen.

Eine Lösung für die obige Aufgabenstellung erhält man beispielsweise mittels

```
> library(MASS)
> attach(cabbages)
> tapply(HeadWt, list(Cult, Date), mean)
     d16  d20  d21
c39 3.18 2.80 2.74
c52 2.26 3.11 1.47
```

Diese Matrix liefert eine recht übersichtliche Darstellung. Im Prinzip kann man dieselbe Methode auch anwenden wenn `FUN` nicht-skalar ist, d.h. ein Ergebnis liefert, welches nicht nur aus einem Element besteht.

```
> HeadWt.summary <- tapply(HeadWt, list(Cult, Date), summary)
> HeadWt.summary
      d16       d20       d21
c39 Numeric,6 Numeric,6 Numeric,6
c52 Numeric,6 Numeric,6 Numeric,6
```

Die Funktion `summary()` gibt hier für jede Stufenkombination einen numerischen Vektor der Länge 6 heraus, der aber in dieser Darstellung nicht direkt sichtbar ist. Trotzdem kann auf die einzelnen Elemente zugegriffen werden.

```
> HeadWt.summary[1,2]
[[1]]
   Min. 1st Qu.  Median    Mean 3rd Qu.    Max.
   2.60    2.60    2.75    2.80    2.80    3.50
```

## 7.6.2   Die Funktion by()

Mit Hilfe der Funktion by() ist es ebenfalls möglich, eine Kenngrößen-Zusammenfassung
für jede Stufenkombination zu erzeugen, die etwas übersichtlicher ist.

```
> by(HeadWt, list(Cult, Date), summary)
: c39
: d16
   Min. 1st Qu.  Median    Mean 3rd Qu.     Max.
  1.700   2.500   3.100   3.180   4.175    4.300
----------------------------------------------------
: c52
: d16
   Min. 1st Qu.  Median    Mean 3rd Qu.     Max.
  1.70    2.00    2.20    2.26    2.35     3.20
----------------------------------------------------
...
```

Die Funktion by() kann auch auf einen **data.frame** angewendet werden.

```
> by(cabbages[ ,3:4], list(Cult, Date), summary)
: c39
: d16
      HeadWt            VitC
 Min.   :1.700   Min.   :42.00
 1st Qu.:2.500   1st Qu.:49.25
 Median :3.100   Median :50.50
 Mean   :3.180   Mean   :50.30
 3rd Qu.:4.175   3rd Qu.:52.75
 Max.   :4.300   Max.   :56.00
----------------------------------------------
...
```

## 7.6.3   Die Funktion aggregate()

Eine weitere Möglichkeit für die Anwendung skalar-wertiger Funktionen bietet die Funktion **aggregate()**.

```
> aggregate(cabbages[,3:4], list(Cult, Date), mean)
  Group.1 Group.2 HeadWt VitC
1     c39     d16   3.18 50.3
2     c52     d16   2.26 62.5
3     c39     d20   2.80 49.4
4     c52     d20   3.11 58.9
5     c39     d21   2.74 54.8
6     c52     d21   1.47 71.8
```

# Kapitel 8

# Empirische Verteilungen

Auch wenn die Angabe von Kenngrößen für beobachtete Werte $x_1, \ldots, x_n$ einer statistischen Variablen $X$ durchaus einen ersten Überblick gibt, sollte stets eine grafische Darstellung der Verteilung der Werte erfolgen.

Mit der Verteilung der beobachteten Werte (*empirische Verteilung*) ist im Prinzip eine Häufigkeitsverteilung gemeint, d.h. es werden absolute oder relative Häufigkeiten der verschiedenen Ausprägungen berechnet und grafisch dargestellt. Ist die Anzahl der Werte $n$ groß, aber die Anzahl der *verschiedene* Ausprägungen eher gering, kann mit einfachen Mitteln eine solche Darstellung erzeugt werden.

Gibt es hingegen viele verschiedene Werte, so macht es wenig Sinn die Häufigkeiten des Auftretens dieser Werte zu bestimmen, da dies auch keine bessere Übersicht bringen wird. In solchen Fällen werden dann in der Regel Klassen gebildet und die Häufigkeiten pro Klasse bestimmt.

## 8.1 Klassenbildung und Häufigkeiten

> **Beispiel.** Stelle die empirische Verteilung der Werte der Variablen `circumference` im Datensatz `Orange` grafisch dar.

### 8.1.1 Klassenbildung

In Abschnitt 7.4.1 haben wir bereits eine Kenngrößen-Zusammenfassung erstellt und wissen, dass die Variable `circumference` Werte zwischen 30.0 und 214.0 annimmt.

Wir wandeln die Variable in eine qualitative Variable um, indem wir (willkürlich) die 5 Klassenintervalle

$$(0, 50], \quad (50, 100], \quad (100, 150], \quad (150, 200], \quad (250, 300]$$

betrachten. Der gesamte Bereich umfasst offenbar alle Beobachtungen. Durch die Wahl

links offener und rechts geschlossener Intervalle stellen wir zudem sicher, dass jeder beobachtete Wert in genau eines dieser Intervalle fällt.

```
> x <- Orange$circumference
> circ.b <- seq(0,250,50)
> x.k <- cut(x, breaks = circ.b)
> x.k
 [1] (0,50]    (50,100]  (50,100]  (100,150] (100,150]
 ...
[31] (50,100]  (100,150] (100,150] (150,200] (150,200]
5 Levels: (0,50] (50,100] (100,150] ... (200,250]
```

Mit der Funktion cut() wird also die gewünschte Variable erzeugt. Die ursprünglichen
Beobachtungen werden durch ihre Zugehörigkeit zu einem der Intervalle ersetzt.

Das Argument **breaks** gibt die Klassengrenzen an. Standardmäßig werden rechts ge-
schlossene Intervalle gebildet.

### 8.1.2   Häufigkeitstabelle

Nun interessiert uns noch die Häufigkeitsverteilung, d.h. wir wollen wissen wieviele Beobachtungen in das jeweilige Intervall fallen. Eine *Häufigkeitstabelle* kann mit der
Funktion **table()** erstellt werden.

```
> x.k.tab <- table(x.k)
> x.k.tab
x.k
   (0,50]  (50,100] (100,150] (150,200] (200,250]
        6         7        12         6         4
```

Wie man sieht, werden absolute Häufigkeiten angegeben. Mit

```
> round(prop.table(x.k.tab), 2)
x.k
   (0,50]  (50,100] (100,150] (150,200] (200,250]
     0.17      0.20      0.34      0.17      0.11
```

erhält man eine Tabelle relativer Häufigkeiten (hier auf 2 Nachkommastellen gerundet).

## 8.2   Balken- und Stabdiagramm

Zur grafischen Darstellung einer Häufigkeitstabelle können ein Balken- oder ein Stabdiagramm gezeichnet werden.

### 8.2.1   Balkendiagramm

Ein Balkendiagramm (auch Säulendiagramm) stellt die beobachteten Häufigkeiten der
verschiedenen Ausprägungen einer Variablen durch Balken dar, deren Höhen den Häu-

figkeiten entsprechen. Die Breite der Balken ist irrelevant, sie werden mit einem Zwischenraum gezeichnet.

```
> m.txt <- "Orangenbäume"
> x.txt <- "Umfang (in mm)"
> y.txt <- "Absolute Häufigkeit"
> barplot(x.k.tab, , main = m.txt, xlab = x.txt, ylab =y.txt)
```

Das erste Argument der Funktion `barplot()` ist ein Vektor mit Häufigkeiten, in unserem Fall eine Häufigkeitstabelle. Zudem haben wir die drei Argumente `main` (Überschrift), `xlab` (Beschriftung der $x$-Achse) und `ylab` (Beschriftung der $y$-Achse), mit vorher definiertem Text gesetzt, vgl. die linke obere Grafik in Abbildung 8.1.

### 8.2.2 Stabdiagramm

Da die Breite der Balken bei der Interpretation der Grafik keine Rolle spielt, können bei einer solchen Grafik auch Stäbe gezeichnet werden. Dies kann hier mit der Funktion `plot()` geschehen.

```
> plot(x.k.tab, main = m.txt, xlab = x.txt, ylab = y.txt)
```

Zur Beschriftung haben wir wieder dieselben Texte wie oben verwendet, vgl. die mittlere obere Grafik in Abbildung 8.1

**Bemerkung.** Ist das R-Objekt x eine Tabelle (d.h. `is.table(x)` besitzt den Wert TRUE), so wird mit `plot()` ein Stabdiagramm gezeichnet. Ist x ein numerischer Vektor, so kann mit `plot()` durch Setzen des Argumentes `type = "h"` ebenfalls eine Stabdiagramm-ähnliche Grafik gezeichnet werden, vgl. Abschnitt 10.2.1.

Ist ein Vektor mit Häufigkeiten gegeben und möchte man explizit ein Stabdiagramm zeichnen, so kann der Vektor auch in eine Häufigkeitstabelle umgewandelt werden. Mit

```
> z <- c(6,7,12,6,4)
> names(z) <- c("(0,50]","(50,100]","(100,150]","(150,200]","(200,250]")
> z.tab <- as.table(z)
> plot(z.tab)
```

erhält man ein Stabdiagramm. Wenn der Vektor z nicht benannt wird, erfolgt eine automatische Benennung der Ausprägungen mit Großbuchstaben.

## 8.3   Histogramm

Die Variable `circumference` ist selbst keine qualitative Variable, eine Umwandlung in die Faktorvariable `x.k`, wie in Abschnitt 8.1.1 beschrieben, ist auch *nicht* notwendig um ihre Häufigkeitsverteilung zu beschreiben.

Einen Eindruck von der Verteilung erhält man bei quantitativen Variablen aber ebenfalls durch Klassenbildung. Die zugehörige Darstellung eines Histogramms ähnelt einem Balkendiagramm. Allerdings spielt hier auch die Breite der Balken, die alle direkt neben einander gezeichnet werden, eine Rolle.

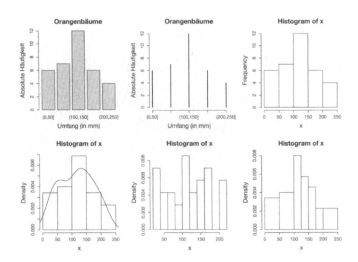

*Abbildung 8.1.* Verschiedene Darstellungen der empirischen Verteilung des Umfanges von Orangenbäumen

Wir zeichnen zunächst ein Histogramm auf der Basis derselben Klasseneinteilung wie oben.

```
> x <- Orange$circumference
> hist(x, breaks = circ.b)
```

Die Beschriftung der Grafik wird automatisch durchgeführt, vgl. die rechte obere Grafik in Abbildung 8.1. Man kann sie jedoch mit denselben Argumenten `main`, `xlab` und `ylab` geeignet anpassen.

**Bemerkung.** Ein Histogramm eignet sich zur Darstellung der Verteilung der Werte einer quantitativen, aber nicht einer qualitativen Variablen.

In der mathematischen Statistik werden Wahrscheinlichkeiten für das Erscheinen von Werten in Intervallen durch Teilflächen unterhalb von sogenannten Dichtekurven beschrieben. Auch bei Histogrammen hat daher die *Fläche* der Balken (nicht nur ihre Höhe) eine besondere Bedeutung, wie nachfolgend erläutert.

### 8.3.1   Echtes Histogramm

**Bemerkung.** Bei einem *echten Histogramm* ist die Fläche eines Balkens identisch mit der relativen Häufigkeit der in der zugehörigen Klasse liegenden Werte.

Ein echtes Histogramm kann durch Setzen des Argumentes `freq = FALSE` erzeugt werden.

```
> hist(x, breaks = circ.b, freq = FALSE)
```

Der optische Eindruck ist derselbe wie zuvor. Allerdings ist die Skalierung der $y$-Achse
unterschiedlich. Zudem ist sie nun mit dem Begriff „density", also „Dichte" gekennzeichnet.

**Bemerkung.** Ein *echtes Histogramm* kann als eine *empirische Dichte* aufgefasst
werden. Die Gesamtfläche aller Balken ist gleich 1.

Da der optische Eindruck der beiden zuvor gezeichneten Histogramme gleich ist, kann
man sich natürlich fragen, welche Bedeutung die getroffene Unterscheidung überhaupt
hat. Echte Histogramme haben aber zumindest den Vorteil, dass sie gemeinsam mit Dich-
tefunktionen gezeichnet werden können, vergleiche die linke untere Grafik in Abbildung
8.1.

```
> hist(x, breaks = circ.b, freq = FALSE)
> lines(density(x))
```

Mit dem zweiten Kommando wird in die Grafik ein *Kern-Dichteschätzer* eingezeichnet,
vgl. Abschnitt 12.4. Dies wäre in dieser Form nicht möglich, wenn kein echtes Histogramm
gezeichnet würde.

Die Einteilung in Klassen muss nicht notwendig vorgegeben werden, sie wird dann automatisch durchgeführt.

```
> hist(x, freq = FALSE)
> lines(density(x))
```

Offenbar wird in diesem Fall eine deutlich andere Klasseneinteilung gewählt als oben,
vgl. die mittlere untere Grafik in Abbildung 8.1.

**Bemerkung.** Der Eindruck, den ein Histogramm von der Verteilung gegebener Werte
liefert, hängt von der Wahl der Klassenanzahl und Klassenbreiten ab.

## 8.3.2 Klassenzahl und ungleiche Klassenbreiten

In der Regel werden die Klassen bei einem Histogramm gleich breit gewählt. Für das
Argument `breaks` könnte man auch eine einzige Zahl anstelle eines Vektors mit Klassengrenzen wählen. Diese Zahl wird von der Funktion `hist()` aber nur als Anhaltspunkt
aufgefasst, man kann nicht erwarten ein Histogramm mit exakt der angegebenen Klassenzahl zu erhalten.

**Klassenzahl.** Es gibt verschiedene Daumenregeln für die zu wählende Anzahl $k$ der
Klassen. Zum Beispiel ist die Sturges-Formel für die Anzahl der Klassen gegeben als
$\lceil \log_2(n) + 1 \rceil$. Dieser Wert wird von `hist()` per Voreinstellung gewählt. Man kann ihn
auch explizit mit der Funktion `nclass.Sturges()` berechnen.

```
> nclass.Sturges(x)
[1] 7
```

**Ungleiche Klassenbreiten.** In manchen Lehrbüchern werden auch Histogramme mit
ungleichen Klassenbreiten abgehandelt. Sobald diese ins Spiel kommen, würde ein Histogramm, dessen Balken-Höhen den absoluten Häufigkeiten entsprechen, einen falschen

Eindruck vermitteln. Bei ungleichen Klassenbreiten zeichnet die Funktion `hist()` daher automatisch ein echtes Histogramm.

```
> circ.b2 <- c(0,50,100,125,150,175,200,250)
> hist(x, breaks = circ.b2)
```

Vergleiche die rechte untere Grafik in Abbildung 8.1.

### 8.3.3   Histogramm als R-Objekt

Will man die gewählten Klassengrenzen und die zugehörigen Histogrammhöhen für weitere Berechnungen verwenden, so müssen diese nicht aus der Grafik abgelesen werden, sondern können ausgegeben werden.

```
> x <- Orange$circumference
> H <- hist(x, freq = FALSE)
> H
$breaks
 [1]  20  40  60  80 100 120 140 160 180 200 220
$counts
 [1] 5 3 3 2 6 3 4 5 0 4
 ...
```

Bei der Zuweisung wird nicht nur eine Grafik erstellt, sondern auch ein R-Objekt H erzeugt, in diesem Fall eine Liste. Man erhält also zum Beispiel mittels

```
> H$breaks
```

einen Vektor mit den gewählten Klassengrenzen. Möchte man nur die Liste, aber keine Grafik erhalten, so kann das Argument `plot = FALSE` gesetzt werden.

## 8.4   Boxplot

**Bemerkung.** Ein *Boxplot* (Kastendiagramm) ist die grafische Darstellung der mit `fivenum()` erzeugten Informationen.

Abbildung 8.2 zeigt die Schemata zweier Boxplot Varianten (einfach und erweitert), wie sie in vielen Lehrbüchern beschrieben werden. Da die Funktion `boxplot()` die Informationen von `fivenum()` verwendet, werden, wie in Abschnitt 7.4.2 erläutert, de facto aber der untere hinge $h_L$ anstelle des ersten Quartils $\tilde{x}_{0.25}$ und der obere hinge $h_U$ anstelle des dritten Quartils $\tilde{x}_{0.75}$ verwendet.

Abbildung 8.2 zeigt auch die $n = 100$ tatsächlichen Beobachtungen (original) zum Vergleich Die erweiterte Variante entspricht der Standardeinstellung. Die einfache Variante erhält man durch Setzen von `range = 0`.

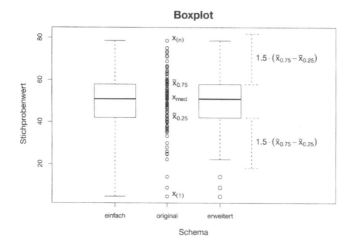

*Abbildung 8.2.* Lehrbuch Schemata zweier Boxplot-Varianten und Originalbeobachtungen

## 8.4.1   Waagerechte Darstellung

Die Standarddarstellung eines Boxplots widerspricht eigentlich dem Prinzip, dass die Beobachtungen einer statistischen Variablen auf der $x$-Achse abgetragen werden. Möchte man dies jedoch erreichen, so kann das Argument `horizontal = TRUE` gesetzt werden.

## 8.4.2   Boxplot und gruppierende Variablen

In Abschnitt 5.5 sind wir bereits darauf eingegangen, dass die verschiedenen Ausprägungen einer qualitativen Variablen, die an einer Menge von Untersuchungseinheiten erhoben wurde, diese Untersuchungseinheiten in Gruppen einteilen.

Häufig interessiert man sich für mögliche Unterschiede zwischen den Verteilungen in den Gruppen.

**Beispiel.** Im Datensatz `cuckoos` aus dem Paket `DAAG`, siehe auch Maindonald & Braun (2003), sind unter anderem die Längen von Eiern (in mm) angegeben, die Kuckucks in verschiedene Wirtvogel-Nester gelegt haben. Vergleiche die Verteilungen der Längen im Hinblick auf die verschiedenen Wirtvogel-Spezies.

```
> library(DAAG)
> y <- cuckoos$length
> grp <- cuckoos$species
> x.txt <- "Wirtsvogel"
> y.txt <- "Millimeter"
> m.txt <- "Länge von Kuckuckseiern"
> boxplot(y ~ grp, xlab = x.txt, ylab = y.txt, main = m.txt)
```

Die Tilde ˜ erhält man auf der Computertastatur üblicherweise über die Taste, die auch + und ∗ liefert.

**Bemerkung.** Eine Notation der Form y ˜ grp wird in R als *Modellformel* bezeichnet. Sie bedeutet, dass die statistische Variable y nicht isoliert für sich gesehen wird, sondern im Hinblick auf die gruppierende Variable grp.

Wir können die Formel lesen als „betrachte die Variable y, beschrieben im Hinblick auf die Variable grp". Wie üblich wird hierbei vorausgesetzt, dass die $i$-te Position in beiden Vektoren jeweils zu derselben $i$-ten Untersuchungseinheit gehört.

An der erzeugten Grafik, vergleiche auch Abbildung 9.2 aus Abschnitt 9.2.2, fällt nun besonders auf, dass die Längen der Eier in den Nestern von Zaunkönigen (wren) deutlich kleiner sind, als bei anderen Wirtsvögeln. Da Zaunkönige recht klein sind, könnte man die Hypothese aufstellen, dass eine Anpassung an die Länge der Eier der Wirtsvögel erfolgt. Allerdings ist hierbei ohne zusätzliche Hintergrundinformationen über das Zustandekommen der Daten eine gewisse Vorsicht angebracht.

Zudem ist natürlich von Interesse, auf wieviel Werten eine mögliche Interpretation eigentlich beruht. Da dies alleine auf der Basis eines Boxplots nicht erkennbar ist, kann beispielsweise mittels

```
> table(grp)
```

die Anzahl der Beobachtungen pro Vogelart angezeigt werden.

### 8.4.3  Boxplot als R-Objekt

Ebenso wie bei einem Histogram können wir auch bei einem Boxplot durch eine Zuweisung ein zugehöriges R-Objekt erzeugen.

```
> B <- boxplot(y ~ grp, ylab= y.txt, main= m.txt)
```

Das Objekt B ist eine Liste, die verschiedene nützliche Informationen erhält.

## 8.5  Weitere grafische Darstellungen

Balkendiagramm, Histogramm und Boxplot sind wichtige grafische Darstellungsformen empirischer Verteilungen. Daneben gibt es allerdings noch eine Vielzahl weiterer Möglichkeiten zur Veranschaulichung, von denen wir einige hier noch kurz abhandeln.

### 8.5.1  Empirische Verteilungsfunktion

**Definition.** Ist $x$ eine beliebige reelle Zahl, so ist die *empirische Verteilungsfunktion* $F_n(x)$ der Anteil der Beobachtungen im Datensatz, die kleiner oder gleich $x$ sind.

Die empirische Verteilungsfunktion (empirical cumulative distribution function, ecdf) kann mit der Funktion ecdf() gezeichnet und berechnet werden. Beim Aufruf von ecdf()

sollte man stets eine Zuweisung durchführen.

```
> x <- Orange$circumference
> Fn <- ecdf(x)
```

Das R-Objekt `Fn` ist in gewissem Sinne nun eine Funktion und kann auch so verwendet werden.

```
> x.wert <- 76.2
> Fn(x.wert)
[1] 0.3142857
```

Diesen Wert hatten wir in Abschnitt 7.3 schon einmal, allerdings mit anderen Mitteln, berechnet. Wir können die empirische Verteilungsfunktion auch zeichnen.

```
> m.txt <- "Orangenbäume"
> x.txt <- "Umfang in mm"
> y.txt <- "Emp. Verteilungsfunktion"
> plot(Fn, main = m.txt, xlab = x.txt, ylab = y.txt)
```

Es handelt sich um eine Treppenfunktion, deren Sprungstellen die *verschiedenen* Beobachtungen im Datensatz sind, vergleiche die linke obere Ecke in Abbildung 8.3. Mit

```
> knots(Fn)
 [1]  30  32  33  49  51  58  62  69  75  81  87 108 111 112
 ...
[29] 209 214
```

werden diese Sprungstellen (aufsteigend sortiert) ausgegeben. Der Wert an jeder Sprungstelle ist in der Grafik durch einen ausgefüllten Kreis symbolisiert, der Wert an jeder anderen Stelle durch eine waagerechte Linie.

## 8.5.2 Streifendiagramm

Ein Streifendiagramm stellt die Werte einer quantitativen Variablen als Punkte auf einer Linie dar, vergleiche die rechte obere Ecke in Abbildung 8.3.

```
> stripchart(Orange$circumference, method = "stack" ,
+ main = m.txt, xlab = x.txt)
```

Durch Setzen von `method = "stack"` werden gebundene Werte dadurch sichtbar, dass sie übereinander gestapelt werden. Eine andere Möglichkeit ist `method = "jitter"`, also das Zerstreuen, vgl. auch Abschnitt 13.2.1.

## 8.5.3 Stamm und Blatt Diagramm

Ein Stamm-und-Blatt Diagramm ist eine halbgrafische Darstellungsart für Beobachtungen quantitativer Variablen, ähnlich einem gedrehten Histogramm, bei der die ursprünglichen Zahlenwerte mit einbezogen werden. Solche Diagramme werden in vielen Lehrbüchern erläutert. Allerdings werden sie in der modernen beschreibenden Statistik eher selten verwendet.

---

**Beispiel.**  Zeichne ein Stamm-und-Blatt Diagramm der Variablen `circumference` im Datensatz `Orange`.

---

```
> stem(Orange$circumference)

  The decimal point is 1 digit(s) to the right of the |

   2 | 00023
   4 | 918
   6 | 295
   8 | 17
  10 | 81255
  12 | 059
  14 | 02256
  16 | 72479
  18 |
  20 | 3394
```

### 8.5.4  Punktdiagramm

Ein Punktdiagramm kann anstelle eines Balken- oder Stabdiagramms zur Darstellung der Häufigkeitsverteilung qualitativer oder diskreter Variablen verwendet werden.

```
> dotchart(x.k.tab, main = m.txt)
```

Dabei bezeichnet `x.k.tab` die in Abschnitt 8.2 erzeugte Häufigkeitstabelle. Vergleiche die linke untere Ecke in Abbildung 8.3.

### 8.5.5  Kreisdiagramm

Kreisdiagramme sind recht populäre Mittel, um die Häufigkeitsverteilung einer qualitativen Variablen darzustellen.

Sie werden allerdings von vielen Statistikern abgelehnt, da Kreissegmente für das Auge schwieriger miteinander zu vergleichen sind als Stäbe oder Säulen.

---

**Beispiel.**  Stelle die Sitzverteilung

| Partei | CDU | SPD | FDP | GRÜNE |
|--------|-----|-----|-----|-------|
| Sitze  | 91  | 63  | 15  | 14    |

des Landtages in Niedersachsen nach der Wahl 2003 grafisch dar.

---

Wir verwenden die Funktion `pie()`, wobei wir zur Verschönerung einige Zusatzargumente setzen.

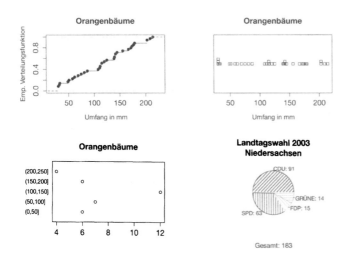

*Abbildung 8.3.* Verschiedene Darstellungsarten empirischer Verteilungen

```
> x <- c(91, 63, 15, 14)
> x.nam <- c("CDU", "SPD", "FDP", "GRÜNE")
> x.bez <- paste(x.nam,": ", x, sep = "")
> x.col <- c("black", "red", "yellow", "green")

> m2.txt <- "Landtagswahl 2003\nNiedersachsen"
> x2.txt <- paste("Gesamt:", eval(sum(x)))
```

Durch Anwendung der Funktion `eval()` kann innerhalb eines Textbausteins auch der Wert eines numerischen Ausdrucks verwendet werden.

```
> pie(x, labels = x.bez, col = x.col, main = m2.txt, xlab = x2.txt,
+ density = 15, angle = c(45, 90, 135, 180))
```

Vergleiche für das Resultat die rechte untere Ecke in Abbildung 8.3.

# Kapitel 9

# Umgang mit Grafiken

R besitzt eine umfangreiche Sammlung von Funktionen zur Gestaltung von Grafiken. In diesem Kapitel gehen wir kurz auf einige wichtige Funktionen im Zusammenhang mit Grafiken ein.

## 9.1 Bildschirmfenster

Grafiken können in R auf unterschiedlichen Grafik-Einrichtungen (devices) erstellt werden. Standardmäßig werden sie in einem eigenen Bildschirmfenster dargestellt. Grafikfunktionen können danach unterschieden werden, ob sie in R eine Grafik neu erzeugen, oder aber in eine bereits bestehende Grafik etwas zusätzlich einzeichnen.

Wie bereits im vohergehenden Abschnitt gesehen, gehören Funktionen wie `plot()`, `hist()` oder `boxplot()` zu den Funktionen, die jeweils eine neue Grafik erzeugen.

### 9.1.1 Mehrere Bildschirmfenster

Erzeugt eine Funktion eine eigene Grafik, so wird hierfür standardmäßig stets dasselbe Bildschirmfenster verwendet. Möchte man weitere Fenster gleichzeitig geöffnet halten, so kann dies durch den (gegebenenfalls mehrfachen) Aufruf von

```
> windows()
```

geschehen. Das Kommando öffnet ein zusätzliches, vollkommen leeres Bildschirmfenster als weitere Grafik-Einrichtung. Gezeichnet wird dann jeweils in das aktive Fenster. Dafür ist es zunächst notwendig, eine derjenigen R-Funktionen zu verwenden, die eine eigenständige Grafik erzeugt.

Ab R Version 2.10.1 gibt es in der R-Konsole auch den zusätzlichen Menüpunkt Windows , der eine Kontrolle über die Anordnung mehrerer geöffneter Bildschirmfenster erlaubt.

### 9.1.2  Speichern

Grafiken können in verschiedenen Formaten gespeichert oder in den Zwischenspeicher geladen werden. Ist das Grafikfenster aktiv, so kann dies über den Menüpunkt $\boxed{\text{Datei}}$ erfolgen. Hat man unter dem Punkt $\boxed{\text{Speichern als}}$ das gewünschte Format ausgewählt, so öffnet sich ein Dateiauswahlfenster zum Speichern.

## 9.2  Grafiken erstellen

Die grundlegende Funktion zum Zeichnen einer Grafik ist `plot()`. Je nach Art des Objektes, das grafisch dargestellt werden soll, kann der Aufruf von `plot()` recht unterschiedliche Ergebnisse produzieren. Zudem kann durch Setzen verschiedener Argumente die Gestalt der erzeugten Grafik beeinflusst werden.

> **Beispiel.**  Zeichne ein leeres Koordinatensystem, dass auf der $x$-Achse den Bereich zwischen $-5$ und $5$ und auf der $y$-Achse den Bereich zwischen $0$ und $25$ abdeckt.

```
> plot(NULL, xlim = c(-5,5), ylim = c(0,25), xlab = "", ylab = "")
```

Werden die Argumente `xlim` bzw. `ylim` gesetzt, so müssen hier jeweils genau 2 Werte in Form eines Vektors angegeben werden.

Durch Setzen der Argumente `xlab` und `ylab` werden die Achsen in diesem Fall nicht benannt. Dies kann aber noch nachgeholt werden.

```
> title(xlab = "x-Werte", ylab = "y-Werte")
```

Die Funktion `title()` gehört also zu denjenigen Funktionen, die keine eigene Grafik erzeugen, sondern etwas zu einer (aktiven) Grafik hinzufügen.

> **Beispiel.**  Zeichne die Punkte $(x, x^2)$ für $x = -5, -4.5, \ldots, 4.5, 5$ in die Grafik ein. Zeichne außerdem die Winkelhalbierende ein.

Punkte können mit Hilfe der Funktion `points()` gezeichnet werden. Sind x und y Vektoren derselben Länge $n$, so werden beim Aufruf von `points(x,y)` die Punkte (`x[i]`,`y[i]`), $i = 1, \ldots, n$ gezeichnet

```
> x <- seq(-5, 5, 0.5)
> points(x, x^2)
```

Mit

```
> abline(a = 0, b = 1)
```

wird eine Gerade in die bestehende Grafik gezeichnet. Das Argument `a` gibt den $y$-Achsenabschnitt und das Argument `b` die Steigung der Geraden an. Mit der obigen Wahl der Argumente wird gerade die Winkelhalbierende beschrieben. Siehe die linke Grafik in Abbildung 9.1.

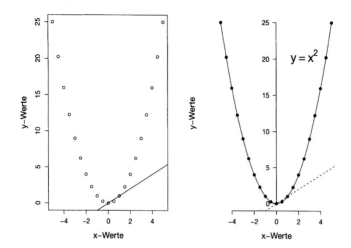

*Abbildung 9.1.* Wirkung verschiedener Grafikkommandos und -parameter

## 9.2.1 Grafikparameter

Eine Funktion wie zum Beispiel `abline()` enthält eine Reihe von Argumenten, die auf der entsprechenden Hilfeseite beschrieben sind. Zusätzlich können beim Aufruf von `abline()` aber auch noch Argumente verwendet werden, die auf der Hilfeseite der Funktion `par()` beschrieben werden.

> **Bemerkung.** Viele R-Funktionen erlauben es, auch Argumente bestimmter anderer Funktionen zu setzen. Auf der Hilfeseite einer Funktion `func.name()` ist dies in der Beschreibung an den drei direkt aufeinander folgenden Punkten
>
> `func.name(args, ...)`
>
> im Funktionskopf erkennbar. Welche Argumente aus welchen Funktionen für ... eingesetzt werden können, wird ebenfalls auf der Hilfeseite beschrieben.

So könnte das obige Beispiel auch folgendermaßen realisiert werden:

```
> plot(NULL, xlim = c(-5,5), ylim = c(0,25), xlab = "", ylab = "",
+ yaxt = "n",  bty = "n")
```

Die Argumente `yaxt` und `bty` sind auf der Hilfeseite zur Funktion `par()` beschrieben. Sie sind hier so gesetzt, dass keine $y$-Achse und kein Rahmen um die Grafik gezeichnet werden. Wir wollen die $y$-Achse nun aber dennoch zeichnen und zwar an die Stelle $x = 0$.

```
> axis(side = 2, pos = 0, las = 1)
```

Die Argumente `side` und `pos` gehören zur Funktion `axis()`, mit der also Achsen neu gestaltet und in eine bestehende Grafik eingezeichnet werden können. Das Argument `las` ist von der Funktion `par()` übernommen worden und hier so gesetzt, dass die Achsen-Beschriftung waagerecht erfolgt. Nun benennen wir die Achsen und zeichnen wieder die Punkte ein.

```
> title(xlab = "x-Werte", ylab = "y-Werte")
> x <- seq(-5, 5, 0.5)
> points(x, x^2, pch = 19)
```

Durch Setzen des Argumentes `pch = 19`, werden ausgefüllte Kreise gezeichnet. Nun fügen wir noch eine mathematische Beschriftung rechts vom Punkt $(1, 20)$ in die Grafik ein

```
> text(x = 1, y = 20, expression(y==x^2), cex = 2, pos = 4)
```

und fügen den Graphen der Funktion $f(x) = x^2$ für $-5 \leq x \leq 5$ hinzu.

```
> curve(x^2, from = -5, to = 5, add = TRUE)
```

Das Argument `add = TRUE` wird hier gesetzt, da die Funktion `curve()` eigentlich eine eigenständige Grafik erzeugt. Zum Schluss tragen wir noch die Winkelhalbierende ein.

```
> abline(a = 0, b = 1, lty = 2)
```

Im Unterschied zu oben haben wir hier noch das Argument `lty` aus der Funktion `par()` gesetzt, mit dem der Linientyp bestimmt werden kann. Siehe die rechte Grafik in Abbildung 9.1.

## 9.2.2 Aufteilen der Grafik

Im obigen Abschnitt wurden einige Argumente der Funktion `par()` in bestimmten Grafikfunktionen verwendet. Während diese Vorgehensweise in vielen Fällen ausreicht, ist es manchmal sinnvoll die Funktion `par()` auch direkt zu verwenden.

**Bemerkung.** Die Funktion `par()` erlaubt das Setzen von Grafikparametern, die dann für die gewählte aktive Grafik-Einrichtung solange gültig sind, bis sie wieder geändert werden.

**Beispiel.** Teile die Grafik-Einrichtung wie in Abbildung 8.1 auf.

Die 6 Grafiken in Abbildung 8.1 sind in 2 Zeilen und 3 Spalten angeordnet. Eine solche Aufteilung kann mit der Funktion `par()` durch Setzen des Argumentes `mfrow = c(2,3)` erreicht werden. Für `mfrow` muss also ein Vektor angegeben werden, dessen erstes Element die Anzahl der Zeilen und dessen zweites Element die Anzahl der Spalten angibt.

Anschließend können die Grafiken mit denselben Befehlen wie in den Abschnitten 8.2 und 8.3 beschrieben, erzeugt werden. Jede Grafikfunktion, die eine eigenständige Grafik erzeugt, zeichnet nun in die Matrix in der Reihenfolge von links nach rechts und von oben nach unten.

Will man dieselbe Grafik-Einrichtung später noch für weitere Grafiken verwenden, so empfiehlt es sich, alle Argumente, die in der Funktion `par()` verändert wurden wieder auf die Ursprungswerte zurückzusetzen. Da man die ursprünglichen Werte aber meist nicht kennt, kann man sie direkt beim Aufruf von `par()` in ein R-Objekt speichern.

```
> par.vorher <- par(mfrow = c(2,3))
```

```
> par.vorher
$mfrow
[1] 1 1
```

Damit ist *sowohl* das Argument `mfrow` neu gesetzt worden, *als auch* der ursprüngliche
Wert von `mfrow` im R-Objekt `par.vorher` gespeichert. Nun können die Grafiken gezeichnet werden.

```
> # Grafik 1
> barplot(x.k.tab, , main=u.txt, xlab= x.txt, ylab=y.txt)
> # Grafik 2
> plot(x.k.tab, main=u.txt, xlab= x.txt, ylab=y.txt)
> # Grafik 3
> hist(x, breaks = circ.b)
> # Grafik 4
> hist(x, breaks = circ.b, freq=FALSE)
> lines(density(x))
> # Grafik 5
> hist(x, freq = FALSE)
> # Grafik 6
> hist(x, circ.b2)
```

Schließlich wird den veränderten Argumenten (hier nur `mfrow`) wieder ihr ursprünglicher
Wert zugewiesen.

```
> par(par.vorher)
```

Das auf diese Weise erzeugte R-Objekt `par.vorher` ist eine Liste, die sämtliche Werte
geänderter Argumente enthält. Dies ist hier nur ein Argument, grundsätzlich könnten
aber natürlich mehrere Argumente in `par()` gesetzt werden und auf die beschriebene
Art auch wieder zurückgesetzt werden.

Verwendet man allerdings Argumente von `par()`, wie in Abschnitt 9.2.1, nur innerhalb
anderer Grafikfunktionen, so ist ein Speichern der Werte von Argumenten nicht notwendig, da die Verwendung dort nur eine Auswirkung auf die Funktion hat, nicht aber auf
die aktive Grafik-Einrichtung.

## Alternative Aufteilung

Eine andere Möglichkeit, eine Grafik aufzuteilen, bietet die Funktion `layout()`.

> **Beispiel.** In eine Grafik-Einrichtung sollen $N = 3$ einzelne Grafiken gezeichnet
> werden. Dazu soll die Grafik-Einrichtung als eine Matrix mit 3 Zeilen und 3 Spalten
> aufgefasst werden. Grafik 1 soll die zentrale Grafik beinhalten und sich über die
> Zeilen 1 und 2 und die Spalten 1 und 2 erstrecken. Grafik 2 soll sich über Zeile 3 und
> Spalten 1 und 2 erstrecken, Grafik 3 soll sich über die Zeilen 1 und 2 und Spalte 3
> erstrecken. In Zeile 3 und Spalte 3 soll keine Grafik gezeichnet werden.

Wir bilden zunächst eine Matrix, die eine Abbildung dieser Anforderungen darstellt.

```
> my.lay <- matrix(c(1,1,3,1,1,3,2,2,0), nrow = 3, byrow = TRUE)
```

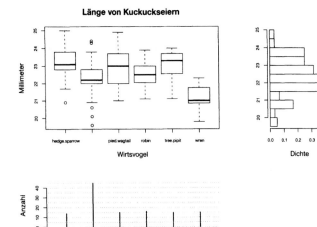

*Abbildung 9.2.* Vergleichende Boxplots

```
> my.lay
      [,1] [,2] [,3]
[1,]    1    1    3
[2,]    1    1    3
[3,]    2    2    0
```

Die Zahlen in der Matrix beziehen sich auf die jeweilige Nummer der Grafik. Eine 0 wird gewählt, wenn keine Grafik gezeichnet werden soll.

Im Prinzip ist es nicht notwendig, für das Zeichnen von $N = 3$ Grafiken unbedingt eine Aufteilung in 3 Zeilen und 3 Spalten zu wählen. Denkbar sind auch andere (sinnvolle) Aufteilungen, vgl. beispielsweise Abschnitt 23.6.1.

Nun können wir eine Aufteilung der Grafik-Einrichtung durch das Aufrufen von `layout()` erhalten.

```
> layout(mat = my.lay)
```

Es öffnet sich eine leere Grafik-Einrichtung. Wir können nun die einzelnen Grafiken zeichnen. Dazu wollen wir das Beispiel aus Abschnitt 8.4.2 aufgreifen und mit den dort erzeugten Objekten weiterarbeiten. Die zentrale Grafik 1 soll die vergleichenden Boxplots der Längen der Kuckuckseier beinhalten.

```
> boxplot(y ~ grp, xlab = x.txt, ylab = y.txt, main = m.txt)
```

Grafik 2 soll eine Darstellung der beobachteten Häufigkeiten der Eier pro Wirtvogel-Spezies zeigen.

```
> par.vorher <- par(mar = c(3,4,2,2) + 0.1)
> x.anz <- table(grp)
> plot(x.anz, xlim = c(0.5,length(x.anz) + 0.5),
+ xlab = "", ylab = "Anzahl")
```

```
> abline(h = seq(0, max(x.anz), by = 5), lty = 3)
> par(par.vorher)
```

Grafik 3 soll ein Histogramm der Längen der Eier zeigen, wobei die Skalierung der $y$-Achse zu derjenigen der zentralen Grafik 1 passen soll. Dazu zeichnen wir ein Histogramm unter Verwendung der Funktion `rect()` und den Informationen, die uns `hist()` liefert.

```
> y.hist <- hist(y, plot = FALSE)
> k <- length(y.hist$mids)
```

Das Objekt `y.hist` enthält Informationen, die zum Zeichnen unseres Histogramms verwendet werden können. So enthält nun das Objekt `k` die Anzahl der Rechtecke, die gezeichnet werden sollen. Wir erzeugen nun zunächst eine leere Grafik, welche die von uns gewünschten Bereiche abdeckt.

```
> xmax <- max(y.hist$density)
> ymin <- min(y)
> ymax <- max(y)
> plot(NULL, xlim = c(0,xmax), ylim = c(ymin, ymax),
+ xlab = "Dichte", ylab="", bty="n")
```

Durch unsere Wahl von `ylim` nehmen wir in Kauf, dass die noch zu zeichnenden Rechtecke an den Rändern möglicherweise abgeschnitten dargestellt werden, da wir nur den Bereich der Daten abdecken, aber nicht notwendigerweise den Bereich von Klassenunter- und obergrenzen welche mittels `y.hist$breaks` ermittelt werden können. Wir zeichnen nun die Rechtecke mit Hilfe von `rect()` unter Angabe der jeweiligen Eckpunkte, die wir geeignet aus dem Objekt `y.hist` ermitteln.

```
> xleft <- rep(0,k)
> xright <- y.hist$density
> ybottom <- y.hist$breaks[2:(k+1)]
> ytop <- y.hist$breaks[1:k]
> rect(xleft, ybottom, xright, ytop)
```

Abbildung 9.2 stellt nun also den möglichen statistischen Zusammenhang zwischen einer qualitativen Variablen (Wirtsvogel-Spezies) und einer quantitativen Variablen (Länge von Kuckuckseieren), sowie die jeweiligen empirischen Randverteilungen grafisch dar.

## 9.2.3  Weitere Gestaltungsmöglichkeiten

Es gibt eine Vielzahl von Möglichkeiten Grafiken nach eigenen Wünschen zu gestalten. Auf einige davon wird in den folgenden Kapiteln beispielhaft eingegangen. Vergleiche insbesondere:

- Abschnitt 10.3 für das Einfügen mathematischer Formeln, die Verwendung griechischer Buchstaben, die Schraffur eines Teilbereiches;

- Abschnitt 11.4.3 für das Erzeugen von Grafiken innerhalb einer For-Schleife;

- Abschnitt 13.4.2 für die Erzeugung perspektivischer Grafiken;

- Abschnitt 20.8 für das Einfügen einer Legende.

## 9.3   Weitere Grafik-Einrichtungen

In Abschnitt 9.1.2 wird eine einfache Möglichkeit zum Speichern einer aktiven Bildschirm Grafik-Einrichtung als Grafikdatei beschrieben. Es gibt jedoch auch noch die Möglichkeit mit anderen Grafik-Einrichtungen zu arbeiten.

Grafiken können beispielsweise mittels der Funktion `postscript()` erzeugt werden. Die prinzipielle Vorgehensweise lässt sich folgendermaßen skizzieren:

```
> postscript("C:/.../Verzeichnis/Grafikname.ps")
> # (Mehrere) Grafikkommandos:
> ...
> dev.off()
```

Das Resultat der Grafikkommandos (etwa diejenigen aus Abschnitt 9.2.2) wird dann nicht in einem Bildschirmfenster dargestellt, sondern direkt als Grafikdatei gespeichert. Eine weitere Grafik-Einrichtung ist `pdf()`, mit deren Hilfe die Grafiken für dieses Buch erstellt worden sind. Dabei sind mit der Funktion `pdf.options()` einige Voreinstellungen verändert worden. Mit

```
> help(package = grDevices)
```

erhält man auch eine Übersicht aller für Grafik-Einrichtungen relevanten Funktionen.

# Kapitel 10

# Theoretische Verteilungen

In R können eine Reihe theoretischer Verteilungen (wie z.B. hypergeometrische Verteilung, Binomialverteilung, Normalverteilung) mit vordefinierten Kommandos behandelt werden.

## 10.1 Zufallsvariablen

Bisher haben wir stets von statistischen Variablen (Merkmalen) gesprochen. In der Stochastik und Wahrscheinlichkeitstheorie ist hingegen von *Zufallsvariablen* die Rede.

### 10.1.1 Statistische Variable

Eine statistische Variable, wie z.B. der Umfang eines Orangenbaumes, kann mit einer Zufallsvariablen gleichgesetzt werden, wobei an eine Zufallsvariable noch bestimmte Anforderungen gestellt werden, damit eine mathematische Theorie entwickelt werden kann, vgl. Fischer (2005); Casella und Berger (2002); Mood, Graybill & Boes (1974).

**Definition.** Bezeichnet man mit $\Omega$ die Menge der Ergebnisse eines Zufallsexperimentes, so wird eine *Zufallsvariable* als eine Abbildung

$$X : \Omega \mapsto \mathbb{R}$$

aufgefasst. Beobachtete Werte $x$ heißen auch *Realisationen* von $X$.

In der praktischen Anwendung identifiziert man statistische Variablen mit Zufallsvariablen, wobei dann eine (bzw. im Allgemeinen mehrere) Realisationen $x$, *nicht* aber konkrete Ergebnisse $\omega \in \Omega$ die zu $x = X(\omega)$ geführt haben, vorliegen.

So könnte man den gemessenen Umfang eines Orangenbaumes als Realisation einer Zufallsvariablen ansehen, wenn man (hypothetisch) unterstellen kann, dass der Baum aus einer großen Menge von Bäumen mittels einer Zufallsauswahl ausgewählt wurde, auch wenn dies de facto vielleicht nicht der Fall war.

| Funktion | Verteilung | Funktion | Verteilung |
|----------|------------|----------|------------|
| □`beta` | Beta | □`logis` | Logistic |
| □`binom` | Binomial | □`multinom` | Multinomial |
| □`cauchy` | Cauchy | □`nbinom` | NegBinomial |
| □`chisq` | Chisquare | □`norm` | Normal |
| □`exp` | Exponential | □`pois` | Poisson |
| □`f` | FDist | □`signrank` | SignRank |
| □`gamma` | GammaDist | □`t` | TDist |
| □`geom` | Geometric | □`unif` | Uniform |
| □`hyper` | Hypergeometric | □`weibull` | Weibull |
| □`lnorm` | Lognormal | □`wilcox` | Wilcoxon |

*Tabelle 10.1.* Einige bekannte Verteilungen (bezeichnet mit den R Schlüsselwörtern)

| □ | Bedeutung |
|---|-----------|
| d | Dichtefunktion (density) |
| p | Verteilungsfunktion (probability) |
| q | Quantil (quantile) |
| r | Pseudozufallszahl (random) |

*Tabelle 10.2.* Schlüsselbuchstaben für Funktionen im Zusammenhang mit Verteilungen

## 10.1.2 Verteilung

Bezeichnet $I$ ein (offenes, geschlossenes, halboffenes) Intervall, etwa

$$I = (a, b), \quad I = [a, b], \quad I = (-\infty, b], \quad I = \{a\},$$

so wird unterstellt, dass es im Hinblick auf das durchgeführte Zufallsexperiment sinnvoll ist, Wahrscheinlichkeiten für Ereignisse $X \in I$ (d.h. $X$ nimmt einen Wert im Intervall $I$ an), zu definieren.

Unter der (Wahrscheinlichkeits-) *Verteilung* einer Zufallsvariablen kann dann eine vorgegebene Regel oder Vorschrift verstanden werden, die für Ereignisse $X \in I$ Wahrscheinlichkeiten festlegt.

**Bemerkung.** Für die Verteilung einer beobachtbaren Variablen $X$ kann es (je nach Art der Variablen) durchaus sinnvoll sein, eine bereits bekannte Verteilung als ein einfaches *statistisches Modell* zu unterstellen. Beispiele hierfür werden im folgenden Abschnitt gegeben.

In R können eine Reihe bekannter Verteilungen direkt verwendet werden. Tabelle 10.1 (angelehnt an Tabelle 7.2 in Ligges (2008)), gibt die Namen dieser Verteilungen als R Schlüsselwörter an. Informationen zu einer Verteilung erhält man dann z.B. mittels

```
> ?Chisquare
```

Zu jeder Verteilung gibt es Funktionen, deren Namen ebenfalls in Tabelle 10.1 angegeben sind. Für das □ Symbol muss dafür ein Buchstabe, wie in Tabelle 10.2 beschrieben, gesetzt werden, je nach gewünschter Anwendung.

## 10.2  Dichten

Dichten sind Funktionen $f(\cdot) \geq 0$, die zur Beschreibung von Verteilungen verwendet werden.

**Diskrete Dichte.**  Die Dichte einer diskreten Variablen ist

$$f(x) = P(X = x) \,,$$

wobei $f(x) = 0$ gilt, wenn $x$ keine mögliche Ausprägung von $X$ ist. Der Wert der Dichte gibt also die Wahrscheinlichkeit für das Auftreten des Wertes $x$ von $X$ an. Sind $a_1, a_2, \ldots$ die möglichen Ausprägungen von $X$, so gilt $\sum_i P(X = a_i) = 1$ und

$$P(X \leq x) = \sum_{a_i \leq x} P(X = a_i) \,.$$

**Stetige Dichte.**  Die Dichte einer stetigen Variablen ist eine Funktion $f(\cdot)$, welche die Bedingung

$$P(X \leq x) = \int_{-\infty}^{x} f(z) \, dz$$

für jedes $x \in \mathbb{R}$ erfüllt. In diesem Fall gilt stets $P(X = x) = 0$ für jeden Wert $x \in \mathbb{R}$ und

$$P(a < X \leq b) = \int_{a}^{b} f(z) \, dz \,,$$

sowie

$$P(a < X \leq b) = P(a < X < b) = P(a \leq X < b) = P(a \leq X \leq b) \,.$$

Ist also $(a, b]$ ein Intervall auf der reellen Achse, so gibt die *Fläche* über diesem Intervall und unterhalb der Funktion $f(\cdot)$ die Wahrscheinlichkeit dafür an, dass $X$ einen Wert in $(a, b]$ annimmt.

### 10.2.1  Diskrete Dichten

Bei der Wahl der Verteilung für eine diskrete Variable spielt das ursprüngliche Zufallsexperiment manchmal (aber nicht notwendigerweise immer) eine Rolle.

## Hypergeometrische Verteilung

Das Ziehen ohne Zurücklegen aus einer Urne ist ein Zufallsexperiment, das im Zusammenhang mit einer hypergeometrisch verteilten Zufallsvariablen $X$ gesehen werden kann.

> **Beispiel.** Sei $X$ die Anzahl der richtig getippten Zahlen bei einer Ausspielung des einfachen Zahlenlotto 6 aus 49. Die möglichen Ausprägungen von $X$, die eine Wahrscheinlichkeit größer als 0 haben können, stammen aus der Menge $\mathfrak{X} = \{0, 1, 2, 3, 4, 5, 6\}$. Wie groß ist die Wahrscheinlichkeit für ein $x \in \mathfrak{X}$?

Aus kombinatorischen Überlegungen erhalten wir

$$P(X = x) = \binom{6}{x}\binom{43}{6-x} \bigg/ \binom{49}{6} \ .$$

Dies ist die Dichte einer hypergeometrischen Verteilung, vgl. etwa Abschnitt 2.4.B in Fischer (2005). Wir können die Werte mit Hilfe der Funktion dyper() bestimmen. Dafür müssen wir die folgenden Argumente angeben:

x: Die Anzahl der gezogenen weißen Bälle aus einer Urne mit weißen und schwarzen Bällen. Das ist hier die Anzahl der Richtigen, für die wir die Wahrscheinlichkeit berechnen wollen.

m: Die Anzahl der weißen Bälle in der Urne. Das ist hier 6 (Richtige=Weiße).

n: Die Anzahl der schwarzen Bälle in der Urne. Das ist hier 49-6 =43.

k: Die Anzahl der gezogenen Bälle. Das ist hier ebenfalls 6.

Allgemein gilt

$$P(X = x) = \frac{\binom{m}{x}\binom{n}{k-x}}{\binom{m+n}{k}}, \quad x = 0, 1, \ldots, k \ .$$

Damit erhalten wir nun:

```
> Richtige <- 0:6
> P.Richtige <- dhyper(Richtige, m = 6, n = 43, k = 6)
> round(P.Richtige,10)
[1] 0.4359649755 0.4130194505 0.1323780290 0.0176504039 0.0009686197
[6] 0.0000184499 0.0000000715
```

## Binomialverteilung

Das wiederholte Durchführen eines einfaches Zufallsexperimentes mit den beiden möglichen Ausgängen „Erfolg" und „Kein Erfolg" kann in den Zusammenhang mit einer binomialverteilten Zufallsvariabeln $X$ gebracht werden.

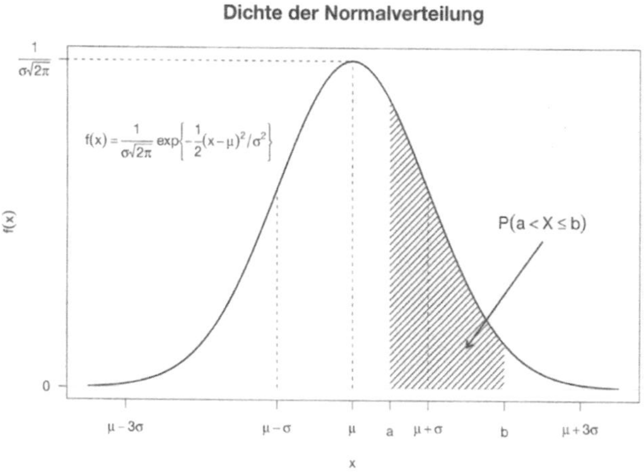

Dichte der Normalverteilung

*Abbildung 10.1.* Dichte der Normalverteilung mit Parametern $\mu$ und $\sigma$

---

**Beispiel.** Eine Münze werde unabhängig voneinander 10 mal geworfen. Es ist bekannt, dass die Wahrscheinlichkeit für das Ereignis „Zahl oben" gleich 0.7 ist (unfaire Münze). Sei $X$ die Anzahl der „Zahl oben"-Ereignisse. Wie groß ist die Wahrscheinlichkeit dafür $x$-mal „Zahl oben" zu erhalten?

---

Die Zufallsvariable $X$ ist binomialverteilt mit Parametern $n = 10$ (`size`) und $p = 0.7$ (`prob`), vgl. etwa Abschnitt 2.4.A in Fischer (2005). Das heißt es gilt

$$P(X = x) = \binom{n}{x} p^x (1-p)^{n-x}, \quad x = 0, 1, \ldots, n \, .$$

Eine grafische Darstellung der Wahrscheinlichkeiten (diskrete Dichte) erhält man mittels

```
> n <- 10
> p <- 0.7
> x <- 0:n
> x.prob <- dbinom(x, size = n, p = p)
> plot(x, x.prob, type="h")
```

Durch Angabe des zusätzlichen Argumentes `type = "h"` werden Paare (x[i],x.prob[i]) also nicht als Punkte dargestellt, sondern es werden senkrechte Stäbe jeweils an der Stelle x[i] mit Höhe x.prob[i] gezeichnet.

## 10.2.2  Stetige Dichten

Anders als bei diskreten Variablen, steht die Annahme einer bestimmten Verteilung bei stetigen Variablen weniger deutlich in Zusammenhang mit einem zunächst durchgeführten Zufallsexperiment.

Normalverteilung

Die Normalverteilung ist vermutlich die populärste Annahme für die Verteilung einer stetigen Variablen, da sie in vielen Fällen eine einfache mathematische Analyse statistischer Methoden erlaubt. Sie kann für Messungen von Längen, Gewicht, etc. in gegebenen Populationen auch durchaus als zumindest näherungsweise erfüllt angesehen werden.

**Bemerkung.** In der praktischen Anwendung wird man aber nicht einfach Normalverteilung einer Variablen unterstellen, sondern man wird auf der Basis gegebener Beobachtungen versuchen herauszufinden, ob die Beobachtungen aus einer Normalverteilung stammen können oder eher nicht. Hierfür stehen z.B. das Normal-Quantil Diagramm, vgl. Abschnitt 12.2, oder ein statistischer Anpassungstest, vgl. Abschnitt 18.3, zur Verfügung.

Die Dichte der Normalverteilung mit Parametern $\mu$ und $\sigma$ ist gegeben als

$$f(x) = \frac{1}{\sqrt{2\pi\sigma^2}} \exp\left[-\frac{1}{2\sigma^2}(x-\mu)^2\right].$$

Im Fall $\mu = 0$ und $\sigma = 1$ spricht man von der Standardnormalverteilung. Besitzt $X$ eine Normalverteilung, dann ist der Erwartungswert von $X$ gleich $\mu$ und die Wurzel der Varianz (Standardabweichung) von $X$ gleich $\sigma$.

**Beispiel.** Das Ergebnis eines Intelligenztests sei normalverteilt mit Erwartungswert $\mu = 100$ und Standardabweichung $\sigma = 15$. Stelle die zugehörige Dichte grafisch dar.

Die beiden Parameter $\mu$ und $\sigma$ werden in der Funktion `dnorm()` durch die Argumente `mean` und `sd` festgelegt.

```
> mu <- 100
> sig <- 15
> x.l <- mu - 4*sig
> x.u <- mu + 4*sig
> curve(dnorm(x, mean = mu, sd =sig), from = x.l, to = x.u)
```

Das R-Kommando `curve()` erzeugt eine eigene Grafik. Das erste Argument ist eine Funktion $f(x)$ in der Variablen $x$. Diese muss im R-Aufruf auch explizit mit x bezeichnet sein.

## 10.3  Komplexe Grafiken

Wir wollen in diesem Abschnitt weitere Möglichkeiten erläutern, komplexe Grafiken zu erzeugen. Die grundlegende Funktion für eine Beschriftung in mathematischer Notation ist `expression()`, die wichtigste zugehörige Hilfeseite öffnet sich mittels `?plotmath`. Dort werden eine ganze Reihe von Schlüsselbegriffen erläutert, die im Zusammenhang mit `expression()` zur Bildung mathematischer Formeln genutzt werden können. Es handelt sich dabei um eine TEX-ähnliche Vorgehensweise.

---

**Beispiel.** Bilde die Grafik aus Abbildung 10.1 nach.

---

Wir bilden die Grafik auf der Basis der Dichte der Standardnormalverteilung. Zunächst erzeugen wir mit `curve()` eine einfache grundlegende Grafik, in die nach und nach weitere grafische Elemente eingefügt werden.

```
> curve(dnorm(x), from = -3.5, to = 3.5, xaxt = "n", xlab = "x",
+ yaxt = "n", ylab = expression(f(x)),
+ main = "Dichte der Normalverteilung", lwd = 2)
```

Wir haben hier die Argumente `xaxt` und `yaxt` auf den Wert `"n"`, also keine Beschriftungen, gesetzt, weil wir $x$- und $y$- Achse selbst gestalten wollen. Achsenbenennungen und Überschrift haben wir hingegen bereits gewählt.

## 10.3.1 Linien einfügen

Wir fügen zunächst die horizontale 0-Linie in einem schwachen Grau ein.

```
> abline(h = 0, col = "gray")
```

An den Stellen $-1$, 0 und 1 sollen senkrechte gestrichelte Linien eingefügt werden, die aber jeweils durch den zugehörigen Wert der Dichtekurve begrenzt sein sollen. Daher verwenden wir nicht `abline()`, sondern `segments()`.

```
> x0 <- c(-1,0,1)
> y0 <- rep(0,3)
> x1 <- x0
> y1 <- dnorm(x0)
> segments(x0, y0, x1, y1, lty = 2)
```

Schließlich zeichnen wir noch eine waagerechte gestrichelte Linie mit `lines()`.

```
> x <- c(-4, 0)
> y <- rep(dnorm(0),2)
> lines(x, y, lty = 2)
```

## 10.3.2 Achsen gestalten

Mit Hilfe der Funktion `axis()` können wir nun die Achsen gestalten. Zunächst die $x$-Achse.

```
> axis(1, at = c(-3,-1,0,0.5,1,2,3), labels = c(expression(mu-3*sigma),
+ expression(mu-sigma), expression(mu),"a",expression(mu+sigma),"b",
+ expression(mu+ 3*sigma)))
```

Wir können also auf recht einfache Art und Weise griechische Buchstaben verwenden. Nun die $y$-Achse.

```
> axis(2, at = c(0,dnorm(0)), labels=c("0",
+ expression(frac(1,sigma*sqrt(2*pi)))), las = 1)
```

Durch Setzen des Argumentes `las = 1` wird die $y$-Achse ebenfalls waagrecht beschriftet. Dieses Argument gehört eigentlich zur Funktion `par()`, kann aber von der Funktion `axis()` ebenfalls genutzt werden. Durch Verwendung von `frac` (vgl. `?plotmath`) kann ein Bruch erzeugt werden.

### 10.3.3   Schraffierte Flächen

Zeichnen wir nun die schraffierte Fläche ein. Dazu bilden wir mit Hilfe der Funktion `polygon()` einen geschlossenen Polygonzug, der die gewünschte Fläche eingrenzt. Die Schraffur ist als Möglichkeit zum Füllen einer Fläche in dieser Funktion über das Argument `density` gegeben.

```
> x.x <- seq(0.5,2,length=20)
> f.x <- dnorm(x.x)
> x <- c(0.5, x.x, 2, 0.5)
> y <- c(0, f.x, 0, 0)
> polygon(x, y, border = NA, density = 15, angle = 45)
```

Die Werte in den Vektoren `x` und `y` sind so konstruiert, dass im Punkt $(0.5, 0)$ gestartet wird und anschließend im Uhrzeigersinn weitere Koordinaten verbunden werden. Der letzte Punkte ist wieder $(0.5, 0)$, so dass der Polygonzug die gewünschte Fläche vollständig einschließt.

### 10.3.4   Mathematische Formeln

Für die Formeln verwenden wir die Funktion `text()`. Für die Positionierung des Textes benötigen wir Koordinaten. Diese sind in denselben Einheiten anzugeben wie in der Ausgangsgrafik. Das heißt die $x$-Werte liegen in einem Bereich zwischen $-3.5$ und $3.5$, die $y$-Werte in dem zugehörigen durch $f(x)$ definierten Bereich. Mit Hilfe der Funktion `locator()` kann man sich auch interaktiv Koordinaten anzeigen lassen. Ruft man

```
> locator(1)
```

auf, so kann man auf eine beliebige Stelle im Grafikfenster klicken und man erhält die $x$- und $y$- Koordinaten der angeklickten Punkte.

Die Formel für die Dichte erzeugen wir mittels

```
expression(paste(...))
```

wobei innerhalb von `paste(...)` in unserem Fall drei Formelteile (durch Kommata getrennt) definiert sind.

```
> text(-2.3,0.3, expression(paste(f(x)== frac(1,sigma*sqrt(2*pi)),
+ " exp",  bgroup("{", -frac(1,2)*(x-mu)^2/sigma^2, "}"))))
```

Bei der Formel für die Wahrscheinlichkeit

```
> text(2.5, 0.18, expression(P({a < X} <= b)), pos = 3, cex = 1.2)
```

setzen wir `pos = 3`, was bedeutet, dass der Text oberhalb der angegebenen Koordinaten gesetzt wird. Zudem vergrößern wir diesen Text etwas durch Setzen von `cex = 1.2`.

### 10.3.5   Pfeile setzen

Zum Schluss erzeugen wir den Pfeil, der in die schraffierte Fläche zeigt, mit Hilfe der Funktion `arrows()`. Für die Positionierung verwenden wir als Ausgangspunkt dieselben Koordinaten wie in der zugehörigen Formel. Der Endpunkt ist willkürlich innerhalb der schraffierten Fläche gewählt.

```
> arrows(2.5, 0.18, 1.5, 0.05, length = 0.1, lwd = 2)
```

Die Grafik ist nun fertig.

## 10.4   Verteilungsfunktion

Mit Hilfe der Verteilungsfunktion können Wahrscheinlichkeiten im Zusammenhang mit Zufallsvariablen berechnet werden, die diskret oder stetig verteilt sein können.

**Definition.**  Die Verteilungsfunktion $F_X$ einer Zufallsvariablen $X$ ist definiert als

$$F_X(x) := P(X \le x)$$

für $x \in \mathbb{R}$.

### 10.4.1   Wahrscheinlichkeiten berechnen

Ist die Verteilung einer Zufallsvariablen $X$ bekannt, so können Wahrscheinlichkeiten für Ereignisse $X \in I$ berechnet werden.

Ist $X$ eine stetige Variable, so ist die Dichte einer gegebenen Verteilung hierfür nicht geeignet, da ihre Werte *nicht* als Wahrscheinlichkeiten interpretiert werden können. Hingegen können mit Hilfe der Verteilungsfunktion Wahrscheinlichkeiten

$$P(a < X \le b) = F_X(b) - F_X(a)$$

berechnet werden. Bei stetigen Variablen spielt es dabei keine Rolle, ob auf der linken Seite $<$ oder $\le$ Zeichen stehen. Bei diskreten Variablen gilt diese Formel ebenfalls, wobei dann genau auf die Ungleichungszeichen zu achten ist.

**Beispiel.**  Eine Zufallsvariable $X$ sei normalverteilt mit Parametern $\mu = 100$ und $\sigma = 15$. Wie groß ist die Wahrscheinlichkeit dafür, dass $X$ einen Wert zwischen 100 und 120 annimmt?

```
> pnorm(120,100,15) - pnorm(100,100,15)
[1] 0.4087888
```

---

**Beispiel.** Wie groß ist die Wahrscheinlichkeit, beim Zahlenlotto 6 aus 49 weniger als 3 Richtige zu haben?

---

Bei diskreten Zufallsvariablen müssen wir genau auf die Ungleichungs-Zeichen achten. Gesucht ist $P(X < 3)$, was gleichbedeutend mit $P(X \leq 2)$ ist.

```
> phyper(2, 6, 43, 6)
[1] 0.9813625
```

Alternativ kann die gesuchte Wahrscheinlichkeit durch Aufsummieren bestimmt werden.

```
> sum(dhyper(0:2, 6, 43, 6))
[1] 0.9813625
```

Es gilt hier hier ja $P(X \leq 2) = P(X = 0) + P(X = 1) + P(X = 2)$.

---

**Beispiel.** Sei $X$ normalverteilt mit Parametern $\mu = 100$ und $\sigma = 15$. Berechne die Wahrscheinlichkeit dafür, dass $X$ einen Wert im Intervall $\mu \pm k\sigma$, $k = 1, 2, 3$, annimmt.

---

Man erhält mittels

```
> mu <- 100
> sig <- 15
> k <- 1:3
> pnorm(mu + k * sig, mu, sig) - pnorm(mu - k * sig, mu, sig)
[1] 0.6826895 0.9544997 0.9973002
```

die in statistischen Lehrbüchern häufig angegebenen Wahrscheinlichkeiten für die $k\sigma$-Bereiche (zentrale Schwankungsintervalle) bei der Normalverteilung, vgl. etwa Fahrmeier et al. (2003, Abschnitt 6.3.1).

## 10.4.2 Funktionen verwenden

Grundsätzlich ist es möglich, einfache Funktionen in R auch selbst zu definieren.

---

**Beispiel.** Betrachte die Funktion

$$G(x) = \frac{1}{2} + \frac{1}{\pi}\left[\frac{x}{3\sqrt{2}} + \sum_{n=1}^{12} \frac{1}{n} e^{-n^2/9} \sin\left(\frac{nx\sqrt{2}}{3}\right)\right], \quad -7 \leq x \leq 7 \, .$$

Es handelt sich um eine Approximationsformel[1] für die Verteilungsfunktion der Standardnormalverteilung an der Stelle $x$. Berechne für $x = 0, 1, 2, 3$ die Werte $G(x)$ und vergleiche sie mit den entsprechenden Werten von pnorm().

---

[1]Moran, P.A.P (1980). Calculation of the normal distribution function. *Biometrika*, 67, 675–676.

**Bemerkung.** Funktionen können in R mit Hilfe von `function()` selbst definiert werden. Die grundlegende syntaktische Struktur ist

```
func.name <- function(x, ...) {
script.line.1
.
.
.
script.line.m
ret
}
```

Dabei ist `func.name` der gewünschte Name der Funktion und `x` das Argument, das von der Funktion verarbeitet werden soll. Es können auch mehrere Argumente angegeben und eventuell mit Voreinstellungen belegt werden. Im Funktionskörper bezeichnen die Zeilen `script.line.j` im Prinzip R Kommandos wie sie auch in einem gewöhnlichen Skript verwendet werden. Die letzte Zeile `ret` bezeichnet einen einfachen Ausdruck, der dann als Funktionswert zurückgegeben wird. Die Rückgabe kann auch mit Hilfe der Funktion `return()` explizit gesteuert werden.

Wir definieren eine eigene Funktion `moran()` zur Berechnung der Approximationsformel. Dazu schreiben wir ein kurzes Skript, „umkleiden" es entsprechend den syntaktischen Anforderungen und übergeben es anschließend der R Konsole.

```
> moran <- function(x){
+   n <- 1:12
+   h1 <- exp(-(n^2)/9)/n
+   h2 <- sin(n * x * sqrt(2)/3)
+   G <- (1/2)+ (1/pi) * (x/(3 * sqrt(2)) + sum(h1 * h2))
+   G
+ }
```

Derartige einfache Funktionen sind nicht abgesichert gegen fehlerhafte Eingaben. So arbeitet diese Funktion nur sinnvoll, wenn für das Argument `x` ein numerischer Vektor der Länge 1 übergeben wird. Im Prinzip kann man natürlich solche Absicherungen ebenfalls in die Funktion einbauen und mit Hilfe der Funktionen `stop()` und `warning()` beispielsweise dafür sorgen, dass geeignete Fehler- und Warnmeldungen erscheinen. Für einfache Zwecke ist ein derartiger Aufwand aber nicht notwendig.

Für die Anwendung der Funktion `moran()` auf einen Vektor verwenden wir nun die Funktion `sapply()`.

```
> x <- 0:3
> sapply(x, moran)
[1] 0.5000000 0.8413447 0.9772499 0.9986501
```

Der Vergleich mit

```
> pnorm(x)
[1] 0.5000000 0.8413447 0.9772499 0.9986501
```

zeigt, dass die Resultate zumindest in den angezeigten Nachkommastellen übereinstimmen.

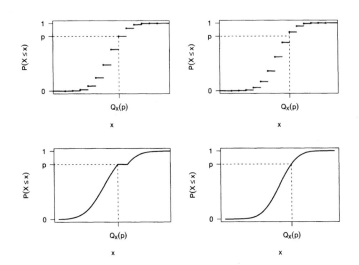

*Abbildung 10.2.* Wert der Quantilfunktion in verschiedenen Situationen

### 10.4.3   Gegenwahrscheinlichkeiten berechnen

Für eine Zufallsvariable $X$ gilt

$$P(X > x) = 1 - P(X \leq x) \, ,$$

so dass im Prinzip eine Wahrscheinlichkeit der Form $P(X > x)$ über diese Formel aus der Verteilungsfunktion bestimmt werden kann. Dasselbe wird erreicht durch Setzen des Argumentes `lower.tail = FALSE`.

> **Beispiel.**   Wie groß ist die Wahrscheinlichkeit beim Zahlenlotto 6 aus 49 mindestens 3 Richtige zu haben?

Gesucht ist $P(X \geq 3)$, also $P(X > 2)$.

```
> phyper(2, 6, 43, 6, lower.tail = FALSE)
[1] 0.01863755
```

Alternativ liefern auch `1 - phyper(2,6,43,6)` oder `sum(dhyper(3:6,6,43,6))` dasselbe Ergebnis.

## 10.5   Quantilfunktion

Ähnlich wie im Fall empirischer Quantile benötigt man auch im Zusammenhang mit Verteilungen nicht nur Wahrscheinlichkeiten $p = P(X \leq x)$ für vorgegeben Werte $x \in \mathbb{R}$, sondern umgekehrt auch den Wert $x \in \mathbb{R}$, der zu einem vorgegebenen Wert $p$ gehört. Für ein vorgegebenes $0 < p < 1$ können aber auch folgende Situationen eintreten:

(a) es gibt mehrere Werte $x$ mit $p = P(X \leq x)$, vergleiche die linke obere und untere Ecke in Abbildung 10.2;

(b) es gibt keinen Wert $x$ mit $p = P(X \leq x)$, vergleiche die rechte obere Ecke in Abbildung 10.2.

Da man aber dennoch einen eindeutig bestimmten Wert haben möchte, der die Bedingung weitestgehend erfüllt, wird die folgende Definition eingeführt.

**Definition.** Die Quantilfunktion $Q_X$ einer Zufallsvariablen ist definiert als

$$Q_X(p) = \inf\{x : F_X(x) \geq p\}$$

für $0 < p < 1$. Das heißt $Q_X(p)$ ist der kleinste Wert $x$ für den $P(X \leq x)$ größer oder gleich $p$ ist.

Abbildung 10.2 zeigt für verschiedene (diskrete und stetige) Verteilungsfunktionen jeweils die Lage des zu dem Wert $p$ eindeutig bestimmten $p$-Quantils $Q_X(p)$.

**Beispiel.** Finde die $p$-Quantile $u_p$ mit $p \in \{0, 0.25, 0.5, 0.75, 1\}$ der Standardnormalverteilung.

In der obigen Definition sind die Fälle $p = 0$ und $p = 1$ eigentlich ausgeschlossen, da diese Quantile möglicherweise nicht endlich sind. Tatsächlich erhalten wir

```
> x.p <- seq(0,1,0.25)
> u.p <- qnorm(x.p)
> round(u.p,4)
[1]    -Inf -0.6745  0.0000  0.6745     Inf
```

Offenbar kennt R auch die Objekte -Inf und Inf für $-\infty$ und $+\infty$ und verwendet diese hier. Mit `is.finite()` kann überprüft werden, ob ein Vektor solche Elemente enthält.

# Kapitel 11

# Pseudozufallszahlen

In manchen Fällen möchte man gerne wissen, wie sich eine bestimmte statistische Methode verhält, wenn die Beobachtungen zwar wie zufällig erscheinen, sich aber trotzdem nach vorgegebenen Wahrscheinlichkeitsgesetzen richten. Mit dem Computer ist es möglich solche Werte zu erzeugen.

## 11.1 Reproduzierbarkeit

Pseudozufallszahlen werden mit Hilfe eines deterministischen Algorithmus erzeugt, sind also nicht zufällig, sondern verhalten sich nur wie durch ein Zufallsexperiment erzeugte Werte.

Um Ergebnisse reproduzierbar zu machen, sollte zunächst ein Startwert für den Zufallszahlengenerator festgelegt werden. Dies geschieht mit der Funktion set.seed(). Das Argument dieser Funktion ist im Prinzip eine beliebige natürliche Zahl.

> **Beispiel.** Erzeuge zunächst 5 Beobachtungen aus der stetigen Gleichverteilung auf dem Intervall $(0, 1)$ und anschließend 5 Beobachtungen aus der Standardnormalverteilung.

```
> set.seed(1)
> runif(5)
[1] 0.2655087 0.3721239 0.5728534 0.9082078 0.2016819
> rnorm(5)
[1]  1.2724293  0.4146414 -1.5399500 -0.9285670 -0.2947204
```

Führt man die drei Kommandos in dieser Reihenfolge nochmals aus, so wird man auch wieder dieselben Zahlen als Antwort erhalten.

**Bemerkung.** Das Setzen eines Startwertes mit set.seed() erlaubt es, dieselbe Folge von zufälligen Werten bei einer wiederholten Ausführung eines Skriptes zu erhalten.

Möchte man ein einmal erstelltes Skript nun ergänzen und nochmals 5 neue Beobachtungen mit `runif(5)` erzeugen, so sollte in diesem Fall allerdings `set.seed(1)` nicht vor
das entsprechende Kommando gesetzt werden, da man sonst dieselben Werte wie zuvor
erhält.

> **Bemerkung.** Ein Startwert für den Zufallszahlengenerator sollte in einem Skript nur
> *einmal* zu Beginn einer in sich abgeschlossenen Folge von Kommandos gesetzt werden.

## 11.2   Ziehen von Stichproben aus Mengen

Stichproben aus den Elementen eines Vektors können mit `sample()` gezogen werden.

---
**Beispiel.**   Ziehe zufällig 6 Zahlen aus den Zahlen von 1 bis 49 ohne Zurücklegen.

---

```
> set.seed(1)
> sample(1:49, 6)
[1] 14 18 27 42 10 40
```

Entsprechend der Voreinstellung wird „ohne Zurücklegen" gezogen. Es kann aber auch
„mit Zurücklegen" gezogen werden, wenn das Argument `replace = TRUE` gesetzt wird.

---
**Beispiel.**   Wirf 200 mal eine Münze mit den drei möglichen Ausgängen „Zahl",
„Kopf" und „Rand". Dabei sei die Münze so, dass die Wahrscheinlichkeit für „Zahl"
und „Kopf" gleich ist und die Wahrscheinlichkeit für „Rand" gleich 0.1 ist. Zähle wie
oft die einzelnen Ausgänge erscheinen.

---

Durch Setzen des Argumentes `prob` können unterschiedliche Wahrscheinlichkeiten für
einzelne Elemente festgelegt werden.

```
> n <- 200
> Wurf.Erg <- c("Kopf","Zahl","Rand")
> Wurf.Prob <- c(0.5 - 0.1/2, 0.5 - 0.1/2, 0.1)
```

Nun können die „Würfe" erfolgen.

```
> set.seed(1)
> x <- sample(Wurf.Erg, n, replace = TRUE, prob= Wurf.Prob)
```

Das Ergebnis erhält man mittels

```
> table(x)
x Kopf Rand Zahl
 102   15   83
```

Die beobachteten relativen Häufigkeiten `table(x)/n` stimmen recht gut mit den theoretischen Wahrscheinlichkeiten überein.

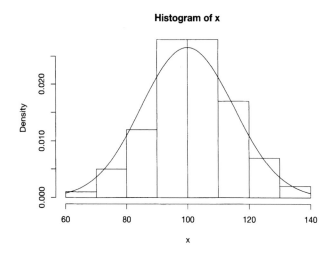

*Abbildung 11.1.* Echtes Histogramm einer pseudozufälligen Stichprobe und Dichte der Normalverteilung mit Parametern $\mu = 100$ und $\sigma = 15$

## 11.3  Ziehen von Stichproben aus Verteilungen

Als eine Stichprobe aus einer Verteilung werden Beobachtungen bezeichnet, die als $n$ unabhängig voneinander realisierte Werte einer Zufallsvariablen $X$ mit einer speziellen Verteilung gelten können.

> **Beispiel.**  Erzeuge 100 zufällige Beobachtungen (unabhängig voneinander) aus einer Normalverteilung mit $\mu = 100$ und $\sigma = 15$. Berechne Mittelwert und Standardabweichung der Beobachtungen.

Wir können die Funktion `rnorm()` verwenden. Das erste Argument gibt die Anzahl der zu erzeugenden Werte an, die als unabhängig voneinander angesehen werden können.

```
> set.seed(1)
> n <- 100
> x <- rnorm(n, 100, 15)
> mean(x)
[1] 101.6333
> sd(x)
[1] 13.47299
```

Mittelwert und empirische Standardabweichung stimmen natürlich nicht exakt mit den theoretischen Parametern $\mu$ und $\sigma$ überein, liegen aber, wie zu erwarten ist, durchaus in der Nähe.

> **Beispiel.**  Vergleiche das Histogramm der erzeugten Werte grafisch mit der Dichte der tatsächlichen Verteilung.

Damit ein Vergleich von Histogramm und Dichte grafisch möglich ist, muss in `hist()` das Argument `freq = FALSE` gesetzt werden.

```
> hist(x, freq = FALSE)
> curve(dnorm(x, 100, 15), add = TRUE)
```

Es ist erkennbar, vgl. Abbildung 11.1, dass Histogramm und Dichte gut zusammenpassen. Die Beobachtungen verhalten sich demnach tatsächlich wie unabhängige Werte aus einer Normalverteilung mit den festgelegten Parametern.

## 11.4   Simulationen

In der Praxis liegt von einer Variablen $X$ meist auch nur eine einzige Liste (Stichprobe) von Beobachtungen $x_1, \ldots, x_n$ vor, die dann näher untersucht wird.

Für die Überprüfung von Verfahren ist es aber günstig, viele Stichproben (alle vom Umfang $n$) vorliegen zu haben, die unter denselben Bedingungen zustande gekommen sind.

### 11.4.1   Wiederholungen

Erzeugt man eine Vielzahl von Stichproben, so ist zunächst die Frage von Bedeutung, wie diese geeignet zu speichern sind. In R ist hierfür eine Matrix günstig, da es Funktionen gibt, die effizient auf Matrizen arbeiten können.

---

**Beispiel.**   Erzeuge 5 zufällige Ziehungen 6 aus 49.

---

Wir betrachten zunächst eine umständliche Lösung. Wir speichern die Werte in einer Matrix mit 6 Zeilen und 5 Spalten. Jede Spalte entspricht dann einer Ziehung. Wir erzeugen nun also zunächst eine leere Matrix durch Angabe von Zeilen- und Spaltenzahl. Jeder Eintrag dieser Matrix hat dann den Wert `NA`.

```
> Z <- matrix(nrow = 6, ncol = 5)
```

Jetzt ziehen wir zufällig 5 mal 6 aus 49. Das Ergebnis ist jedesmal ein Vektor. Wir können nun jeder Spalte der Matrix einen Vektor der 6 gezogenen Werte zuweisen.

```
> set.seed(1)
> for (i in 1:5) { Z[,i] <- sample(1:49,6) }
> Z
     [,1] [,2] [,3] [,4] [,5]
[1,]   14   47   34   19   14
[2,]   18   32   19   38   19
[3,]   27   30   37   44    1
[4,]   42    3   23   10   18
[5,]   10   10   33   30   40
[6,]   40    8   44    6   15
```

Wir haben hier eine For-Schleife verwendet. Die zugehörige Hilfeseite öffnet sich mit

```
> ?Control
```

und zeigt noch weitere grundlegende Kontrollstrukturen an.

**Bemerkung.** Die grundlegende syntaktische Struktur einer For-Schleife ist

```
for (i in x) {
  script.line.1
  .
  .
  script.line.m
}
```

Dabei ist i die Laufvariable, die auch anders bezeichnet werden kann und x ein beliebiger numerischer Vektor, dessen Werte i nacheinander annimmt. Für jeden Wert von i werden die Zeilen `script.line.1` bis `script.line.m` ausgeführt.

Einfacher, aber mit demselben Ergebnis, geht es mit der Funktion `replicate()`.

```
> set.seed(1)
> X <- replicate(5, sample(1:49,6))
```

Auch X ist eine Matrix, deren $i$-te Spalte der $i$-ten Ziehung entspricht.

## 11.4.2  Funktionen verwenden

Auf die Spalten einer Matrix kann mit `apply()` eine Funktion angewendet werden.

**Beispiel.** Bestimme für die obigen 5 Ziehungen jeweils die kleinste gezogene Zahl.

```
> apply(X, 2, min)
[1] 10  3 19  6  1
```

Etwas komplizierter wird die Anwendung von `apply()`, wenn es darum geht, bestimmte Funktionen, die nicht bereits in R definiert sind, auf die Spalten einer Matrix anzuwenden. Wie in Abschnitt 10.4.2 erläutert, ist es in R möglich, eigene Funktionen zu schreiben und zu verwenden.

**Beispiel.** Wir spielen 40 Jahre lang jede Woche im Zahlenlotto 6 aus 49 den Tipp 4, 7, 23, 29, 32, 41. Erzeuge 40*52 zufällige Ziehungen 6 aus 49 und prüfe bei jeder Ziehung die Anzahl der Richtigen.

Zunächst der Tipp:

```
Tipp <- c(4,7,23,29,32,41)
```

Nehmen wir nun an, wir haben einen Vektor x mit den Ergebnissen einer Ziehung gegeben und wollen die Anzahl der Richtigen ermitteln.

```
> Zieh <- c(24,29,49,9,38,30)
```

**Bemerkung.** Mit einem Aufruf x %in% y, vgl. auch die Funktion match(), kann überprüft werden, ob die Elemente des Vektors x auch im Vektor y auftauchen. Das Ergebnis ist ein logischer Vektor mit dem Eintrag TRUE an Position $i$, wenn das $i$-te Element von x auch ein Element von y (an beliebiger Stelle) ist.

Wir wenden den Operator hier nun an.

```
> Anz.R <- sum(Tipp %in% Zieh)
> Anz.R
[1] 1
```

Anstelle der direkten Auswertung, die im Objekt Anz.R gespeichert wird, definieren wir nun eine gleichnamige Funktion, die das gewünschte Ergebnis für einen beliebigen Vektor x als Eingabeargument liefert.

```
> Anz.R <- function(x) { sum(Tipp %in% x) }
> Anz.R(Zieh)
[1] 1
```

Da wir denselben Namen verwendet haben, ist das obige Objekt Anz.R überschrieben worden und kein Vektor mehr, sondern eine Funktion. Diese kann wie jede andere Funktion verwendet werden, sie muss natürlich in jeder Sitzung der Konsole bekannt gemacht werden. Außerdem muss für ihre Anwendung vorher ein Vektor Tipp definiert worden sein. Dieser ist innerhalb der Funktion Anz.R() bekannt, da das Objekt Tipp in diesem Fall von der Funktion Anz.R() nicht als lokales Objekt behandelt wird. (Das Objekt Tipp wird von der Funktion weder als Argument verwendet, noch erhält es im Funktionskörper eine Zuweisung.)

Zunächst erzeugen wir unsere Ziehungen.

```
> n <- 52 * 40
> Lotto.40Jahre <- replicate(n, sample(1:49,6))
```

Wir können unsere Funktion Anz.R() nun ebenfalls auf die Spalten einer Matrix anwenden. Dabei wird das Objekt Tipp von oben verwendet. (Wollen wir einen anderen Tipp, so können wir diesen dem Objekt Tipp zuvor noch zuweisen.)

```
> Richtige <- apply(Lotto.40Jahre, 2, Anz.R)
> table(Richtige)
Richtige
  0   1   2   3   4
915 828 295  40   2
```

Vergleicht man die relativen Häufigkeiten

```
> table(Richtige)/n
```

mit den theoretischen Wahrscheinlichkeiten für $k$ Richtige aus Abschnitt 10.2.1, so stellt man hier fest, dass beide recht gut übereinstimmen.

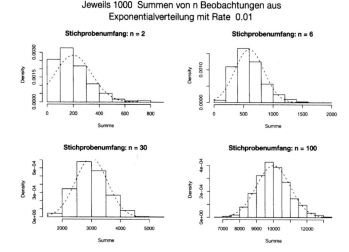

*Abbildung 11.2.* Illustration des zentralen Grenzwertsatzes

### 11.4.3   Eine Illustration des zentralen Grenzwertsatzes

Aus dem zentralen Grenzwertsatz kann geschlossen werden, dass sich die Verteilung der Summe von stochastisch unabhängigen Zufallsvariablen $X_1, \dots, X_n$ mit $\mathrm{E}(X_i) = \mu$ und $0 < \mathrm{Var}(X_i) = \sigma^2 < \infty$ durch eine Normalverteilung mit Parametern $n\mu$ und $\sqrt{n}\sigma$ approximieren lässt, vgl. beispielsweise Fahrmeier et al. (2003, Abschnitt 7.2.1). Die Approximation ist dabei umso besser, je größer $n$ ist. Dieser Sachverhalt lässt sich durch eine kleine Simulation auch veranschaulichen.

---

**Beispiel.**   Erzeuge 1000 unabhängige Stichproben vom Umfang $n$, wobei für die $j$-te Stichprobe die zugehörigen Werte $x_{j1}, \dots, x_{jn}$ unabhängige Beobachtungen aus einer Exponentialverteilung mit Parameter `rate` $= 1/100$ sind. Von Interesse sei die empirische Verteilung von $s_1, \dots, s_{1000}$ mit

$$s_j = \sum_{i=1}^{n} x_{ji}$$

für die Fälle

$$\text{(a) } n = 2, \quad \text{(b) } n = 6, \quad \text{(c) } n = 30, \quad \text{(d) } n = 100.$$

Zeichne für jeden der vier Fälle ein Histogramm der 1000 Werte $s_1, \dots, s_{1000}$. Teile dabei die Grafik-Einrichtung so auf, dass alle Histogramme gemeinsam dargestellt werden.

---

Zunächst legen wir die vorgegebenen Parameter fest.

```
> n.sim <- 1000
> n.v <- c(2, 6, 30, 100)
> rate.v <- 1/100
```

Die weitere Lösung ist so gestaltet, dass auch andere Werte für diese Objekte eingesetzt werden können, wobei unsere Lösung voraussetzt, dass der Vektor n.v stets die Länge 4 hat. Der Übersicht halber legen wir noch zwei Textbausteine fest.

```
> x.txt <- "Summe"
> ml.txt <- "Stichprobenumfang: n ="
```

Die eigentlich Lösung erfolgt mit Hilfe einer For-Schleife. Dabei können auch die Grafiken innerhalb dieser Schleife erzeugt werden.

```
> par.vorher <- par(mfrow = c(2,2), oma = c(0,0,4,0) + 0.1)
> for (i in 1:4) {
+    X <- replicate(n.sim,  rexp(n.v[i], rate=rate.v))
+    s <- apply(X, 2, sum)
+    hist(s, freq = FALSE, xlab = x.txt,
+      main = paste(ml.txt, eval(n.v[i])))
+    curve(dnorm(x, n.v[i]*(1/rate.v), sqrt(n.v[i])*(1/rate.v)),
+      add = TRUE, lty = 2)
+ }
```

Wir haben in par() das Argument oma (äußerer Rand, outer margin) gesetzt, um noch eine Gesamtüberschrift mit Hilfe der Funktion mtext() einfügen zu können.

```
> z1.txt <- paste("Jeweils", eval(n.sim),
+ " Summen von n Beobachtungen aus\n")
> z2.txt <- paste("Exponentialverteilung mit Rate ", eval(rate.v))
> mtext(paste(z1.txt, z2.txt, sep=""), outer = TRUE, cex = 1.4)
> par <- par(par.vorher)
```

Anhand dieser Grafik 11.2 lässt sich erkennen, dass sich die empirische Verteilung der Summe $X_1 + \cdots + X_n$, repräsentiert durch die Histogramme, tatsächlich so verhält, wie behauptet.

# Kapitel 12

# Das Ein-Stichproben Verteilungsmodell

Sind Beobachtungen $x_1, \ldots, x_n$ einer Variablen $X$ gegeben, so wird häufig ein statistisches Modell zugrundegelegt, das mehrere Annahmen beinhaltet.

*Annahme 1:* Jeder Wert $x_i$ ist die Beobachtung einer (fiktiven) Zufallsvariablen $X_i$.

*Annahme 2:* Jede Zufallsvariable $X_i$ hat dieselbe inhaltliche Bedeutung wie $X$ und besitzt auch dieselbe Verteilung. (Identische Verteilung von $X_1, \ldots X_n$.)

*Annahme 3:* Die Variablen $X_1, \ldots, X_n$ sind stochastisch unabhängig, d.h. die Daten werden so erhoben, dass der beobachtete Wert einer Variablen $X_i$ keinen Einfluss auf oder eine Beziehung zu möglichen Beobachtungen anderer Variablen $X_j$ für alle $j \neq i$ hat. (Für eine formale Definition von stochastischer Unabhängigkeit sei auf die einschlägige Literatur, etwa Fischer (2005); Casella und Berger (2002); Mood, Graybill & Boes (1974), verwiesen.)

Dieses Modell wird angewendet, wenn man davon ausgehen kann, dass die Untersuchungseinheiten aus einer großen Menge möglicher Einheiten zufällig oder zumindest „wie zufällig" ausgewählt wurden und das Merkmal $X$ an jeder Untersuchungseinheit unter denselben Bedingungen erhoben wurde.

Es kann kann beispielsweise *nicht* angewendet werden, wenn die Werte der Variablen an derselben Untersuchungseinheit aber zu verschiedenen Zeitpunkten (Zeitreihe) erhoben werden.

## 12.1 Verteilungs-Quantil Diagramm

Eine einfache grafische Möglichkeit, um zu überprüfen ob gegebene Beobachtungen aus einer speziellen Verteilung stammen können, ist ein Verteilungs-Quantil Diagramm (auch: Wahrscheinlichkeitsdiagramm, probability plot).

Dies ist ein Streudiagramm der Paare

$$\left(Q(p_i), x_{(i)},\right), \quad i = 1, \ldots, n \ .$$

Dabei sind $x_{(1)}, \ldots, x_{(n)}$ die aufsteigend sortierten Beobachtungswerte, $Q$ die in Abschnitt 10.5 definierte Quantilfunktion einer vorgegebenen Verteilung und

$$p_i = \frac{i - a}{n + 1 - 2a}, \qquad a = \begin{cases} 3/8 & \text{für } n \leq 10 \\ 1/2 & \text{sonst} \end{cases},$$

die sogenannten *Wahrscheinlichkeits-Stellen* (probability points). Diese können mit der Funktion ppoints() erzeugt werden. Dabei kann als erstes Argument entweder die Zahl $n$ angegeben werden, oder ein Vektor mit Länge $n$.

**Bemerkung.** Bei einem Verteilungs-Quantil Diagramm wird ein (aufsteigend) geordneter Wert $x_{(i)}$ als empirisches $p_i$-Quantil aufgefasst und mit dem zugehörigen theoretischen Quantil $Q(p_i)$ aus einer speziellen Verteilung verglichen. Liegen die Punkte in etwa auf der Winkelhalbierenden, so ist dies ein Indiz dafür, dass die Beobachtungen tatsächlich aus dieser Verteilung stammen können.

**Beispiel.** Erzeuge $n = 200$ Werte aus einer zentralen $t_3$-Verteilung (zentrale $t$-Verteilung mit 3 Freiheitsgraden). Erstelle mit diesen Werten ein $t_3$-Quantil Diagramm.

Zunächst werden die Werte erzeugt.

```
> set.seed(1)
> n <- 200
> FG <- 3
> x <- rt(n, FG)
```

Dann werden die Wahrscheinlichkeits-Stellen $p_i$ für $i = 1, \ldots, n$ mit Hilfe der Funktion ppoints() erzeugt.

```
> x.pp <- ppoints(x)
```

Nun werden die theoretischen Quantile $Q(p_i)$ berechnet und die sortierten Werte $x_{(i)}$ gebildet.

```
> x.q <- qt(x.pp, FG)
> x.s <- sort(x)
```

Damit kann gezeichnet werden.

```
> x.txt <- "Theoretische Quantile"
> y.txt <- "Empirische Quantile"
> m.txt <- "Verteilungs-Quantil Diagramm"
> plot(x.q, x.s, xlab = x.txt, ylab = y.txt, main = m.txt)
```

In die bestehende Grafik kann noch die Winkelhalbierende eingezeichnet werden.

```
> abline(0,1)
```

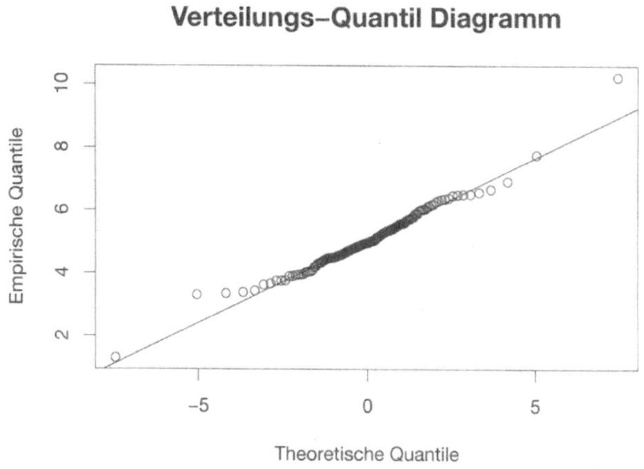


*Abbildung 12.1.* $t_3$-Quantil Diagramm mit eingezeichneter Regressionsgerade

### 12.1.1 Lage- und Skalenunterschiede

Das Einzeichnen der Winkelhalbierenden ist sinnvoll, wenn man tatsächlich eine fest vorgegebene theoretische Verteilung zum Vergleich nimmt. Es kommt jedoch auch vor, dass die Beobachtungen aus einer speziellen Verteilung (z.B. $t_3$) stammen würden, wenn man sämtliche Werte mit einer Zahl $s > 0$ multiplizieren würde und/oder zu sämtlichen Werten eine feste Zahl $a \in \mathbb{R}$ addieren würde.

Zeichnet man dann ein $t_3$-Quantil Diagramm, so liegen die Paare immer noch näherungsweise auf einer Geraden. Diese ist dann aber *nicht* mehr notwendig die Winkelhalbierende.

**Bemerkung.** Liegen die Punkte eines Verteilungs-Quantil Diagramms etwa auf einer Geraden, so spricht dies dafür, dass die Beobachtungen aus der spezifizierten Verteilung, abgesehen von möglichen Lage- und Skalenunterschieden, stammen können.

Dieses Verhalten kann beispielhaft nachvollzogen werden, wenn das obige Diagramm mit

```
> x.neu <- (x - a)/s
```

für Zahlen `s` und `a` anstelle von `x` gezeichnet wird. In dem Fall stammt `x.neu` nicht aus einer $t_3$-Verteilung, wohl aber `x` = `x.neu * s + a`. So ergibt sich beispielsweise für `a` $= -10$ und `s` $= 2$ das Diagramm aus Abbildung 12.1 mittels

```
> x.neu <- (x+10)/2
> x.neu.s <- sort(x.neu)
> plot(x.neu.s ~ x.q, xlab = x.txt, ylab = y.txt, main = u.txt)
```

Da man in der Praxis Lage- und Skalenparameter nicht kennt, kann zur Unterstützung der grafischen Darstellung eine Regressionsgerade mit

```
> abline(lm(x.neu.s ~ x.q))
```

eingezeichnet werden, bei der Achsenabschnitt und Steigung aus den dargestellten Werten geschätzt werden, vgl. Abschnitt 20.2.3.

### 12.1.2 Wahrscheinlichkeits-Stellen

Bei der obigen Vorgehensweise wird im Fall $n \geq 10$ unterstellt, dass $x_{(i)}$ ein empirisches $\left(\frac{i-0.5}{n}\right)$-Quantil ist. In Abschnitt 7.3 hatten wir allerdings gesehen, das $x_{(i)}$ ein empirisches $\left(\frac{i-1}{n-1}\right)$-Quantil vom Typ 7 ist, so dass sich hier in der Auffassung bezüglich $x_{(i)}$ ein kleiner Unterschied ergibt.

Ein Grund liegt darin, dass theoretische 0- und 1-Quantile keine endlichen Werte sein müssen, d.h. es kann $Q(0) = -\infty$ und $Q(1) = +\infty$ gelten, vgl. auch Abschnitt 10.5. Daher werden die Wahrscheinlichkeits-Stellen 0 und 1 bei einem Verteilungs-Quantil Diagramm vermieden.

Benötigt man aus irgendeinem Grund aber Wahrscheinlichkeitsstellen $p_i = \frac{i-1}{n-1}$, so können diese ebenfalls mit der Funktion `ppoints()` durch Setzen des Argumentes `a = 1` erzeugt werden.

## 12.2   Normal-Quantil Diagramm

Am häufigsten wird man in der Praxis ein Normal-Quantil Diagramm zeichnen, um festzustellen, ob die Beobachtungen aus einer Normalverteilung stammen können. Daher gibt es in R hierfür eine eigene Funktion `qqnorm()`. Sie zeichnet die empirischen Quantile gegen die theoretischen Quantile der Standardnormalverteilung.

**Bemerkung.** Liegen die Punkte eines Standardnormalverteilung-Quantil Diagramms auf einer Geraden, so kann von einer Normalverteilung (mit unbekannten Parametern $\mu$ und $\sigma$) ausgegangen werden.

Die Parameter $\mu$ und $\sigma$ der Normalverteilung entsprechen nicht nur Erwartungswert und Standardabweichung der zugehörigen Zufallsvariablen, sondern können auch als Lage- und Skalenparameter bezüglich der Standardnormalverteilung gesehen werden.

> **Aufgabe.** Erzeuge 100 zufällige Beobachtungen aus einer Normalverteilung mit $\mu = 100$ und $\sigma = 15$. Zeichne für die Werte ein Normal-Quantil Diagramm.

```
> set.seed(1)
> x <- rnorm(100,100,15)
> qqnorm(x)
```

Zusätzlich kann noch eine Gerade eingezeichnet werden. Dafür gibt es in der Literatur verschiedene Vorschläge. In R wird mit

```
> qqline(x)
```

eine Gerade gezeichnet, die durch die beiden Punkte

$$(u_{0.25}, \widetilde{x}_{0.25}) \quad \text{und} \quad (u_{0.75}, \widetilde{x}_{0.75})$$

verläuft. Dabei bezeichnet $u_p$ das $p$-Quantil der Standardnormalverteilung, vgl. auch Abschnitt 10.5.

### 12.2.1 Achsen vertauschen

In manchen Lehrbüchern werden die empirischen Quantile auf der $x$-Achse und die theoretischen Quantile auf der $y$-Achse abgetragen, mit der Argument, dass ja generell die beobachteten Daten auf der $x$-Achse abgetragen werden. Man kann dies hier leicht durch Setzen des Argumentes `datax = TRUE` erreichen.

```
> qqnorm(x, datax = TRUE)
> qqline(x, datax = TRUE)
```

Dabei ist darauf zu achten, dass das Argument auch in `qqline()` gesetzt wird, da sonst die falsche Gerade gezeichnet wird.

## 12.3 Maximum-Likelihood Anpassung

Hat man die Vermutung, dass die Beobachtungen $x_1, \ldots, x_n$ aus einer bestimmten Verteilung stammen, so kann man letztere geeignet anpassen. Ein klassischer Ansatz hierfür besteht darin, bestimmte Parameter der Dichte dieser Verteilung mit Hilfe des Maximum-Likelihood Prinzips aus den vorliegenden Daten zu schätzen.

Die Schätzer ergeben sich dabei als Lösungen eines Optimierungsproblems, d.h. gesucht werden Lösungen für die eine spezielle Funktion (die sogenannte Likelihood-Funktion) ihr Maximum annimmt. Für manche Verteilungen können solche Schätzer explizit hergeleitet werden, für andere können sie nur numerisch (oder sogar gar nicht) ermittelt werden.

### 12.3.1 Ein einfaches Rückfangmodell

Wir erläutern das Maximum-Likelihood Prinzip anhand eines einfaches statistischen Modells auf der Basis einer Stichprobe $x_1$ vom Umfang $n = 1$.

> **Beispiel.** In einem Teich schwimmt eine unbekannte Anzahl $\eta$ von Fischen. Da eine exakte Bestimmung dieser Anzahl zu aufwändig bzw. nicht möglich ist, soll eine Schätzung für $\eta$ auf der Basis eines statistischen Modells abgegeben werden.

Wir wenden eine einfache Rückfang (capture-recapture) Methode an. Dazu wird zunächst eine Anzahl $m$ festgelegt und diese Anzahl von Fischen gefangen. Jeder gefangene Fisch wird mit roter Farbe markiert. Anschließend werden alle gefangenen Fische wieder in den Teich zurückgegeben. Nach einiger Zeit wird eine Anzahl $k < m$ festgelegt und diese Anzahl von Fischen erneut gefangen. Unser Stichprobenergebnis ist nun die Anzahl $x_1$ der markierten Fische in der zweiten Stichprobe.

Wir gehen nun weiterhin davon aus, dass die zweite Stichprobe denselben Wahrscheinlichkeitsgesetzen unterworfen ist, wie die Ziehung ohne Zurücklegen von $k$ Kugeln aus einer Urne mit insgesamt $\eta$ Kugeln, von denen $m$ markiert und $\eta - m$ nicht markiert sind.

Ist die Modell-Annahme korrekt, so ist die zur Beobachtung $x_1$ gehörige Zufallsvariable $X_1$ hypergeometrisch verteilt, d.h. es gilt

$$P(X_1 = x_1) = \frac{\binom{m}{x_1}\binom{\eta - m}{k - x_1}}{\binom{\eta}{k}}, \quad x_1 = 0, 1, \ldots, k .$$

In der Dichte repräsentiert $x_1$ eine mögliche Realisation von $X_1$, de facto haben wir durch unsere Vorgehensweise auch bereits einen konkreten Wert $x_1$ vorliegen. Setzen wir diesen in Dichte ein, so, kennen wir alle dort auftauchenden Größen mit Ausnahme von $\eta$.

Entsprechend dem Maximum-Likelihood Prinzip wird der unbekannte Parameter $\eta$ nun durch denjenigen Wert $\widehat{\eta}$ geschätzt, für den $P(X_1 = x_1)$ am größten ist.

---

**Beispiel.** In der obigen Situation wurde die einfache Rückfang Methode mit $m = 150$ und $k = 50$ angewendet. Dabei wurden in der zweiten Stichprobe $x_1 = 4$ markierte Fische gefunden. Wie lautet der zugehörige Maximum-Likelihood Schätzwert $\widehat{\eta}$ für $\eta$?

---

Wir gehen zunächst einmal davon aus, dass $\widehat{\eta}$ ein Wert zwischen $m$ und 10000 (willkürlich festgelegt) ist, obwohl prinzipiell auch ein größerer Wert für $\widehat{\eta}$ möglich wäre. Dann können wir für jeden der möglichen Schätzwerte die obige Dichte berechnen.

```
> m <- 150
> k <- 50
> x1 <- 4
> eta <- m:10000
> likelihood <- dhyper(x1, m, eta-m, k)
```

Anschließend kann derjenige Wert im Vektor `eta` bestimmt werden, für den das zugehörige Element im Vektor `likelihood` am größten ist, verglichen mit den übrigen Elementen in `likelihood`.

```
> eta.max.pos <- which.max(likelihood)
> eta[eta.max.pos]
[1] 1875
```

Der gesuchte Schätzwert für die Gesamtzahl der Fische ergibt sich hier also zu $\widehat{\eta} = 1875$. Diese Vorgehensweise kann nicht nur für $x_1 = 4$, sondern im Prinzip für jede mögliche Realisation $x_1 \in \{0, \ldots, k\}$ durchgeführt werden. Dabei erhält man für $x_1 = 0$ allerdings keinen endlichen Schätzwert.

**Satz.** Im obigen einfachen Rückfangmodell ist

$$\widehat{\eta} = \left\lfloor \frac{km}{x_1} \right\rfloor$$

der Maximum-Likelihood Schätzwert für $\eta$.

Der Beweis des Satzes kann durch Aussagen über das Monotonieverhalten der Dichtefunktion geführt werden. Damit hätten wir den obigen Schätzwert auch einfach mittels

```
> floor(k*m/x1)
[1] 1875
```

bestimmen können. Die Schätzung lässt sich auch ohne den Maximum-Likelihood Ansatz leicht motivieren, denn sie ergibt sich einfach als gerundete Lösung bezüglich $\widehat{\eta}$ aus dem Gleichsetzen der Verhältnisse $\widehat{\eta}/m$ und $k/x_1$.

**Bemerkung.** Für die Anwendung des Maximum-Likelihood Prinzips bei vorliegenden Beobachtungen $x_1, \ldots, x_n$ ist eine Modellannahme über die *gemeinsame* Verteilung der zugehörigen Zufallsvariablen $X_1, \ldots X_n$ notwendig.

Ist ein solches Modell gegeben, so können prinzipiell Schätzer für einen oder mehrere Parameter nach derselben Vorgehensweise wie oben hergeleitet werden, d.h. die gemeinsame Dichte wird bezüglich der Parameter maximiert. Je nach Modellannahme kann dies aber auch recht schwierig sein.

## 12.3.2   Normalverteilung

Geht man davon aus, dass Beobachtungen $x_1, \ldots, x_n$ aus einer Normalverteilung stammen, so besteht die Anpassung in der Schätzung der *beiden* Parameter $\mu$ und $\sigma$. Auch wenn in machen Lehrbüchern zur Veranschaulichung manchmal vorausgesetzt wird, dass einer der beiden Parameter bekannt ist, ist dies in der praktischen Anwendung nur selten der Fall.

**Satz.** Sind $x_1, \ldots, x_n$ unabhängige Beobachtungen aus einer Normalverteilung mit Parametern $\mu$ und $\sigma$, so sind ihre Maximum-Likelihood Schätzwerte als

$$\widehat{\mu} = \frac{1}{n} \sum_{i=1}^{n} x_i \quad \text{und} \quad \widehat{\sigma} = \sqrt{\frac{1}{n} \sum_{i=1}^{n} (x_i - \widehat{\mu})^2}$$

gegeben.

Da nach Voraussetzung die zu den Beobachtungen gehörigen Zufallsvariablen $X_1, \ldots, X_n$ stochastisch unabhängig sind, kann ihre gemeinsame Dichte durch das Produkt der einzelnen Dichten

$$f(x_1, \ldots, x_n) = \prod_{i=1}^{n} \frac{1}{\sqrt{2\pi\sigma^2}} \exp\left[-\frac{1}{2\sigma^2}(x_i - \mu)^2\right]$$

beschrieben werden. Aufgefasst als Funktion der beiden Parameter $\mu$ und $\sigma$, kann mit ein wenig Aufwand (z.B. mittels Ableitungskalkül) gezeigt werden, dass $\widehat{\mu}$ und $\widehat{\sigma}$ die maximierenden Werte sind.

Eine Funktion mit der sich verschiedene Verteilungen anpassen lassen, ist `fitdistr()` aus dem Paket `MASS`.

> **Beispiel.** Erzeuge $n = 100$ Beobachtungen aus einer Normalverteilung mit Parametern $\mu = 100$ und $\sigma = 15$. Gehe nun davon aus, dass $\mu$ und $\sigma$ unbekannt sind und passe eine Normalverteilung an.

Zunächst erzeugen wir die Beobachtungen.

```
> set.seed(1)
> n <- 100
> x.mu <- 100
> x.sd <- 15
> x <- rnorm(n,x.mu,x.sd)
```

Nun passen wir eine Normalverteilung an.

```
> library(MASS)
> x.fit  <- fitdistr(x, "normal")
> x.fit
      mean              sd
  101.6333105     13.4054562
 (  1.3405456) (   0.9479089)
```

Wir erhalten also $\hat{\mu} = 101.63$ und $\hat{\sigma} = 13.41$ als Schätzwerte. Die Zahlen in Klammern geben die Standardfehler an.

```
> x.fit$sd
     mean          sd
1.3405456 0.9479089
```

Im Verhältnis zu den Werten $\hat{\mu}$ und $\hat{\sigma}$ sind die zugehörigen Standardfehler in beiden Fällen nicht sehr hoch, die Schätzungen $\hat{\mu}$ und $\hat{\sigma}$ können damit also als recht zuverlässig angesehen werden.

**Bemerkung.** Der Maximum-Likelihood Ansatz erlaubt in der Regel auch die Bestimmung eines sogenannten *Standardfehlers*, d.h. eine Schätzung der Standardabweichung eines Schätzers.

In einer echten Anwendungssituation hätten wir nur die 100 Beobachtungen selbst vorliegen, nicht aber aber Kenntnisse über $\mu$ und $\sigma$. Hier hingegen können wir nun sehen, dass die Schätzwerte gar nicht so weit von den tatsächlichen Parameterwerten $\mu = 100$ und $\sigma = 15$ entfernt liegen. Eine exakte Übereinstimmung wird man, bedingt durch zufällige Schwankungen, ohnehin nicht erwarten können.

### Qualität der Anpassung

Kennen wir $\mu$ und $\sigma$ nicht, so können wir versuchen die Qualität der Schätzung anhand der geschätzten Standardfehler zu beurteilen. Sie sind in beiden Fällen, im Verhältnis zu den Schätzwerten gesehen, nicht sehr hoch, die Schätzungen scheinen recht zuverlässig zu sein.

Die Qualität der Anpassung selbst kann außerdem noch grafisch überprüft werden. Dafür kann beispielsweise ein Histogramm der Beobachtungen mit der Dichte der Normalverteilung verglichen werden. Da $\mu$ und $\sigma$ nicht bekannt sind, werden sie dafür durch ihre Schätzwerte ersetzt. Die Grafik lässt auf eine recht gute Anpassung schließen.

```
> hist(x, freq = FALSE)
> mean.est <- x.fit$estimate[1]
> sd.est <- x.fit$estimate[2]
> curve(dnorm(x, mean = mean.est, sd = sd.est), add = TRUE)
```

Wir verwenden also `hist()` mit dem zusätzlichen Argument `freq = FALSE`, vgl. Abschnitt 8.3.1, sowie die Funktion `curve()`, vgl. Abschnitt 10.2.2, bei der wir zudem das Argument `add = TRUE` gesetzt haben, damit keine eigene Grafik erzeugt wird.

### 12.3.3 Binomialverteilung

Die Binomialverteilung hat zwei Parameter, die in R mit `size` und `prob` bezeichnet werden. In vielen Anwendungsfällen ist `size` bekannt, während `prob` unbekannt ist und aus den Daten geschätzt wird.

#### Das einfache Binomialmodell

Das einfache Binomialmodell wird üblicherweise verwendet, wenn ein Experiment zu $n$ Beobachtungen zweier Kategorien „Erfolg" und „Kein Erfolg" führt, die Beobachtungen als unabhängig voneinander angesehen werden können und die Erfolgswahrscheinlichkeit $p$ für jede Beobachtung dieselbe ist.

Wird ein Erfolg mit 1 und ein Nicht-Erfolg mit 0 kodiert, so ist die zu $x_i$ gehörige Zufallsvariable $X_i$ binomialverteilt mit Parametern `size = 1` und `prob = p`. Die Summe $\sum_{i=1}^{n} X_i$ ist dann die Anzahl der Erfolge. Sie ist binomialverteilt mit Parametern `size = n` und `prob = p`. Von Interesse ist eine Schätzung der unbekannten Erfolgswahrscheinlichkeit $p$.

**Satz.** Im einfachen Binomialmodell mit Beobachtungen $x_1, \ldots, x_n$ aus der Menge $\{0, 1\}$ ist

$$\widehat{p} = \overline{x}$$

der Maximum-Likelihood Schätzwert für $p$.

#### Das erweiterte Binomialmodell

Grundsätzlich gibt es aber auch Fälle, in denen die einzelnen Beobachtungen $x_i$ selbst eine *Anzahl* von „Erfolgen" aus einer fest vorgegebenen Zahl $s$ insgesamt möglicher Erfolge sind.

**Beispiel.** Erzeuge $n = 100$ Beobachtungen aus einer Binomialverteilung mit Parametern `size = 4` und `prob = 0.7`. Gehe nun davon aus, dass `prob` unbekannt ist und passe eine Binomialverteilung an.

Zunächst erzeugen wir wieder die Stichprobe.

```
> set.seed(1)
> n <- 100
> x.n <- 4
> x.p <- 0.7
> x <- rbinom(n, x.n, x.p)
```

Dann wenden wir die Funktion `fitdistr()` an. Der beschriebene Fall ist in der Funktion nicht schon von vornherein vorgesehen. Daher greift die Funktion nicht auf die explizite Form des Maximum-Likelihood Schätzers zurück, sondern verwendet die Funktion `optim()` zur numerischen Optimierung.

Als zweites Argument können wir daher auch kein Schlüsselwort verwenden, sondern müssen den Namen der Dichte angeben. Das dritte Argument gibt einen Startwert für die Optimierung bezüglich `prob` vor. Das vierte Argument gehört eigentlich zur Funktion `dbinom()` und legt den Parameter `size` fest, so dass damit klar ist, dass nur bezüglich `prob` zu optimieren ist.

```
> fitdistr(x, dbinom, list(prob = 0.5), size = x.n)
        prob
  0.69003906
 (0.02312288)
Warnmeldung:
In optim(x = c(3, 3, 3, 2, 4, 2, 1, 2, 3, 4, 4, 4, 2, 3, 2, 3, 2,  :
  one-diml optimization by Nelder-Mead is unreliable: use optimize
```

Wir erhalten hier zwar eine Warnmeldung, der Schätzwert ist dennoch recht nahe am tatsächlichen Wert und der geschätzte Standardfehler relativ klein.

Der tatsächliche Maximum-Likelihood Schätzer kann in diesem Fall allerdings ebenfalls explizit angegeben werden.

**Satz.** Sind $x_1, \ldots, x_n$ unabhängige Beobachtungen aus einer Binomialverteilung mit bekanntem Parameter `size` $= s$ und unbekanntem Parameter `prob` $= p$, so ist

$$\hat{p} = \overline{x}/s$$

der Maximum-Likelihood Schätzwert von $p$.

Im obigen Beispiel erhält man:

```
> mean(x)/x.n
[1] 0.69
```

Der numerisch bestimmte Wert stimmt also hier sehr gut mit der tatsächlichen Lösung überein.

## 12.4  Kern-Dichteschätzer

Den obigen Ansatz bezeichnet man auch als *parametrische Dichteschätzung*, da die Form der Dichte im Prinzip vorgegeben ist und zur vollständigen Schätzung der Dichte „nur" die Schätzung einiger Parameter notwendig ist.

Ein sogenannter *nichtparametrischer* Ansatz verzichtet auf die Vorgabe einer Form und versucht eine Dichte alleine aus den Daten $x_1, \ldots, x_n$ heraus zu schätzen.

**Definition.** Sei $h > 0$ eine feste Zahl, die sogenannte **Bandbreite**. Sei $K(\cdot)$ eine gegebene Funktion mit $K(u) \geq 0$ für alle $u \in \mathbb{R}$ und $\int_{-\infty}^{\infty} K(u)\, du = 1$, der sogenannte **Kern**. Dann heißt die Funktion

$$\widehat{f}(x) = \frac{1}{n} \sum_{i=1}^{n} \frac{1}{h} K\left(\frac{x - x_i}{h}\right).$$

der **Kern-Dichteschätzer** (mit Bandbreite $h$ zum Kern $K$) der Häufigkeitsverteilung der Beobachtungen $x_1, \ldots, x_n$.

Bedingt durch die Eigenschaften der Funktion $K(\cdot)$ lässt sich leicht zeigen, dass ein Kern-Dichteschätzer $\widehat{f}(x)$ tatsächlich die wesentlichen Eigenschaften einer Dichte aufweist.

**Satz.** Ein Kern-Dichteschätzer $\widehat{f}(x)$ erfüllt die Bedingungen $\widehat{f}(x) \geq 0$ für alle $x \in \mathbb{R}$ und $\int_{-\infty}^{\infty} \widehat{f}(x)\, dx = 1$.

Kerne, die verwendet werden sind zum Beispiel der *Gauß-Kern*

$$K(u) = \frac{1}{\sqrt{2\pi}} \exp\left(-\frac{1}{2}u^2\right), \quad u \in \mathbb{R},$$

der *Epanechnikov-Kern*

$$K(u) = \begin{cases} \frac{3}{4}(1 - u^2) & -1 \leq u < 1 \\ 0 & \text{sonst} \end{cases},$$

oder der *Rechteckkern*

$$K(u) = \begin{cases} \frac{1}{2} & -1 \leq u < 1 \\ 0 & \text{sonst} \end{cases},$$

wobei es auch noch eine Reihe weiterer Kerne gibt.

**Bemerkung.** Kern-Dichteschätzer können, ähnlich wie ein Histogramm, Auskunft über Auffälligkeiten in der Verteilung und/oder mögliche zugrunde liegende theoretische Verteilungen liefern.

In R können verschiedene Kern-Dichteschätzungen mit der Funktion `density()` durchgeführt werden. Es stehen eine Reihe von Kernen und vorgegebene Bandbreiten zur Verfügung. In vielen Fällen liefert die Voreinstellung bereits ein gutes Resultat.

```
> x <- Orange$circumference
> x.dens <- density(x)
> plot(x.dens)
```

Das Einfügen in eine bereits bestehende Grafik wird am besten mit `lines()` durchgeführt.

```
> hist(x, freq = FALSE)
> lines(x.dens)
```

Das Objekt `x.dens` ist eine Liste, deren erstes Element eine gewisse Anzahl konkreter Werte $x$ und deren zweites Element die zugehörigen Schätzerwerte $\widehat{f}(x)$ beinhaltet. Vergleiche dazu auch die linke untere Grafik in Abbildung 8.1, die ein echtes Histogramm mit dem eingefügten Graphen einer Kern-Dichteschätzung zeigt.

### 12.4.1  Bandbreite

Die Gestalt des Kern-Dichteschätzers wird durch die Wahl der Bandbreite stark beeinflusst. Ist sie klein, so ist die Funktion sehr zerklüftet und liefert möglicherweise einen Eindruck, der sich zu stark an zufälligen Abweichungen orientiert. Ist sie groß, wird die Funktion möglicherweise so glatt, dass wichtige Charakteristika nicht hervortreten.

Nach der Daumenregel von Silverman[1] wird

$$h = 0.9 \min\{s_x, (\widetilde{x}_{0.75} - \widetilde{x}_{0.25})/1.34\}\, n^{-1/5}$$

als Bandbreite gewählt, wobei $s_x$ die empirische Standardabweichung der Daten bezeichnet. Dies ist die Voreinstellung des Argumentes `bw` in der Funktion `density()` und kann eigenständig auch mit der Funktion `bw.nrd0()` berechnet werden.

Möchte man die Bandbreite ändern, so sollte dies am besten über das Setzen des Argumentes `adjust` erfolgen. Dieses gibt den Faktor an, mit dem die voreingestellte Bandbreite multipliziert wird, um die tatsächliche verwendete Bandbreite zu erhalten. Mit

```
> x.dens <- density(x, adjust = 0.5)
```

erhält man also Schätzwerte, die mit der halben Bandbreite (im Vergleich zur Voreinstellung) ermittelt werden. Die Grafik ist in diesem Fall dann weniger glatt.

---

[1] Silverman, B.W. (1986). *Density Estimation*. London, Chapman and Hall.

# Kapitel 13

# Zwei-Stichproben Verteilungsmodelle

Im Folgenden betrachten wir das Vorliegen zweier Stichproben, wobei zwei grundsätzlich verschiedene Fälle unterschieden werden.

*Unverbundene Stichproben:* Ein und dieselbe Variable wird in zwei voneinander unabhängigen Gruppen von Untersuchungseinheiten erhoben. Von Interesse ist in diesem Fall, ob die Verteilung der Variable in beiden Gruppen ähnlich ist, oder ob es bedeutsame Unterschiede gibt und welcher Art diese dann sind.

*Verbundene Stichproben:* Zwei verschiedenen Variablen werden jeweils an ein- und derselben Untersuchungseinheit erhoben, wobei aber die entstehenden Beobachtunspaare als unabhängig voneinander angesehen werden. Von Interesse ist in diesem Fall, ob es bedeutsame Zusammenhänge zwischen diesen beiden Variablen gibt und welcher Art diese dann sind.

In beiden Fällen geht es letztlich darum festzustellen, ob ein möglicher Unterschied bzw. ein möglicher Zusammenhang auch statistisch bedeutsam ist, oder eher dem Bereich zufälliger Abweichungen zugeordnet werden sollte.

## 13.1 Verteilungen zweier Variablen

Wir gehen hier von dem Fall einer quantitativen Variablen aus, die in zwei verschiedenen Gruppen unabhängig voneinander erhoben wird. Um jeweils erkennen zu können von welcher Gruppe die Rede ist, werden die beiden Variablen $X$ und $Y$ mit Beobachtungen $x_1, \ldots, x_n$ und $y_1, \ldots, y_m$ eingeführt.

Dabei steht $X$ dann für „Variable in Gruppe 1" und $Y$ für „Variable in Gruppe 2". Die Stichprobenumfänge $n$ und $m$ können in beiden Gruppen durchaus unterschiedlich sein.

### 13.1.1 Quantil-Quantil Diagramm

Sind zwei Variablen $X$ mit Beobachtungen $x_1, \ldots, x_n$ und $Y$ mit Beobachtungen $y_1, \ldots, y_m$ gegeben, so kann es von Interesse sein herauszufinden, ob beiden Variablen dieselbe Verteilung zugrunde liegen kann.

**Definition.** Ist $n \leq m$, so seien $x_{(1)}, \ldots, x_{(n)}$ die aufsteigend sortierten Beobachtungen von $X$. Weiterhin bezeichne $\widetilde{y}_p$ ein empirisches $p$-Quantil der Beobachtungen von $Y$. Dann heißt ein Streudiagramm der Punkte

$$(x_{(i)}, \widetilde{y}_{p_i}), \quad p_i = \frac{i-1}{n-1}, \quad i = 1, \ldots, n,$$

das *Quantil-Quantil Diagramm* der Beobachtungen von $X$ und $Y$.

Bei einem Quantil-Quantil Diagramm werden also die empirischen $\left(\frac{i-1}{n-1}\right)$-Quantile (vom Typ 7) der Beobachtungen von $X$ und $Y$ gegeneinander abgetragen, wobei ohne Einschränkung der Allgemeinheit der Stichprobenumfang $m$ (Variable $Y$) größer gleich dem Stichprobenumfang $n$ (Variable $X$) ist. Im Fall $m = n$ ist $\widetilde{y}_{p_i} = y_{(i)}$. Vergleiche dazu auch die Ausführungen in Abschnitt 7.3.

Liegen die Punkte etwa auf einer Geraden, so ist dies ein Indiz dafür, dass dieselbe Verteilung (abgesehen von möglichen Lage- und Skalenunterschieden) zugrunde liegt.

**Beispiel.** Erzeuge eine Stichprobe von Umfang $n = 75$ aus einer Normalverteilung mit $\mu = 50$ und $\sigma = 10$. Erzeuge unabhängig davon eine zweite Stichprobe vom Umfang $m = 100$ mit $\mu = 100$ und $\sigma = 15$. Zeichne ein Quantil-Quantil Diagramm.

Zunächst werden die Stichproben erzeugt.

```
> set.seed(1)
> n <- 75
> m <- 100
> x <- rnorm(n, 50, 10)
> y <- rnorm(m, 100, 15)
```

Nun werden die Wahrscheinlichkeits-Stellen $p_i$ erzeugt, vgl. Abschnitt 12.1, und die Paare $(x_{(i)}, \widetilde{y}_{p_i})$ gezeichnet.

```
> y.probs <- ppoints(n, a = 1)
> plot(sort(x), quantile(y, probs = y.probs))
```

Die Punkte liegen näherungsweise auf einer Geraden, die aber, bedingt durch Lage und Skalenunterschiede, nicht die Winkelhalbierende ist. Dasselbe Bild erhält man etwas einfacher auch mit der Funktion qqplot().

```
> qqplot(x, y, main = "Quantil-Quantil Diagramm")
```

Die Funktion qqplot() greift selbst nicht auf die Funktion quantile() zurück, das Resultat ist hier aber dasselbe, vgl. die linke Grafik in Abbildung 13.1.

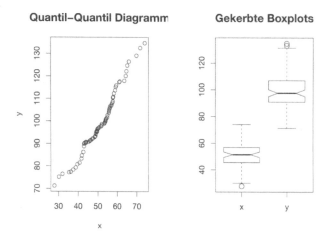

*Abbildung 13.1.* Vergleich zweier (künstlich erzeugter) unabhängiger Stichproben

## 13.1.2 Gekerbter Boxplot

Häufig interessiert man sich für die Frage, ob sich die Verteilungen einer Variablen in zwei Gruppen hinsichtlich ihrer Lage bedeutsam unterscheiden. Grafisch lässt sich ein möglicher Lageunterschied mit Hilfe von nebeneinander gezeichneten Boxplots erkennen.

Dabei kann eine Variante des Boxplots angewendet werden, bei der in die Box an der Stelle des Medians eine Kerbe (notch) eingezeichnet wird.

Nur die Länge der Kerbe (Beginn der Einkerbung bis Ende der Einkerbung) ist von Bedeutung. Sie wird um den Median herum mittels

$$\pm\, 1.58\,(h_U - h_L)/\sqrt{n}$$

gezeichnet, wobei $h_U$ und $h_L$ oberer und unterer hinge sind, vgl. Abschnitt 7.4.2.

**Bemerkung.** Überlappen sich zwei Kerben im direkten Vergleich nicht (ist also die Schnittmenge der beiden durch die Kerben definierten Intervalle leer), so kann dies als Anhaltspunkt dafür dienen, dass der Unterschied zwischen den Medianen auch eine statistische Bedeutung hat und nicht nur eine zufällige Abweichung ist.

Im obigen Beispiel erhält man mittels

```
> boxplot(x,y, names = c("x","y"), notch = TRUE,
+ main = "Gekerbte Boxplots")
```

zwei gekerbte Boxplots im Vergleich, vgl. die rechte Grafik in Abbildung 13.1, die klar für einen statistisch bedeutsamen Unterschied sprechen.

## 13.2   Streudiagramme

Werden Beobachtungspaare $(x_i, y_i)$ zweier verschiedener Variablen an denselben Untersuchungseinheiten erhoben, so interessiert man sich meist dafür, ob ein Zusammenhang zwischen den Variablen erkennbar ist.

---

**Beispiel.** Der Datensatz `father.son` aus dem Paket `UsingR`, siehe auch Verzani (2004), enthält die Werte eines klassischen Datensatzes, der auf Pearson und Lee[1] zurückgeht. In $n = 1078$ Familien (Untersuchungseinheiten) wurden die Variablen „Körpergröße des Vaters" und „Körpergröße eines Sohnes" (jeweils in inch) erhoben. Gibt es einen erkennbaren Zusammenhang?

---

Schauen wir uns die Daten etwas genauer an, so stellen wir zunächst fest, dass sie mit einer eher unrealistischen Genauigkeit angegeben sind. Tatsächlich wurden künstlich Nachkommastellen (zufällig) zugefügt um vorhandene Bindungen aufzuheben. In R kann so etwas mit der Funktion `jitter()` selbst durchgeführt werden, vgl. Abschnitt 13.2.1.

Wir wollen die Werte hier in ganze Zentimeter umrechnen und nehmen dabei in Kauf, dass eventuell weitere kleine Abweichungen gegenüber den ursprünglichen Werten entstehen.

```
x <- round(father.son$fheight * 2.54)
y <- round(father.son$sheight * 2.54)
```

Die Benennung der beiden Vektoren erfolgt an dieser Stelle nicht willkürlich. In der statistischen Praxis interessiert man sich häufig für die Frage, ob sich eine bestimmte Variable (meist mit $Y$ bezeichnet) durch eine oder mehrere andere Variablen (meist mit $X_1, \ldots, X_k$ bezeichnet) „erklären" lässt. Dabei bezieht sich der Begriff „Erklärung" auf statistische Zusammenhänge (d.h. Zusammenhänge die zufällige Abweichungen und Einflüsse enthalten), die *nicht* notwendig auf kausalen Ursache-Wirkung Prinzipien beruhen.

Findet man einen statistischen Zusammenhang, so wird man natürlich versuchen nach einer möglichen Ursache hierfür zu suchen, nicht in jedem Fall lässt sich aber eine zufriedenstellende (oder korrekte) Antwort finden.

Im obigen Fall ist es nahe liegend sich dafür zu interessieren, ob sich die Größe des Sohnes durch die Größe des Vaters (zumindest bezüglich einer gewissen Tendenz) erklären lässt. Hätte man andererseits das Ziel, von der Größe eines Sohnes auf die tendenzielle Größe des Vaters zurückzuschließen, so würde man die umgekehrte Richtung bevorzugen.

**Bemerkung.** Wird bei der Untersuchung eines statistischen Zusammenhanges eine Variable mittels „wird erklärt durch" und die andere mittels „dient als Erklärung für" beschrieben, so ist dies häufig durch eine konkrete Fragestellung (Untersuchungsziel) bestimmt und muss sich nicht notwendig auf nahe liegende Weise ergeben.

In R kann eine Variable y, die durch eine Variable x erklärt werden soll, durch die Modellformel `y ~ x` beschrieben werden. Die Formel kann auch in der Funktion `plot()` verwendet werden. Der Aufruf

```
> plot(y ~ x)
```

---

[1] Pearson, K. und Lee, A. (1903). On the laws of inheritance in man. *Biometrika*, 2, 357–462.

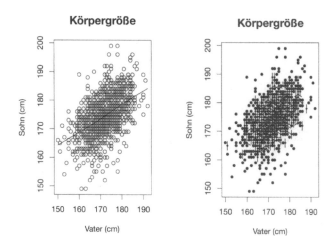

*Abbildung 13.2.* Streudiagramm mit LOWESS und Sonnenblumendiagramm

bewirkt dasselbe wie

```
> plot(x, y)
```

Erkennbar ist in diesem Fall die Tendenz eines positiven Zuammenhanges, d.h. kleinere Werte der Variablen $X$ gehen mit kleineren Werten der Variablen $Y$ einher und größere Werte der Variablen $X$ mit größeren Werten der Variablen $Y$.

### 13.2.1 Bindungen

Gebundene Werte werden in einem Streudiagramm an derselben Stelle dargestellt, sind also nicht sichtbar. Bei vielen Bindungen entsteht dann der fälschliche Eindruck, dass nur wenige Daten vorliegen.

#### Sonnenblumendiagramm

Eine Möglichkeit einen korrekten Eindruck von der tatsächlichen Menge der vorliegenden Beobachtungen zu vermitteln, ist ein Sonnenblumendiagramm.

```
> sunflowerplot(y ~ x, main = m.txt, xlab = x.txt, ylab = y.txt)
```

Hier werden jeweils $k$ identische Beobachtungspaare durch einen Punkt mit $k$ Strahlen dargestellt.

**Zerstreuen**

Ist $X$ ein Variable mit Werten $x_1, \ldots, x_n$, so können diese Werte ein wenig zerstreut werden, indem zu jedem $x_i$ ein kleiner Wert $z_i$ addiert wird. Dabei ist $z_i$ eine Pseudo-zufallszahl aus dem Intervall $[-a, a]$ für ein festgelegtes $a > 0$. Die Zahl $a$ kann selbst gewählt werden. Eine recht einfache automatische Auswahl ist

$$a = f \frac{x_{(n)} - x_{(1)}}{50} \, ,$$

wobei wiederum $f$ ein frei wählbarer Faktor ist und oft als $f = 1$ gewählt wird. In R kann ein derartiges Zerstreuen mit Hilfe der Funktion `jitter()` durchgeführt werden.

```
> set.seed(1)
> x.bsp <- rep(3,10)
> jitter(x.bsp)
 [1] 2.971861 2.984655 3.008742 3.048985 2.964202 3.047807
 [7] 3.053361 3.019296 3.015494 2.947414
```

Wendet man dieses Zerstreuen jeweils auf die Werte $x_i$ und $y_i$ zweier Variablen $X$ und $Y$ an, so können auf diese Weise zum Zweck der grafischen Darstellung auch Bindungen von Beobachtungspaaren aufgelöst werden.

## 13.2.2   Streudiagramm-Glätter

Ein Streudiagramm zeigt sämtliche Beobachtungspaare im Überblick. Manchmal ist es dabei nicht einfach, einen möglichen Zusammenhang bzw. die Art eines möglichen statistischen Zusammenhanges zu erkennen.

Unterstützung kann hierbei eine zusätzliche eingezeichnete Funktion $\widehat{g}(\cdot)$ bieten, deren Form nicht von vornherein festgelegt, sondern allein aus den gegebenen Datenpaaren heraus bestimmt wird. Hierfür gibt es verschiedene Möglichkeiten, etwa eine Prozedur, die unter dem Akronym LOWESS (locally weighted scatterplot smoother) bekannt ist. Sie kann in R mit der Funktion `lowess()` aufgerufen werden.

Der Aufruf von `lowess()` liefert als Ergebnis eine Liste, deren erstes Element ein Vektor mit $x$-Werten und deren zweites Element ein Vektor mit Werten $\widehat{g}(x)$ ist. Das Einzeichnen erfolgt dann einfach durch Verbinden der Punkte $(x_i, \widehat{g}(x)_i)$.

```
> plot(y ~ x)
> lines(lowess(y ~ x))
```

Dabei ist darauf zu achten, dass die Eingabeargumente in der Funktion `lowess()` genauso aufgerufen werden wie in der Funktion `plot()` (also entweder mit oder ohne Verwendung einer Modellformel), da andernfalls die falsche Kurve gezeichnet wird. Durch Setzen des Argumentes `f` kann die Glattheit der Kurve verändert werden. Je kleiner der gesetzte Werte ist, umso zerklüfteter wird die Funktion erscheinen.

Im Fall des obigen Beispiels wird auf der Basis der Voreinstellung eine recht glatte Funktion eingezeichnet, die beinahe eine Gerade ist, vgl die linke Grafik in Abbildung 13.2. Dies unterstützt den Eindruck eines positiven *linearen* Zusammenhanges. Allerdings sind die Abweichungen vom eingezeichneten Funktionsgraphen nicht unerheblich.

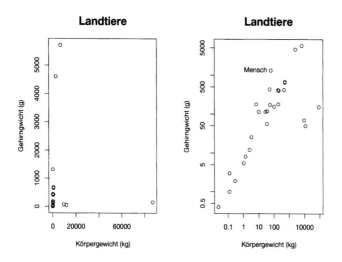

*Abbildung 13.3.* Streudiagramme mit linearen und logarithmischen (Log-Log) Skalen

## 13.2.3  Logarithmische Skala

Liegen Variablen $X$ und $Y$ vor, bei denen einige Beobachtungspaare recht weit von den anderen entfernt sind, so werden diese das Streudiagramm „dominieren", während die Masse der restlichen Daten sich auf einen relativ kleinen Bereich konzentriert, in dem kaum etwas sichtbar wird. In einem solchen Fall, werden oft nichtlineare Transformationen $g(X)$ und $h(Y)$ der Variablen verwendet und diese dann in einem Streudiagramm dargestellt. Eine häufig verwendete Transformation ist der Logarithmus.

Eine Alternative zum Logarithmieren einer oder beider Variablen ist die Verwendung einer logarithmischen $x$- und/oder $y$-Skala. Der Vorteil liegt dann darin, dass die Variablen weiterhin in den ursprünglichen Einheiten dargestellt werden, während nun die Skaleneinteilung nicht mehr linear zu interpretieren ist.

---

**Beispiel.**  Der Datensatz `Animals` aus dem Paket `MASS` enthält das durchschnittliche Gehirn- und Körpergewicht ($Y$ und $X$) von 28 Landtier-Arten, darunter auch der Mensch. Zeichne ein Streudiagramm unter Verwendung der üblichen Skala, sowie ein Streudiagramm unter Verwendung von logarithmierten Skalen für beide Variablen *(Log-Log Diagramm)*.

---

Zunächst laden wir das Paket, legen für beide Grafiken einige Textbausteine fest und teilen die Grafik-Einrichtung auf.

```
library(MASS)
data(Animals)
m.txt <- "Landtiere"
x.txt <- "Körpergewicht (kg)"
y.txt <- "Gehirngwicht (g)"
par.vorher <- par(mfrow = c(1,2))
```

Nun können wir die erste Grafik zeichnen.

```
> plot(brain ~ body, data = Animals, main = m.txt,
+ xlab = x.txt, ylab = y.txt)
```

Man erkennt, dass hier der oben beschriebene Effekt eintritt, die Masse der Daten ist auf einen sehr kleinen Bereich konzentriert. Wir zeichnen nun die zweite Grafik unter Verwendung des Argumentes `log ="xy"`, da wir für beide Achsen ein logarithmische Skala verwenden wollen. Außerdem verhindern wir die Bezeichnung der Achseneinteilung, da diese in wissenschaftlicher Notation erfolgen würde.

```
> plot(brain ~ body, data = Animals, main = m.txt,
+ xlab = x.txt, ylab = y.txt, log = "xy", xaxt = "n", yaxt = "n")
```

Wir gestalten die Achsen nun noch neu. Dazu verwenden wir zunächst die Funktion `axTicks()`, um geeignete Positionen automatisch zu finden.

```
> x.ticks <- axTicks(1)
> y.ticks <- axTicks(2)
```

Die Werte sind in wissenschaftlicher Notation angegeben. Um Bezeichnungen in üblicher Dezimalnotation zu erhalten, wenden wir die Funktion `formatC()` an, wobei wir dort das Argument `format = "fg"` verwenden, und gestalten die Achsen mittels `axis()`.

```
> axis(1, at = x.ticks, labels = formatC(x.ticks, format = "fg"))
> axis(2, at = y.ticks, labels = formatC(y.ticks, format = "fg"))
```

Nun können wir zur Orientierung noch den Punkt, der den Menschen repräsentiert, markieren. Wir können dazu einen Text an die entsprechende Position setzen.

```
> x.Hum <- Animals["Human",]$body
> y.Hum <- Animals["Human",]$brain
> text(x.Hum,y.Hum, "Mensch", pos = 2)
> par(par.vorher)
```

Die Grafik, wie in Abbildung 13.3 dargestellt, ist nun fertiggestellt.

### 13.2.4  Streudiagramme und gruppierende Variablen

> **Beispiel.** Betrachte den Datenssatz `iris`, der Blattabmessungen von insgesamt 150 Pflanzen dreier Arten enthält. Zeichne ein Streudiagramm der Beobachtungspaare von `Petal.Width` und `Petal.Length`, wobei die Beobachtungspunkte durch die Zugehörigkeit zu ihrer Spezies gekennzeichnet sind.

Wir verwenden die Funktion `plot()`, in der wir das Argument `pch` geeignet setzen. Dieses Argument gehört eigentlich zur Funktion `par()` und kann auch in `plot()` verwendet werden. Mit

```
Sp.zahl <- as.numeric(iris$Species)
```

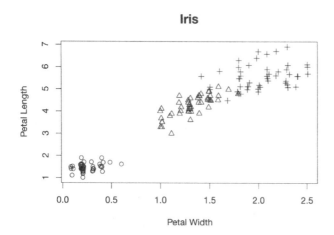

*Abbildung 13.4.* Streudiagramm im Hinblick auf eine zusätzliche qualitative Variable

wird ein Vektor erzeugt, der dieselben Informationen wie `iris$Species` enthält, mit dem Unterschied, dass die Bezeichnung der Spezies an der jeweiligen Position durch eine der Zahlen 1, 2, oder 3 ersetzt wird.

Da es eine Reihe gebundener Werte gibt, zerstreuen wir die Werte beider Variablen zunächst.

```
> set.seed(1)
> x <- jitter(iris$Petal.Width)
> y <- jitter(iris$Petal.Length)
```

Der Aufruf

```
> plot(x, y, pch = Sp.zahl, main= "Iris", xlab = "Petal Width",
+ ylab = "Petal Length")
```

bewirkt nun eine Zeichnung der Punkte (x[i],y[i]), wobei jeweils das zum Wert von `Sp.zahl[i]` gehörige Symbol verwendet wird. Da dies sich jeweils auf dieselbe i-te Untersuchungseinheit bezieht, wird auf diese Weise jedem Beobachtungspunkt (x[i],y[i]) auch tatsächlich seine zugehörige Spezies (vertreten durch ein Symbol) zugeordnet.

An der erzeugten Grafik, vgl. Abbildung 13.4, ist erkennbar, dass es sinnvoll ist den statistischen Zusammenhang der beiden Variablen `Petal.Width` und `Petal.Length` nicht losgelöst von der jeweiligen Spezies zu betrachten.

## 13.3   Korrelationskoeffizienten

Ist zu vermuten, dass zwischen zwei Variablen $X$ und $Y$ ein stochastischer Zusammenhang besteht, so ist weiterhin von Interesse, die Stärke eines solches Zusammenhanges (schwach, stark, ... ) durch eine Maßzahl geeignet auszudrücken.

### 13.3.1   Der Korrelationskoeffizient nach Pearson

Eine Kenngröße, die als Maßzahl für den Grad des *linearen* Zusammenhanges zweier Variablen gesehen werden kann, ist der empirische Korrelationskoeffizient nach Pearson.

**Definition.**   Seien $(x_1, y_1), \ldots, (x_n, y_n)$ die Beobachtungspaare zweier quantitativer Variablen $(X, Y)$, so dass weder sämtliche $x$-Werte noch sämtliche $y$-Werte identisch sind. Dann heißt

$$r_{x,y} = \frac{\sum_{i=1}^{n}(x_i - \overline{x})(y_i - \overline{y})}{\sqrt{\sum_{i=1}^{n}(x_i - \overline{x})^2 \sum_{i=1}^{n}(y_i - \overline{y})^2}}$$

der empirische Korrelationskoeffizient nach Pearson zwischen $X$ und $Y$.

**Satz.**   Es gilt $-1 \leq r_{x,y} \leq 1$.

Ein Beweis dieses Satzes kann mit Hilfe der Cauchy-Schwarz Ungleichung geführt werden. Je näher der Betrag $|r_{x,y}|$ bei 1 liegt, umso stärker ist der Grad des linearen Zusammenhanges, d.h. umso näher liegen die Beobachtungspaare in ihrer Gesamtheit an einer Geraden.

**Satz.**   Seien $(x_1, y_1), \ldots, (x_n, y_n)$ die Beobachtungspaare zweier quantitativer Variablen $(X, Y)$ und seien $u_i = a + bx_i$ und $v_i = c + dy_i$ für $i = 1, \ldots, n$ und Zahlen $a, c \in \mathbb{R}$ und $b, d > 0$. Dann gilt

$$r_{u,v} = r_{x,y},$$

d.h. der empirische Korrelationskoeffizient ist invariant gegenüber Lage-und Skalentransformationen.

Der Korrelationskoeffizient nach Pearson kann in R mit der Funktion `cor()` berechnet werden. Für den Zusammenhang der Körpergröße von Sohn und Vater (x und y aus Abschnitt 13.2) ergibt sich der Wert

```
> cor(x, y)
[1] 0.4982878
```

der mit `cor(y, x)` identisch ist, da der gemessene Grad des linearen Zusammenhanges bei Vertauschung von $x$- und $y$-Koordinaten gleich ist. Der Wert drückt einen eher mäßigen positiven Zusammenhang aus, die Streudiagramme aus Abbildung 13.2 zeigen auch recht deutliche Abweichungen von einer Geraden.

### 13.3.2   Der Korrelationskoeffizient nach Spearman

Der Korrelationskoeffizient nach Spearman verwendet zur Berechnung nicht die tatsächlichen Beobachtungen, sondern deren Ränge.

### Ränge

**Definition.** Liegen Beobachtungen $x_1, \ldots, x_n$ vor, so bezeichnet der **Rang** $R(x_i)$ die Platznummer, die $x_i$ in einer aufsteigend sortierten Reihe annimmt.

Bei Vorliegen von Bindungen reicht diese Definition nicht aus, um jeder Beobachtung eindeutig einen Rang zuweisen zu können.

**Bemerkung.** Gibt es zwei oder mehrere identische Werte (Bindungen), so werden in der Regel **Durchschnittsränge** vergeben, d.h. man bildet das arithmetische Mittel aus allen Rängen, die den gebundenen Werten insgesamt zustehen.

**Beispiel.** Gegeben sind die Werte $7, 3, 8, 1, 5, 3$. Wie lauten die zugehörigen Ränge?

Ränge können in R mit der Funktion `rank()` bestimmt werden.

```
> z <- c(7,3,8,1,5,3)
> rank(z)
[1] 5.0 2.5 6.0 1.0 4.0 2.5
```

Der 1.te Wert `x[1]` $= 7$ steht in in einer aufsteigend sortierten Reihe an 5.ter Stelle, er erhält also den Rang 5. Der 2.te und 6.te Wert 3 sind identisch, also gebunden. Beiden Werten würden die Platznummern 2 und 3 zustehen, d.h. beide erhalten den Durchschnittsrang 2.5, usw.

### Der Rang-Korrelationskoeffizient

Der Rang-Korrelationskoeffizient nach Spearman kann mit der Funktion `cor()` durch Setzen des Argumentes `method = "spearman"` berechnet werden.

```
> cor(x,y, method="spearman")
[1] 0.5037338
> cor(rank(x),rank(y))
[1] 0.5037338
```

Er nimmt ebenfalls Werte zwischen $-1$ und 1 an und kann als Maß für einen gleichbleibend monotonen (steigenden oder fallenden) Zusammenhang gesehen werden. So erhält man beispielsweise

```
> x <- c(0.1:0.9, 1:5)
> cor(x, log(x), method = "spear")
[1] 1
```

da die Beobachtungspaare durch einen exakten monoton steigenden (aber nicht linearen) Zusammenhang charakterisiert werden können. Im Unterschied zum Korrelationskoeffizienten nach Pearson, eignet dieser Koeffizient auch für qualitative ordinale Variablen.

## 13.4   Die bivariate Normalverteilung

Sind $X$ und $Y$ gepaarte stetige Variablen, so wird häufig angenommen, dass die Paare

$$(x_1, y_1), \ldots, (x_n, y_n)$$

als unabhängig voneinander realisierte Beobachtungen einer bivariaten Zufallsvariablen $(X, Y)$ angesehen werden können. Zudem wird als Verteilungsmodell oft unterstellt, dass $(X, Y)$ bivariat normalverteilt ist.

> **Definition.** Sei $X$ eine stetige Zufallsvariable mit Erwartungswert $\mu_1$ und Standardabweichung $\sigma_1$. Sei $Y$ eine stetige Zufallsvariable mit Erwartungswert $\mu_2$ und Standardabweichung $\sigma_2$ und sei $\varrho$ der Korrelationskoeffizient von $X$ und $Y$, vgl. z.B. Fischer (2005, Abschnitt 2.7). Dann heißt $(X, Y)$ *bivariat normalverteilt* mit Parametern $\mu_1, \sigma_1, \mu_2, \sigma_2, \varrho$, wenn
>
> $$aX + bY$$
>
> normalverteilt ist für *alle* reellen Konstanten $a$ und $b$ (nicht gleichzeitig beide 0).

In der praktischen Anwendung sind die Parameter einer bivariaten Normalverteilung unbekannt und werden aus den Daten geschätzt. Die üblichen Schätzungen für $\mu_1, \sigma_1, \mu_2, \sigma_2$ und $\varrho$ sind $\bar{x}, s_x, \bar{y}, s_y$ und $r_{x,y}$.

### 13.4.1   Pseudozufallszahlen

Möchte man eine zufällige Beobachtung aus einer bivariaten Normalverteilung mit vorgegebenen Parametern mit Hilfe des Computers erzeugen, so können hierfür zwei unabhängige Realisationen $z_1$ und $z_2$ aus einer Standardnormalverteilung verwendet werden. Berechnet man

$$x = \sigma_1 z_1 + \mu_1$$

und

$$y = \sigma_2 z_1 \varrho + \sigma_2 z_2 \sqrt{1 - \varrho^2} + \mu_2 \,,$$

so kann das Paar $(x, y)$ als eine solche Beobachtung angesehen werden. Alternativ kann auch die Funktion `mvrnorm()` aus dem Paket `MASS` oder die Funktion `rmvnorm()` aus dem Paket `mvtnorm` verwendet werden. (Alle Vorgehensweisen basieren auf einer, allerdings unterschiedlichen, Zerlegung der Kovarianzmatrix.)

> **Beispiel.** Erzeuge $n = 100$ Beobachtungspaare aus einer bivariaten Normalverteilung mit Parametern $\mu_1 = 50$, $\sigma_1 = 10$, $\mu_2 = 100$, $\sigma_2 = 15$ und $\varrho = 0.5$.

Wir gehen entsprechend den obigen Ausführungen vor.

```
> set.seed(1)
> mu <- c(50,100)
> sig <- c(10,15)
> rho <- 0.5
> n <- 100
> z <- replicate(2, rnorm(n))
> x <- sig[1] * z[,1] + mu[1]
```

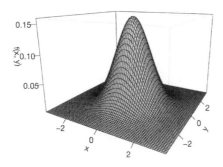

*Abbildung 13.5.* Bivariate Dichte

```
> y <- sig[2] * rho * z[,1] + sig[2] * sqrt(1-rho^2) * z[,2] + mu[2]
> plot(x, y)
```

Das Streudiagramm der Beobachtungspaare ist in Abbildung 17.1, Seite 167, dargestellt. Der empirische Korrelationskoeffizient

```
> cor(x,y)
[1] 0.4754111
```

liegt recht nahe am theoretischen Wert $\varrho = 0.5$.

### 13.4.2 Dichte

Genau wie im Fall einer einzelnen Zufallsvariablen kann auch für eine bivariate Zufallsvariable $(X, Y)$ eine zur Verteilung gehörige Dichte betrachtet werden. Die Dichte der bivariaten Normalverteilung ist durch die Funktion

$$f(x, y) = \frac{1}{2\pi\sigma_1\sigma_2\sqrt{1 - \varrho^2}} \exp\left\{\frac{-1}{2(1 - \varrho^2)}\left[z_x^2 - 2\,\varrho\,z_x z_y + z_y^2\right]\right\}$$

mit $z_x = (x - \mu_1)/\sigma_1$ und $z_y = (y - \mu_2)/\sigma_2$ gegeben.

> **Beispiel.** Stelle die Dichte der bivariaten Normalverteilung wie in Abbildung 13.5 grafisch dar.

Eine solche Darstellung kann in R mit der Funktion **persp()** erzeugt werden. Zunächst ist ein Gitter von $x$- und $y$-Werten anzugeben, für die dann Funktionswerte $z = f(x, y)$ bestimmt werden müssen.

```
> x <- seq(-3.5, 3.5, 0.1)
> y <- seq(-3.5, 3.5, 0.1)
```

Hierfür ist also Kenntnis darüber nötig, in welchem Bereich der $(x, y)$-Ebene die Funktionswerte dargestellt werden sollen.

Die Funktionswerte $f(x, y)$ sind an `persp()` in Form einer Matrix `z` zu übergeben, deren $(i, j)$-tes Element `z[i,j]` gerade identisch mit $f(\texttt{x[i]},\texttt{y[j]})$ ist. Eine solche Matrix kann mit Hilfe der Funktion `outer()` erzeugt werden.

**Bemerkung.**   Sind x und y zwei Vektoren der Länge n und m, so liefert

```
z <- outer(x, y, FUN)
```

eine Matrix z mit n Zeilen und m Spalten, so dass `z[i,j]` = `FUN(x[i], y[j])` gilt.

Für die Anwendung muss `FUN` eine geeignete Funktion sein. Die Voreinstellung für `FUN` ist das einfache Produkt von `x[i]` und `y[j]`. Da wir hier aber die Werte der Dichte der bivariaten Normalverteilung benötigen, müssen wir zunächst eine geeignete Funktion selbst schreiben.

```
> biv.nv <- function(x,y, mu1=0, mu2=0, sig1=1, sig2=1, rho=0)
+ {
+    z.x <- (x-mu1)/sig1
+    z.y <- (y-mu2)/sig2
+    Q <- (z.x^2 - 2*rho*z.x*z.y + z.y^2)/(1-rho^2)
+    exp(-Q/2)/(2*pi*sig1*sig2*sqrt(1-rho^2))
+ }
```

Nun können wir die Matrix z erzeugen.

```
> z <- outer(x, y, biv.nv)
```

Damit können wir die Funktion `persp()` aufrufen, bei der wir außer x, y und z auch noch einige andere Argumente setzen.

```
> persp(x = x, y = y, z = z,
+ theta = 30, phi = 15, expand = 0.7,
+ col = "lightgrey", ticktype = "detailed", zlab = expression(f(x,y)),
+ main = "Dichte der bivariaten Standardnormalverteilung")
```

Möchte man nun beispielsweise die Wirkung einer Veränderung des Parameters $\varrho$ auf die Gestalt der Dichte illustrieren, kann dies durch einen erneuten Aufruf von `persp()` mit einer Matrix

```
> z <- outer(x, y, biv.nv, rho = 0.8)
```

geschehen. Die weiteren Argumente von `biv.nv()`, für die wir bei der Definition Voreinstellungen festgelegt haben, können also einfach, durch Kommata abgetrennt, in `outer()` neu belegt werden. Bei einer Änderung der übrigen Parameter ist eventuell auch die vorherige Änderung der Werte von x und y notwendig, da andernfalls der Teil der $(x, y)$-Ebene möglicherweise nicht mehr das Zentrum der Dichte beinhaltet.

# Kapitel 14

# Kontingenztafeln

Werden zwei qualitative Variablen jeweils an $n$ Untersuchungseinheiten beobachtet, so interessiert man sich zunächst für die Häufigkeiten der möglichen Paare von Ausprägungen.

## 14.1 Verbundene und unverbundene Stichproben

Auch wenn zwei Variablen $X$ und $Y$ beide qualitativ sind, können die Fälle unverbundener und verbundener Stichproben zugrunde liegen.

**Ein (konstruiertes) Beispiel für eine unverbundene Stichprobe:** Untersucht werden soll, ob sich die Verteilungen von Augenfarben von Personen (qualitative Variable $X$) in Populationen von Personen mit bestimmten Haarfarben (qualitative Variable $Y$) bedeutsam unterscheiden oder nicht. Man würde in einem solchen Fall unabhängig voneinander für jede einzelne Haarfarbe eine Stichprobe von Personen ziehen und die Augenfarbe notieren. Auch würde man die Stichprobenumfänge (Anzahl der Personen pro Haarfarbe) im vorhinein festlegen.

**Ein Beispiel für eine verbundene Stichprobe:** Untersucht werden soll, ob es einen bedeutsamen Zusammenhang zwischen Augenfarbe und Haarfarbe von Personen gibt. Man würde in einem solchen Fall Beobachtungspaare beider Variablen erheben und die Ausprägungen notieren. In dem Fall würde man nur den Gesamtstichprobenumfang (Anzahl von Personen, die erhoben werden) im vorhinein festlegen.

Die beiden Fälle unterscheiden sich durch die Art der Stichprobenerhebung. Man erhält aber beidesmal absolute Häufigkeiten für alle möglichen Ausprägungspaare (z.B. für das Paar (braun, blond)), die meist in einer sogenannten Kontingenztafel notiert werden.

Allein auf der Basis einer Kontingenztafel lässt sich die Stichprobensituation (unverbunden, verbunden) nicht ablesen. Ein Unterschied in den Häufigkeitsverteilungen einer

| Y<br>X | 1 | 2 | 3 | 4 | 5 | 6 | $\sum$ |
|---|---|---|---|---|---|---|---|
| 8 | 1 | 1 | | | | | 2 |
| 9 | 2 | 15 | 39 | 12 | 2 | 1 | 71 |
| 10 | | 1 | 8 | 6 | 5 | 2 | 22 |
| 11 | | | 1 | 1 | 2 | 1 | 5 |
| $\sum$ | 3 | 17 | 48 | 19 | 9 | 4 | 100 |

*Tabelle 14.1.* Kontingenztafel von Abschlusssemester ($X$) und Abschlussnote ($Y$)

Variablen bezüglich der Ausprägungen einer anderen Variablen lässt sich auch als ein Zusammenhang zwischen den Variablen interpretieren.

Dies spiegelt sich auch in der Konstruktion eines $\chi^2$-Tests wieder, vgl. auch Abschnitt 17.2. Berücksichtigt man die beiden unterschiedlichen Stichprobensituationen und die Hypothesen „Die Verteilungen unterscheiden sich nicht" (Homogenitätshypothese) und „Es besteht kein Zusammenhang" (Unabhängigkeitshypothese), so erweist sich in beiden Fällen derselbe Test als geeignet.

## 14.2  Häufigkeitsverteilung

**Beispiel.**  Von zwei Variablen $X$ und $Y$ liegen beobachtete Häufigkeiten aller möglichen Paare von Ausprägungen vor. Stelle die gemeinsame Häufigkeitsverteilung tabellarisch dar.

Wir betrachten zur Illustration das Beispiel aus Fischer (2005, S. 36). Bei $n = 100$ Absolventen eines Studiengangs werden

$$X = \text{Studiendauer in Semestern} \quad \text{und} \quad Y = \text{Abschlussnote}$$

beobachtet. Dabei hat $X$ die möglichen Ausprägungen $a_1 = 8, \ldots, a_4 = 11$ und $Y$ die möglichen Ausprägungen $b_1 = 1, \ldots, b_6 = 6$.

Die absoluten Häufigkeiten $h_{jk}$ für Paare $(a_j, b_k)$ in der Stichprobe können dann in einer Kontingenztafel wie in Abbildung 14.1 dargestellt werden.

### 14.2.1  Kontingenztafel

Zunächst erzeugen wir eine Matrix in der das $(j, k)$-te Element die Häufigkeit für $(a_j, b_k)$ enthält.

```
> x <- c(1,1,0,0,0,0,2,15,39,12,2,1,0,1,8,6,5,2,0,0,1,1,2,1)
> X.Y <- matrix(x, nrow = 4, byrow = TRUE)
```

Die Matrix wird durch Setzen von `byrow = TRUE` *zeilenweise* von links nach rechts aus den Werten des Vektors x aufgebaut, so dass sich insgesamt 4 Zeilen ergeben.

Für Kontingenztafeln kann in R die Datenstruktur `table` verwendet werden. Da wir die Matrix nicht mehr benötigen, verwenden wir für die Kontingenztafel denselben Namen.

```
> X.Y <- as.table(X.Y)
```

Dabei können die Ausprägungen und die zugehörigen Variablen noch geeignet benannt werden.

```
> dimnames(X.Y) <- list(Sem = 8:11, Note = 1:6)
> X.Y
     Note
Sem   1  2  3  4  5  6
  8   1  1  0  0  0  0
  9   2 15 39 12  2  1
  10  0  1  8  6  5  2
  11  0  0  1  1  2  1
```

Damit werden nun die gegebenen Daten durch eine geeignete Datenstruktur repräsentiert. Eine derartige Kontingenztafel enthält in Zelle $(j, k)$ die Häufigkeit $h_{jk}$ mit der die Ausprägung $(a_j, b_k)$ des bivariaten Merkmals $(X, Y)$ beobachtet wurde und stellt damit eine Zusammenfassung des ursprünglichen Datensatzes dar, in dem $(a_j, b_k)$ tatsächlich $h_{jk}$-mal auftaucht.

---

**Beispiel.** Erzeuge für die obige Kontingenztafel `X.Y` einen (fiktiven) ursprünglichen Datensatz der Merkmale `Sem` und `Note`. Wandele dazu zunächst die Kontingenztafel `X.Y` in einen `data.frame` um.

---

Eine Anwendung für den erzeugten Datensatz wird in Abschnitt 17.2 diskutiert. Mit

```
> H <- as.data.frame(X.Y)
```

wird die Kontingenztafel in einen `data.frame` umgewandelt. Die ersten beiden Spalten sind Faktorvariablen mit den Bezeichnungen `Sem` und `Note`. Die dritte Spalte wird automatisch mit `Freq` bezeichnet und enthält als numerischer Vektor jeweils die Häufigkeit für die Kombination der Ausprägungen der beiden Faktoren. Um eine Art Urliste zu rekonstruieren, können nun einfach die Ausprägungen der ersten beiden Spalten getrennt voneinander jeweils mit der zugehörigen Häufigkeit repliziert werden.

```
> X.factor <- rep(H$Sem, H$Freq)
> Y.factor <- rep(H$Note, H$Freq)
```

Man kann diese Faktorvariablen nun noch in numerische Variablen umwandeln.

```
> Sem <- as.numeric(X.factor)
> Note <- as.numeric(Y.factor)
```

Bildet man nun den Datensatz mittels

```
> X.Y.data <- data.frame(Sem = Sem, Note = Note)
```

so enthält er insgesamt 100 Beobachtungen (Zeilen), wobei jede Ausprägungskombination mit der Häufigkeit vorkommt, die in der Kontingenztafel vermerkt ist. Diese lässt sich mit

```
> table(X.Y.data)
```

auch wieder aus dem Datensatz erzeugen.

## 14.2.2 Randverteilungen

Ist die gemeinsame empirische Verteilung einer bivariaten Zufallsvariablen $(X, Y)$ gegeben, so können daraus auch die einzelnen empirischen Verteilungen von $X$ und $Y$ bestimmt werden.

> **Beispiel.** Gib die einzelnen Verteilungen der beiden Variablen $X$ und $Y$ an. Wie verteilen sich die absoluten Häufigkeiten der Abschlussnote in der Stichprobe, wie die Häufigkeiten der Studiendauer?

Wir bestimmen zunächst die Verteilung der Studiendauer, d.h. wir addieren für jede Studiendauer-Ausprägung jeweils die Häufigkeiten über alle Noten. Bezogen auf die von uns gebildete Häufigkeitstabelle bedeutet dies, dass wir für jede Zeile die Summe bestimmen.

```
> apply(X.Y, 1, sum)
 8  9 10 11
 2 71 22  5
```

Dasselbe Resultat erreichen wir auch mit der Funktion `margin.table()`.

```
> margin.table(X.Y, 1)
Sem
 8  9 10 11
 2 71 22  5
```

Analog kann die (Rand-)Verteilung der Abschlussnote bestimmt werden.

## 14.2.3 Relative Häufigkeiten

Kontingenztafeln können anstelle von absoluten auch relative Häufigkeiten beinhalten. Man kann diese verwenden um die Verteilungen einer der beiden Variablen im Hinblick auf die Ausprägungen der anderen Variablen zu untersuchen. Da in den meisten Fällen die Anzahl von Untersuchungseinheiten pro Ausprägung unterschiedlich ist, ist hierfür gerade die Verwendung relativer Häufigkeiten sinnvoll.

> **Beispiel.** Unterscheidet sich die Verteilung der Abschlussnote im Hinblick auf verschiedene Studiendauer-Ausprägungen, sind also die Noten im Abschluss-Semester 8 anders verteilt als im Abschluss-Semester 9, usw. ?

Wir wollen also die Verteilungen der Zeilen in der Kontingenztafel miteinander vergleichen. Da jede Zeile eine unterschiedliche Anzahl von Beobachtungen beinhaltet, teilen wir jede beobachtete Häufigkeit durch ihre Zeilensumme.

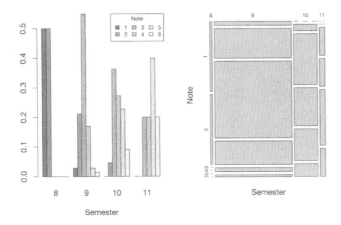

*Abbildung 14.1.* Balkendiagramm und Mosaikdiagramm

```
> Note.pro.Sem <- prop.table(X.Y,1)
> round(Note.pro.Sem,2)
     Note
Sem     1    2    3    4    5    6
   8  0.50 0.50 0.00 0.00 0.00 0.00
   9  0.03 0.21 0.55 0.17 0.03 0.01
  10  0.00 0.05 0.36 0.27 0.23 0.09
  11  0.00 0.00 0.20 0.20 0.40 0.20
```

Diese relativen Häufigkeiten summieren sich in jeder Zeile zu 1. Beispielsweise erhält man für das 9-te Abschluss-Semester mit

```
> Note.in.Sem9 <- Note.pro.Sem["9", ,drop = FALSE]
> round(Note.in.Sem9, 2)
    Note
Sem    1    2    3    4    5    6
  9 0.03 0.21 0.55 0.17 0.03 0.01
```

die Notenanteile. Das Argument `drop = FALSE` wurde hier gesetzt, damit das Ergebnis wieder vom Typ `table` ist. Man sieht, dass diese Verteilung sich recht deutlich von derjenigen des 8-ten Semesters unterscheidet, wobei dort allerdings auch nur 2 Beobachtungen vorliegen.

## 14.3   Grafische Darstellungen

Neben der tabellarischen Darstellung von Häufigkeiten, sind auch grafische Veranschaulichungen möglich.

### 14.3.1  Balkendiagramme

Eine Möglichkeit die Tafel der relativen Häufigkeiten grafisch darzustellen, besteht darin Balkendiagramme zu verwenden. Mit

```
> barplot(t(Note.pro.Sem), xlab = "Semester", main = "",
+ beside = TRUE, legend.text = TRUE,
+ args.legend = list(x = "topright", ncol = 3, title= "Note"))
```

erhält man die linke Grafik aus Abbildung 14.1.

> **Bemerkung.** Mit t() kann eine Matrix oder eine Tafel *transponiert* werden. Das bedeutet, es werden Zeilen und Spalten vertauscht.

Das Transponieren ist hier notwendig, da die Funktion `barplot()` bei Eingabe einer Matrix oder Kontingenztafel automatisch davon ausgeht, dass die Spalten als Höhen der Balken dargestellt werden sollen.

Durch Setzen des Arguments `beside = TRUE` werden die Balkendiagramme nebeneinander gesetzt.

Durch Setzen des Arguments `legend.text = TRUE` wird eine Legende eingefügt. Dabei können über das Argument `arg.legend` sämtliche Argumente der Funktion `legend()` gesetzt werden. Hierfür ist eine Liste zu verwenden, deren Elemente wie die Argumente von `legend()` zu benennen und mit den gewünschten Werten zu versehen sind. Vergleiche auch Abschnitt 20.8 für ein Beispiel zur Anwendung von `legend()`.

### 14.3.2  Mosaikdiagramme

Eine weitere Möglichkeit der grafischen Darstellung ist ein Mosaikdiagramm. Mit

```
> mosaicplot(X.Y, xlab = "Semester", main = "")
```

erhält man die rechte Grafik aus Abbildung 14.1. Hier wird für jede einzelne Zelle der Tafel ein Rechteck gezeichnet. Dabei gilt:

- Die Breite der Rechtecke ist in jeder Spalte gleich. Jede Spalte entspricht einer Ausprägung der Variablen $X$. Die unterschiedlichen Breiten geben die unterschiedlichen Anteile der Ausprägungen an der Variable $X$ wieder.

- Die Höhen der Rechtecke sind nicht notwendig gleich. Sie geben den Anteil der Ausprägungen der Variable $Y$ wieder, aber jeweils bezogen auf die entsprechende Ausprägung von $X$.

Die Grafik eignet sich, um unterschiedliche Verteilungen bzw. mögliche Zusammenhänge zwischen Variablen zu erkennen. Gäbe es keine gravierenden Unterschiede in der Verteilung der Noten pro Abschlusssemester, so müssten die Rechtecke in jeder einzelnen Spalte etwa dieselbe Höhe haben. Dies ist hier aber nicht der Fall, d.h. es lässt sich ein (deutlicher) Zusammenhang zwischen Abschlusssemester und -note erkennen.

# 14.4   Mehrdimensionale Felder

In R gibt es auch die Möglichkeit, mehrdimensionale Felder (arrays) als Datenstruktur zu verwenden.

---
**Beispiel.**   Welche Werte sind in `HairEyeColor` gespeichert?

---

Das 3-dimensionale Feld `HairEyeColor` enthält Daten aus einer Stichprobe (aus dem Jahr 1974) von Studierenden, bei denen die qualitativen Variablen `Hair`, `Eye` und `Sex` festgehalten wurden.

```
> dimnames(HairEyeColor)
$Hair
[1] "Black" "Brown" "Red"    "Blond"

$Eye
[1] "Brown" "Blue"  "Hazel" "Green"

$Sex
[1] "Male"    "Female"
```

---
**Beispiel.**   Wie häufig wird im 3-dimensionalen Feld `HairEyeColor` die Ausprägung (Black, Hazel, Female) beobachtet?

---

Auf einzelne Elemente kann über die übliche Indizierung zugegriffen werden.

```
> HairEyeColor[1,3,2]
[1] 5
```

Die gesuchte Anzahl beträgt also 5.

---
**Beispiel.**   Bestimme die 2-dimensionale Kontingenztafel der Variablen `Hair` und `Eye` aus dem 3-dimensionalen Feld `HairEyeColor`.

---

Zunächst stellt man fest, dass beispielsweise

```
> HairEyeColor[,2,]
       Sex
Hair    Male Female
  Black   11      9
  Brown   50     34
  Red     10      7
  Blond   30     64
```

ein 2-dimensionales Feld für die Festlegung `Eye = Blue` liefert.

Gesucht ist nun also die Summe über diejenigen 2-dimensionalen Felder, die entstehen, wenn die einzelnen Ausprägungen von `Sex` festgehalten werden. Mittels

```
> X <- HairEyeColor[,,1] + HairEyeColor[,,2]
```

erhält man also das Feld, das noch in die entsprechende Kontingenztafel umgewandelt werden kann. Anstatt umständlich „von Hand" zu summieren, kann auch apply() verwendet werden.

```
> X <- apply(HairEyeColor, 1:2, sum)
> X <- as.table(X)
> X
        Eye
Hair     Brown Blue Hazel Green
   Black    68   20    15     5
   Brown   119   84    54    29
   Red      26   17    14    14
   Blond     7   94    10    16
```

Diejenigen Variablen (die erste und die zweite), für die eine 2-dimensionale Tafel erstellt werden soll, werden also im Argument MARGIN von apply() angegeben.

# Kapitel 15

# Statistische Tests

Statistische Hypothesentests sind spezielle Methoden, die Auskunft darüber geben sollen, ob ein bestimmter Unterschied oder Zusammenhang auch statistisch bedeutsam ist oder eher dem Bereich zufälliger Abweichungen zugeordnet werden sollte. Im ersten Fall spricht man dann auch von „statistischer Signifikanz".

Am aussagekräftigsten ist ein Test, wenn zunächst eine Hypothese, die untersucht werden soll, aufgestellt und anschließend ein dazu geeignetes Zufallsexperiment durchgeführt wird. Was unter „geeignet" zu verstehen ist, hängt von der Art der Hypothese ab, aber auch von den Mitteln die zur Verfügung stehen. Das Ziel ist dabei jeweils, die theoretischen Bedingungen, die ein bestimmter statistischer Test fordert, durch das Experiment möglichst gut zu erfüllen.

Liegen die Daten aber bereits vor, so hat man keinen Einfluss auf das zugrunde liegende Zufallsexperiment. In solchen Fällen können statistische Tests trotzdem durchgeführt werden, sollten dann aber eher als „Indizien" und weniger als „signifikante" Aussagen gelten.

## 15.1 Kritische Werte

Im Folgenden soll das Prinzip statistischer Hypothesentests anhand des *Binomialtests* beispielhaft beleuchtet werden.

> **Beispiel.** Ein neues Medikament wird $n = 30$ Patienten verabreicht. Bei 25 Patienten wird ein Heilerfolg verbucht, bei 5 Patienten kein Heilerfolg. Das Medikament soll nur dann eingesetzt werden, wenn die unbekannte Wahrscheinlichkeit $p$ für eine Heilung größer als 0.75 ist. Reicht die beobachtete Anzahl der Heilerfolge für den Einsatz des Medikamentes aus?

Wir können zunächst die unbekannte Wahrscheinlichkeit $p$ durch die relative Häufigkeit der Heilerfolge schätzen.

> 25/30
[1] 0.8333333

Der Schätzwert ist größer als 0.75, d.h. eine erste naive Antwort auf die gestellte Frage fällt positiv aus.

Eine andere Antwort: Unterstelle, dass $p = 0.75$ gilt. Dann sollten im Prinzip in der Stichprobe 3/4 der Personen durch das Medikament geheilt werden, das wären 22 oder 23 Personen. De facto sind damit nur 3 bzw. 2 Personen mehr geheilt worden, als bei $p = 0.75$ zu erwarten wäre. Reicht diese Anzahl aus, um $p > 0.75$ unterstellen zu können, oder liegt diese Zahl im Rahmen der üblichen (zufälligen) Abweichung im Fall $p = 0.75$?

**Bemerkung.** Wir benötigen einen sogenannten *kritischen Wert* für die nötige Anzahl von Heilerfolgen, dessen Überschreitung uns ein einigermaßen sicheres Gefühl bei einer Entscheidung $p > 0.75$ gibt.

Um einen solchen kritischen Wert zu erhalten, wird ein statistisches Modell unterstellt.

**Bemerkung.** Im Folgenden wird angenommen, dass die Heilerfolge sich durch ein *einfaches Binomialmodell*, vgl. Abschnitt 12.3.3, erklären lassen. Damit wird also unterstellt, dass die Anzahl der Heilerfolge binomialverteilt mit Parameter size = 30 und unbekanntem Parameter prob = $p$ ist.

Der kritische Wert wird nun in Anlehnung an die obige Argumentation ermittelt. Angenommen es gilt tatsächlich $p = 0.75$. (Wir wissen dies nicht, da wir die Heilwahrscheinlichkeit des Medikamentes nicht kennen.) Dann ist das 0.95-Quantil der Binomialverteilung gegeben als:

> qbinom(0.95, size = 30, prob = 0.75)
[1] 26

Entsprechend der Definition eines Quantils, vgl. Abschnitt 10.5, wissen wir damit, dass

$$P(X \leq 26) \geq 0.95$$

gilt, falls $X$ binomialverteilt mit Parametern size = 30 und prob = 0.75 ist. Umgekehrt heißt dies

$$\underbrace{1 - P(X \leq 26)}_{=P(X>26)} \leq 0.05 \,,$$

d.h die Wahrscheinlichkeit einen Wert echt größer als 26 zu beobachten ist nicht größer als 0.05. Tritt dieser eher unwahrscheinliche Fall aber ein, d.h. beobachten wir einen Wert 27 oder größer, so spricht dies dafür, dass unsere Annahme $p = 0.75$ vielleicht doch nicht zutrifft, sondern hier $p > 0.75$ gelten könnte. Wir wissen es allerdings auch in diesem Fall nicht definitiv, denn $p$ ist und bleibt unbekannt. Dennoch gibt uns dieser kritische Wert ein recht gutes Gefühl. Bei einer beobachteten Anzahl von 27 oder mehr Heilerfolgen können wir mit einer gewissen Sicherheit von $p > 0.75$ ausgehen.

**Bemerkung.** In dem von uns unterstellten statistischen Modell entscheiden wir uns zugunsten von $p > 0.75$, wenn die beobachtete Anzahl der Heilerfolge echt größer als 26 (kritischer Wert) ist.

## 15.2   P-Werte

Wir können nun aber auch folgende Frage stellen: Angenommen die Anzahl der Heilerfolge ist binomialverteilt mit Parametern `size = 30` und `prob = 0.75`. Wie groß ist dann
überhaupt die Wahrscheinlichkeit dafür, 25 oder noch mehr Heilerfolge zu erhalten, also
echt mehr als 24? Diese können wir leicht bestimmen.

```
> pbinom(24, 30, 0.75, lower.tail = FALSE)
[1] 0.2025981
```

(Vergleiche auch Abschnitt 10.4.3 für die Verwendung des Argumentes `lower.tail`.) Den
so erhaltenen Wert bezeichnet man als *p-Wert*. Er ist hier noch recht groß und besagt,
dass man in 20% der Fälle eine Erfolgszahl von 25 oder größer beobachtet, die auf die
Gültigkeit von $p > 0.75$ hindeuten, obwohl $p = 0.75$ gilt.

```
> pbinom(25:30, 30, 0.75, lower.tail = FALSE)
[1] 0.0978695996 0.0374493257 0.0105958707 0.0019644030 0.0001785821
[6] 0.0000000000
```

Bei Beobachtung von 26 Heilerfolgen ist die Wahrscheinlichkeit für diesen oder einen noch
größeren Wert nur 0.0978695996. Bei Beobachtung von 27 Heilerfolgen, ist die Wahrscheinlichkeit für diesen oder einen noch größeren Wert nur 0.0374493257. Dieser Wert
ist kleiner als 0.05, was häufig als Grenzwert für p-Werte gilt. Somit kommen wir hier zu
derselben Antwort wie oben.

**Bemerkung.** Im unterstellten statistischen Modell ist der p-Wert kleiner oder gleich
0.05, wenn die Anzahl der Heilerfolge echt größer als 26 ist.

## 15.3   Der Binomialtest

Die obige Vorgehensweise entspricht einem statistischen Hypothesentest. Getestet wird
dabei die *Nullhypothese*
$$H_0 : p = 0.75$$
gegen die *Alternativhypothese*

$$H_1 : p > 0.75 \,.$$

Dabei ist $p$ die unbekannte Heilwahrscheinlichkeit des Medikamentes. Als *Teststatistik*
wird hier die Anzahl der Heilerfolge verwendet, wobei unterstellt wird, dass diese Anzahl
binomialverteilt ist. Dieselbe Vorgehensweise wird auch für das Testproblem

$$H_0 : p \le 0.75 \quad \text{versus} \quad H_1 : p > 0.75$$

verwendet.

### 15.3.1   Der Binomialtest als R-Objekt

In R kann ein solcher Test mit der Funktion `binom.test()` durchgeführt werden. Wir
wenden den Test für die beobachtete Anzahl von x = 25 Heilerfolgen an.

```
> med <- binom.test(x = 25, n = 30, p = 0.75, alternative = "greater")
> med

        Exact binomial test

data:  25 and 30
number of successes = 25, number of trials = 30, p-value
= 0.2026
alternative hypothesis: true probability of success is greater than 0.75
95 percent confidence interval:
 0.6810288 1.0000000
sample estimates:
probability of success
              0.8333333
```

Das Argument `alternative = "greater"` gibt die Form der Alternativhypothese an. Von Interesse ist bei dieser Antwort der Konsole an erster Stelle der ausgegebene p-Wert. Wie bereits oben berechnet, liefert die Funktion in diesem Fall einen p-Wert von 0.2026:

```
> med$p.value
[1] 0.2025981
```

Das R-Objekt `med` ist eine Liste auf deren Elemente wie üblich zugegriffen werden kann. Welche Elemente die Liste enthält, kann auf der Hilfeseite von `binom.test()` nachgesehen werden.

## 15.4   Statistische Hypothesentests

**Bemerkung.** Ein statistisches *Testproblem* ist ein Entscheidungsproblem mit zwei möglichen Entscheidungen. Entschieden wird entweder zugunsten der *Nullhypothese* $H_0$ oder zugunsten der *Alternativhypothese* $H_1$ auf der Basis von Beobachtungen, die zufälligen Einflüssen ausgesetzt sind. Keine getroffene Entscheidung kann mit Gewissheit als richtig gelten.

Für die Interpretation der Computerausgabe eines statistischen Tests ist es in jedem Fall wichtig, Null- und Alternativhypothese zu kennen. Bei obigem Test können Alternativhypothesen der Form

| alternative | "two.sided" | "less" | "greater" |
|-------------|-------------|--------|-----------|
| $H_1$ | $p \neq 0.75$ | $p < 0.75$ | $p > 0.75$ |

getestet werden.

**Bemerkung.** Statistische Tests basieren auf *Teststatistiken.* Das sind aus den Daten berechenbare Kenngrößen, die in der mathematischen Statistik als Zufallsvariablen aufgefasst werden. Sie werden entsprechend zweier wichtiger Eigenschaften entwickelt.

*Kenngrößen-Eigenschaft:* Die Teststatistik wird so entwickelt, dass die Größenordnung ihres aus den Daten berechneten Wertes als sinnvoller Anhaltspunkt dafür gelten kann, ob die Null- oder die Alternativhypothese zutrifft.

| | | Entscheidung | |
|---|---|---|---|
| | | für $H_0$ | gegen $H_0$ |
| Zutreffend | $H_0$ | kein Fehler | Fehler 1. Art |
| | $H_1$ | Fehler 2. Art | kein Fehler |

*Tabelle 15.1.* Fehlertypen bei statistischen Hypothesentests

*Zufallsvariablen-Eigenschaft:* Die Teststatistik (also die Kenngröße, aufgefasst als Zufallsvariable) wird so entwickelt, dass ihre Verteilung unter der Nullhypothese $H_0$, in manchen Fällen zumindest approximativ, bekannt ist. Dies ermöglicht die Berechnung kritischer Werte oder p-Werte.

In unserem obigen Fall ist die Teststatistik einfach die beobachtbare Anzahl der Heilerfolge. Je größer sie ist, umso eher spricht dies für die Alternativhypothese. Fasst man die einzelnen Heilerfolge bei den Patienten als unabhängige Bernoulli-Experimente mit derselben Heilwahrscheinlichkeit $p$ auf, ist die Annahme der Binomialverteilung gerechtfertigt.

**Bemerkung.** Gegeben ist eine Teststatistik und ein beobachteter Wert $t$ der Teststatistik. Der *p-Wert* kann durch die folgende Vorgehensweise gewonnen werden:

(a) Unterstelle, dass die Nullhypothese $H_0$ korrekt ist

und bestimme unter dieser Annahme

(b) die Wahrscheinlichkeit dafür, dass die Teststatistik entweder den Wert $t$ oder weitere Werte annimmt, die ausgehend von $t$ genauso oder noch stärker für die Alternativhypothese $H_1$ sprechen.

Von Interesse ist nur, ob ein p-Wert klein genug ist oder nicht. Übliche Grenzwerte $\alpha$ für den p-Wert sind

$$\alpha = 0.01, \quad \alpha = 0.05, \quad \alpha = 0.1 .$$

Ist der p-Wert z.B. kleiner oder gleich $\alpha = 0.05$, so entscheidet man sich zugunsten von $H_1$. Es wird gesagt: „Die Alternativhypothese $H_1$ ist zum Niveau $\alpha = 0.05$ statistisch gesichert." Man geht dann davon aus, dass die Wahrscheinlichkeit sich irrtümlich für $H_1$ zu entscheiden, obwohl $H_0$ doch zutrifft (Fehler 1.Art) höchstens 0.05 beträgt.

Ist der p-Wert nicht klein, so fällt die Entscheidung zugunsten der Nullhypothese $H_0$ aus. Allerdings gilt die Nullhypothese dann *nicht* als statistisch gesichert. Es wird gesagt: „Die Nullhypothese $H_0$ kann nicht abgelehnt werden."

**Bemerkung.** Die *korrekte* Durchführung eines statistischen Hypothesentests zu einem Niveau $\alpha$ erfordert das Festlegen eines spezifischen Wertes $\alpha$ *vor* der Berechnung eines p-Wertes.

## 15.4.1   Fehler 1. und 2. Art

Auch nach der Durchführung eines statistischen Experimentes bleibt der Parameter, für den wir uns interessieren, unbekannt. Treffen wir eine Entscheidung zugunsten oder gegen $H_0$, so ist es also, je nach dem tatsächlichen Wert des Parameters, stets möglich, dass wir eine Fehlentscheidung getroffen haben. Entsprechend Tabelle 15.1 spricht man von einem Fehler 1. und 2. Art.

Im Fall des Binomialtests ist die Berechnung des Fehlers 2. Art für gegebene $\alpha \in (0,1)$, $n \in \mathbb{N}$ und $p \in (0.75, 1)$ im Prinzip möglich, da wir in dem unterstellten einfachen Binomialmodell die Verteilung der Teststatistik (Anzahl der Heilerfolge) sowohl bei Gültigkeit von $H_0$ als auch bei Gültigkeit von $H_1$ kennen.

Setzen wir beispielsweise $\alpha = 0.05$, $n = 30$ und $p = 0.85$, so berechnet sich die Wahrscheinlichkeit dafür, $H_0$ beizubehalten zu

```
> pbinom(26, 30, 0.85)
[1] 0.6783401
```

Obwohl also $H_0$ nicht korrekt ist, ist in diesem Fall die Wahrscheinlichkeit sich trotzdem für $H_0$ zu entscheiden etwa gleich 0.68 und damit recht hoch.

### Zusammenhang mit dem Stichprobenumfang

> **Beispiel.**   Angenommen im obigen Beispiel wird das Medikament nicht nur 30, sondern $n = 100$ Patienten verabreicht. Bestimme den kritischen Wert des Binomialtests für das Testproblem $H_0 : p = 0.75$ gegen $H_1 : p > 0.75$ zum Niveau $\alpha = 0.05$ anhand der p-Werte. Berechne anschließend die Wahrscheinlichkeit für den Fehler 2. Art, wenn $p = 0.85$ gilt.

Zunächst gehen wir davon aus, dass der kritische Wert eine Zahl zwischen 50 und 100 ist.

```
> crit <- 50:100
```

Nun bestimmen wir für jeden dieser Werte den p-Wert des zugehörigen Binomialtests.

```
> crit.p <- function(x){
+ binom.test(x, n = 100, p = 0.75, alternative = "greater")$p.value
+ }
> crit.pvalue <- sapply(crit, crit.p)
```

Der gesuchte kritische Wert ist der größtmögliche Wert im Vektor `crit`, für den der zugehörige p-Wert in `crit.pvalue` immer noch echt größer als $\alpha = 0.05$ ist.

```
> pos <- max(which(crit.pvalue > 0.05))
> crit[pos]
[1] 82
```

Denselben kritischen Wert erhält man im übrigen auch mittels

```
> qbinom(0.95, 100, 0.75)
[1] 82
```

Die Testprozedur zum Niveau $\alpha = 0.05$ lautet damit also: Lehne $H_0$ ab, falls die beobachtete Anzahl von Heilerfolgen echt größer als 82 ist. Nach unseren obigen Ausführungen ist die gesuchte Wahrscheinlichkei für den Fehler 2. Art dann gegeben als

```
> pbinom(82, 100, 0.85)
[1] 0.2367231
```

Sie ist hier deutlich geringer als im obigen Fall $n = 30$, d.h die Wahrscheinlichkeit sich bei dieser Testprozedur für $H_0$ zu entscheiden, obwohl eigentlich $H_1$ mit $p = 0.85$ gültig ist, liegt nur bei etwa 0.24.

Im Prinzip können derartige Überlegungen auch genutzt werden, um einen geeigneten Stichprobenumfang $n$ bei der Durchführung einer Studie zu bestimmen. Dafür, ist es notwendig ein Niveau $\alpha$ festzulegen und zudem eine Vorgabe für den gewünschten Fehler 2. Art für einen bestimmten Wert des Parameters $p$ zu machen. Eine Diskussion hinsichtlich der Wahl von Stichprobenumfängen bei verschiedenen statistischen Hypothesentests wird in Dalgaard (2008, Kapitel 8) gegeben.

**Bemerkung.** Für sehr große Stichprobenumfänge $n$ kann die Wahrscheinlichkeit für den Fehler 2. Art bereits dann sehr klein werden, wenn nur eine geringe Abweichung von $H_0$ vorliegt. Ob eine derartige geringe Abweichung dann aber auch eine inhaltliche Bedeutung hat, kann gegebenenfalls bezweifelt werden. Statistische und substanzielle Signifikanz sind damit nicht notwendig deckungsgleich.

## 15.4.2   Simulationen

Nicht jede statistische Testprozedur erlaubt es, Wahrscheinlichkeiten für den Fehler 2. Art ohne Weiteres zu bestimmen. In solchen Fällen werden häufig aufwändige Simulationen durchgeführt. Wir betrachten zur Veranschaulichung im Folgenden nur ein kleines Beispiel, dass keine präzisen Schlussfolgerungen erlaubt.

---

**Beispiel.**   Erzeuge jeweils 1000 unabhängige Beobachtungen aus einer Binomialverteilung

(a) mit Parametern `size` = 30 und `prob` = 0.75;

(b) mit Parametern `size` = 30 und `prob` = 0.85.

Berechne in beiden Fällen für jede Beobachtung den p-Wert eines Binomialtests für das Testproblem

$$H_0 : \texttt{prob} = 0.75 \quad \text{versus} \quad H_1 : \texttt{prob} > 0.75 \,.$$

Bestimme getrennt für die Fälle (a) und (b) die Anzahl der Ablehnungen von $H_0$ zum Niveau $\alpha = 0.05$.

---

Zunächst erzeugen wir Beobachtungen für die Fälle (a) und (b).

```
> n.sim <- 1000
> n <- 30
> set.seed(1)
> x.a <- rbinom(n.sim, n, p = 0.75)
> x.b <- rbinom(n.sim, n, p = 0.85)
```

Die Bestimmung der p-Werte soll mit Hilfe der Funktion `binom.test()` erfolgen. Da wir nur an den p-Werten interessiert sind, definieren wir wieder eine Hilfsfunktion, die diesen extrahiert.

```
> binom.p <- function(x, ...){
+ binom.test(x, p = 0.75, alternative = "greater", ...)$p.value
+ }
```

Durch die Verwendung der ... Notation (man schreibt drei Punkte direkt hintereinander) können wir unsere Hilfsfunktion mit Argumenten aufrufen, die in der Funktion `binom.test()` beschrieben sind. Diese Vorgehensweise ist sinnvoll, wenn wir dieselbe Untersuchung noch für einen anderen Wert n durchführen wollen.

```
> pval.a <- sapply(x.a, binom.p, n = n)
> pval.b <- sapply(x.b, binom.p, n = n)
```

Der Vektor `pval.a` enthält nun als $i$-tes Element den p-Wert des Tests, der zum $i$-ten Element in `x.a` gehört. Die Nullhypothese wird zum Niveau $\alpha = 0.05$ abgelehnt, wenn der p-Wert kleiner oder gleich $\alpha$ ist.

**Fehler 1. Art.** In Fall (a) ist die Nullhypothese $H_0 : p = 0.75$ korrekt, d.h. eine Ablehnung von $H_0$ ist falsch.

```
> sum(pval.a <= 0.05)
[1] 33
```

Es wird also in 33 von 1000 Fällen zugunsten von $H_1$ entschieden, d.h. ein Fehler 1.Art begangen. Dieser Anteil ist nicht größer als 0.05, der Test verhält sich also wie vorgesehen.

**Fehler 2. Art.** In Fall (b) ist die Nullhypothese $H_0 : p = 0.75$ nicht korrekt, d.h. ein Beibehalten von $H_0$ ist falsch.

```
> sum(pval.b <= 0.05)
[1] 337
```

Es wird nur in 337 von 1000 Fällen zugunsten von $H_1$ entschieden. Anders ausgedrückt wird $H_0$ in 663 von 1000 Fällen irrtümlich beibehalten, d.h. ein Fehler 2. Art begangen. Die relative Häufigkeit von 0.663 stimmt also mit der oben berechneten Wahrscheinlichkeit von 0.68 beinahe überein.

# Kapitel 16

# Ein- und Zwei-Stichprobentests

Wichtige Kennzeichen von statistischen Variablen sind ihr Erwartungswert und ihre Varianz, die aber im Allgemeinen unbekannt sind. Kann man beobachtete Werte als unabhängige Realisationen einer Zufallsvariablen (Ein-Stichproben Modell) auffassen, so interessiert man sich häufig für die Frage, ob der (unbekannte) erwartete Wert dieser Zufallsvariablen statistisch bedeutsam von einem vorgegeben Sollwert abweicht oder nicht. Im Zwei-Stichproben Fall ist meist die Frage von Interesse, ob sich die Erwartungswerte zweier Variablen statistisch bedeutsam unterscheiden.

Unter bestimmten Annahmen an die zugrunde liegenden Verteilungen können Kenngrößen entwickelt werden, deren Verteilung unter einer aufgestellten Nullhypothese bekannt ist, so dass darauf basierende statistische Hypothesentests durchgeführt werden können.

## 16.1 Der $t$-Test

Der $t$-Test ist eine statistische Testprozedur, um Hypothesen über Erwartungswerte *normalverteilter* Variablen zu überprüfen. Dabei sind verschiedene Ein- und Zwei-Stichproben Varianten möglich, die im Folgenden beschrieben werden und in R alle mit der Funktion `t.test()` abgehandelt werden können.

### 16.1.1 Der Ein-Stichproben Fall

Für die Beobachtungen $x_1, \ldots, x_n$ einer quantitativen Variablen $X$ wird unterstellt, dass die Annahmen eines Ein-Stichprobenmodells, vgl. Kapitel 12, als erfüllt angesehen werden können. Zudem wird davon ausgegangen, dass die Beobachtungen aus einer Normalverteilung mit nicht bekannten Parametern $\mu$ und $\sigma$ stammen (Ein-Stichproben Normalverteilungsmodell).

---

**Beispiel.** Eine Maschine schneidet Papierbögen mit einer vorgegebenen Ideal-Länge von $\mu_0 = 205$ mm, wobei kleine Abweichungen vorkommen können. Um zu überprüfen, ob die Ideal-Länge im Erwartungswert eingehalten wird, werden $n = 12$ Bögen zufällig entnommen und ihre Länge nachgemessen. Es ergeben sich die Werte 204.8, 205.1, 204.7, 205.5, 205.1, 204.8, 205.1, 205.2, 205.2, 204.9, 205.5, 205.1.

Zur Anwendung des $t$-Tests wird nun unterstellt, dass die Beobachtungen unabhängig voneinander aus derselben Normalverteilung mit unbekannten Parametern $\mu$ und $\sigma$ stammen. Das Entscheidungsproblem stellt sich als zweiseitiges Testproblem

$$H_0 : \mu = \mu_0 \quad \text{gegen} \quad H_1 : \mu \neq \mu_0 \quad \text{mit } \mu_0 = 205$$

dar. Die Kenngröße

$$t = \frac{\overline{x} - \mu_0}{s_x/\sqrt{n}},$$

misst die Abweichung des arithmetischen Mittels $\overline{x}$ von $\mu_0$. Sehr große und sehr kleine Werte von $t$ sprechen für die Alternativhypothese.

**Satz.** Die Teststatistik $t$ (aufgefasst als Zufallsvariable) ist im Ein-Stichproben Normalverteilungsmodell im Fall $\mu = \mu_0$ zentral $t$-verteilt mit $n - 1$ Freiheitsgraden.

Damit liegen die Voraussetzungen vor, um einen $t$-Test durchführen zu können. Wir berechnen zunächst den Wert der Teststatistik.

```
> x <- c(204.8, 205.1, 204.7, 205.5, 205.1, 204.8, 205.1,
+ 205.2, 205.2, 204.9, 205.5, 205.1)
> n <- length(x)
> t <- (mean(x)- 205)/(sd(x)/sqrt(n))
> t
[1] 1.130960
```

Nun bestimmen wir den p-Wert. Dazu müssen wir zunächst überlegen, welche Werte, ausgehend von dem berechneten Wert $t$ noch deutlicher für die Alternativhypothese sprechen. Dies sind alle Werte größer als $t$ aber auch kleiner als $-t$, da bei diesem Testproblem Abweichungen in beide Richtungen gleich gewertet werden. Die zugehörigen Wahrscheinlichkeiten können bei unterstellter Gültigkeit von $H_0$ aus der (zentralen) $t$-Verteilung mit $n - 1$ Freiheitsgraden berechnet werden.

```
> pt(t, df = (n-1), lower.tail = FALSE) + pt(-t, df = (n-1))
[1] 0.2821272
```

Damit stellen wir also keine bedeutsame Abweichung von der Nullhypothese fest. Deutlich komfortabler können wir dasselbe auch mit der Funktion `t.test()` erreichen.

```
> t.test(x, mu = 205)

        One Sample t-test

data:  x
t = 1.131, df = 11, p-value = 0.2821
...
```

Das Argument `alternative` braucht in diesem Fall nicht gesetzt werden, da es bereits mit `"two.sided"` voreingestellt ist.

## 16.1.2 Verbundene Stichproben

Liegen zwei Stichproben vor, so ist bei der Anwendung des *t*-Tests zunächst zu unterscheiden, ob es sich um den unverbundenen oder den verbundenen Fall handelt.

Bei verbundenen Stichproben werden $n$ unabhängige Beobachtungspaare $(x_i, y_i)$ für $i = 1, \ldots, n$ jeweils an *derselben* $i$-ten Untersuchungseinheit erhoben

> **Bemerkung.** Eine typische Anwendung für einen **gepaarten *t*-Test** liegt dann vor, wenn $X$ eine Variable unter Berücksichtigung/Einwirkung eines bestimmten Umstandes/Ereignisses und $Y$ dieselbe Variable unter Berücksichtigung eines weiteren Umstandes bezeichnen und beide jeweils an denselben Untersuchungseinheiten beobachtet werden, wobei die Beobachtungspaare selbst als unabhängig voneinander angesehen werden können.

Von Interesse ist in diesem Fall, ob den verschiedenen Ereignissen ein statistisch bedeutsamer Unterschied im Erwartungswert der Variablen entspricht oder nicht.

Formal lässt sich diese Situation auf den Ein-Stichproben Fall zurückführen, wenn man Differenzen

$$d_i = x_i - y_i$$

bildet und diese als unabhängige Beobachtungen aus einer Normalverteilung mit unbekannten Parametern $\mu_d$ und $\sigma_d$ ansieht. Von Interesse ist dann ein Testproblem mit Nullhypothese

$$\mathrm{H}_0 : \mu_d = \mu_0$$

für ein gegebenes $\mu_0$, in den meisten Fällen $\mu_0 = 0$. Es gibt damit zwei Möglichkeiten einen solchen Test mit der Funktion `t.test()` durchzuführen. Entweder man bildet selbst Differenzen und führt `t.test()` für die so erzeugte Stichprobe durch, oder man verwendet beide Stichproben mit `t.test()` und setzt außerdem das Argument `paired = TRUE`. Ein Beispiel hierfür wird in Abschnitt 16.1.4 gegeben.

## 16.1.3 Unverbundene Stichproben

Im Fall unverbundener Stichproben liegen möglicherweise unterschiedliche Anzahlen von unabhängigen Beobachtungen $x_1, \ldots, x_n$ und $y_1, \ldots y_m$ zweier Variablen $X$ und $Y$ vor, die im Allgemeinen dieselbe Bedeutung haben.

> **Bemerkung.** Eine typische Anwendung für einen **nicht-gepaarten *t*-Test** liegt vor, wenn $X$ eine Variable in Gruppe A und $Y$ dieselbe Variable in Gruppe B bezeichnen und beide jeweils unabhängig voneinander an verschiedenen Untersuchungseinheiten beobachtet werden.

Von Interesse ist in diesem Fall, ob es einen statistisch bedeutsamen Unterschied in den Erwartungswerten in beiden Gruppen gibt.

### Gleiche Varianzen

Im Fall unverbundener Stichproben wird davon ausgegangen, dass die $x_1, \ldots, x_n$ aus einer Normalverteilung mit Parametern $\mu_1$ und $\sigma$ und die $y_1, \ldots, y_m$ aus einer Normalverteilung mit Parametern $\mu_2$ und $\sigma$ stammen und sämtliche Beobachtungen als unabhängig voneinander angesehen werden können.

In dem Fall interessiert man sich für eine Nullhypothese der Form

$$H_0 : (\mu_1 - \mu_2) = \mu_0 \,,$$

wobei $\mu_0$ ein vorgegebener Wert ist (oft $\mu_0 = 0$), während $\mu_1$ und $\mu_2$ unbekannt sind. Die für den $t$-Test verwendete Kenngröße ist

$$t = \sqrt{\frac{n\,m}{n+m}} \frac{(\overline{x} - \overline{y}) - \mu_0}{\sqrt{\frac{1}{n+m-2}\left((n-1)s_x^2 + (m-1)s_y^2\right)}} \,.$$

Die entsprechende Teststatistik ist unter den obigen Annahmen und bei unterstellter Gültigkeit von $H_0$ zentral $t$-verteilt mit $n + m - 2$ Freiheitsgraden.

Dieser Fall wird mit Hilfe der Funktion `t.test()` durch Setzen von `var.equal = TRUE` erreicht. Das Argument `paired` ist per Voreinstellung bereits auf `FALSE` gesetzt.

### Ungleiche Varianzen

In der obigen Situation wird unterstellt, dass der Parameter $\sigma$, also die Standardabweichung und damit die Varianz der zugehörigen Zufallsvariablen, in beiden Normalverteilungen identisch ist. Dies ist aber in den meisten Fällen unrealistisch. Lässt man zwei möglicherweise verschiedene Parameter $\sigma_1$ und $\sigma_2$ zu, so wird ein approximativer $t$-Test (Welch-Approximation) verwendet, der auf der Kenngröße

$$t = ((\overline{x} - \overline{y}) - \mu_0) \Big/ \sqrt{\frac{s_x^2}{n} + \frac{s_y^2}{m}}$$

beruht. Die zugehörige Teststatistik wird unter $H_0$ als approximativ zentral $t$-verteilt mit

$$\nu = \left(\frac{s_x^2}{n} + \frac{s_y^2}{m}\right)^2 \Big/ \left(\frac{s_x^4}{n^2(n-1)} + \frac{s_y^4}{m^2(m-1)}\right)$$

Freiheitsgraden angesehen. Die Zahl $\nu$ muss nicht notwendig ganzzahlig sein.

Per Voreinstellung geht die Funktion `t.test()` im Zwei-Stichprobenfall von unverbundenen Stichproben (`paired = FALSE`) und möglicherweise ungleichen Varianzen (`var.equal = FALSE`) aus.

### 16.1.4  Anwendungsbeispiele

Anhand des Datensatzes `survey` aus dem Paket `MASS` erläutern wir im Folgenden eine mögliche Anwendung von gepaartem und nicht-gepaartem $t$-Test. Dabei ist zu beachten, dass wir statistische Hypothesentests hier als datenanalytische Hilfsmittel auffassen und nicht zum Zweck statistischer Beweisführung hinsichtlich in vorhinein festgelegter Untersuchungsziele verwenden wollen.

Ein gepaarter *t*-Test

> **Beispiel.** Der Datensatz `survey` aus dem Paket `MASS` enthält die Antworten von
> 237 Studierenden auf verschiedene Fragen. Unter anderem wurde die Spannweite
> der Schreibhand `Wr.hnd` und die Spannweite der Nicht-Schreibhand `NW.hnd` in cm
> abgefragt. Gibt es einen bedeutsamen Unterschied in der Spannweite?

Da in diesem Fall die Variable „Spannweite der Hand" an derselben Untersuchungseinheit
bezogen auf die Umstände „Schreibhand" und „Nicht-Schreibhand" abgefragt wird, ist ein
gepaarter *t*-Test sinnvoll.

```
> library(MASS)
> x <- survey$Wr.Hnd
> y <- survey$NW.Hnd
> t.test(x, y, paired = TRUE)


        Paired t-test

data:  x and y
t = 2.1268, df = 235, p-value = 0.03448
alternative hypothesis: true difference in means is not equal to 0
95 percent confidence interval:
 0.006367389 0.166513967
sample estimates:
mean of the differences
           0.08644068
```

Anhand des p-Wertes ergibt sich also offenbar zum Niveau $\alpha = 0.05$ ein bedeutsamer
Unterschied. Würde man das Argument `paired` hier nicht setzen, so erhielte man ein
völlig anderes Ergebnis.

```
> t.test(x, y)$p.value
[1] 0.625666
```

Wie bereits erläutert, ist es hier allerdings nicht sinnvoll von einer Unabhängigkeit von
x und y auszugehen.

Test Voraussetzungen

Gibt es also tatsächlich einen bedeutsamen Unterschied in der Spannweite? Schaut man
sich das 0.95-Konfidenzintervall für die Differenz an, so ergeben sich Zweifel. Würde das
Intervall tatsächlich die (unbekannte) erwartete Differenz überdecken, so läge sie nur in
dem sehr kleinen Bereich zwischen 0.006 cm und 0.17 cm. Die Messungen selbst sind nur
bis auf 1/10 cm genau, wobei auch die Umstände der Messung nicht näher bekannt sind.

Betrachtet man weiterhin die tatsächlichen Differenzen

```
> d <- x - y
> median(d, na.rm = TRUE)
[1] 0
```

so liegt der Median genau bei 0. Die Variable d weist eine hohe Anzahl gebundener Werte auf, wobei es außerdem eine Beobachtung (Nummer 3) gibt, die einen sehr großen Wert von 4.7 cm aufweist. Dieser Wert liegt auch recht weit von den übrigen Werten entfernt und spricht als Ausreißer gegen die Annahme der Normalverteilung der Differenzen. Lässt man diese Beobachtung weg und führt den $t$-Test erneut durch, ergibt sich:

```
> t.test(d[-3])

        One Sample t-test

data:  d[-3]
t = 1.8693, df = 234, p-value = 0.06283
alternative hypothesis: true mean is not equal to 0
95 percent confidence interval:
 -0.003604661  0.137221682
sample estimates:
 mean of x
0.06680851
```

Dasselbe Ergebnis liefert der Aufruf

```
> t.test(x[-3], y[-3], paired = TRUE)
```

Der p-Wert ist nicht mehr kleiner als $\alpha = 0.05$, aber immerhin noch kleiner als $\alpha = 0.1$. Das 0.95-Konfidenzintervall deutet allerdings noch weniger als oben auf einen bedeutsamen Unterschied hin.

Ein Zeichen-Test

Die Ergebnisse lassen es insgesamt ratsam erscheinen, dass wir uns der Frage etwas vorsichtiger nähern, und anstelle der im Vektor d enthaltenen tatsächlichen Differenzen vielleicht nur positive und negative Abweichungen von der 0 in Betracht ziehen sollten. Das heißt, anstelle der eigentlichen Werte in d betrachten wir nur positive und negative Vorzeichen. Werte gleich 0 und fehlende Werte ignorieren wir. Die Vorzeichen der Elemente eines Vektors erhalten wir mit Hilfe der Funktion sign().

```
> d.neg <- sum(sign(d) == -1, na.rm = TRUE)
> d.pos <- sum(sign(d) == +1, na.rm = TRUE)
```

Bezeichnen wir dann mit $p$ die (unbekannte) Wahrscheinlichkeit für ein positives Vorzeichen, so kann mit Hilfe eines Binomialtests die Nullhypothese $H_0 : p = 0.5$ überprüft werden.

```
> binom.test(d.pos, n = (d.neg + d.pos))

        Exact binomial test

data:  d.pos and (d.neg + d.pos)
number of successes = 102, number of trials = 195, p-value =
0.5668
...
```

Obwohl die Anzahl positiver Differenzen also etwas höher als die Anzahl negativer Differenzen ist, kann auf der Basis dieses p-Wertes nicht von einem bedeutsamen Unterschied ausgegangen werden. Diese Vorgehensweise entspricht derjenigen eines sogenannten einfachen *Zeichen-Tests*.

Als Fazit kann festgehalten werden, dass trotz kleiner p-Werte des $t$ Tests ein möglicher Unterschied in der Spannweite zwischen Schreibhand und Nicht-Schreibhand auf der Basis der vorliegenden Daten fraglich bleibt.

**Ein nicht-gepaarter $t$-Test**

> **Beispiel.** Gibt es in der Spannweite der Schreibhand `Wr.hnd` einen Unterschied im Hinblick auf das Geschlecht?

Da weibliche Studierende im Schnitt wohl kleiner als männliche Studierende sind, sollte sich dies auch in der Spannweite der Hände wiederspiegeln. Zeichnet man zunächst einen vergleichenden Boxplot der Werte, so zeigt sich auch ein deutlicher Lageunterschied der Verteilungen.

```
> sex <- survey$Sex
> boxplot(x ~ sex)
```

Ein nicht-gepaarter $t$-Test in der voreingestellten Variante mit ungleichen Varianzen bestätigt dies. Für die Anwendung von `t.test()` kann ebenfalls die Modellformel verwendet werden.

```
> t.test(x ~ sex)

        Welch Two Sample t-test

data:  x by sex
t = -10.6187, df = 215.265, p-value < 2.2e-16
alternative hypothesis: true difference in means is not equal to 0
95 percent confidence interval:
 -2.544482 -1.747753
sample estimates:
mean in group Female    mean in group Male
         17.59576             19.74188
```

Würde das 0.95-Konfidenzinterval tatsächliche die (unbekannte) erwartete Differenz in der Spannweite überdecken, so läge sie zwischen -2.54 cm und -1.75 cm.

## 16.2 Der Wilcoxon-Test

Ein einfacher Zeichentest, wie wir ihn oben selbst konstruiert haben, verwendet nicht die tatsächlich beobachteten Werte, sondern nur ihre Vorzeichen. Der reduzierte Informationsgehalt geht in vielen Fällen mit einer Reduktion der Anforderungen an die Verteilung der Stichprobenvariablen einher. Im obigen Fall haben wir nicht nur einen Ausreißer vorliegen, sondern der Vektor der Differenzen d weist auch sehr viele Bindungen auf, so dass diese Variable de facto eher einen diskreten als einen stetigen Charakter besitzt und eine Normalverteilungsannahme daher zumindest fraglich ist.

Eine weniger deutliche Reduktion an Informationen ergibt sich, wenn man anstelle der tatsächlichen Werte ihre Ränge betrachtet. Entsprechende Alternativen zu den verschiedenen $t$-Test Varianten sind die Wilcoxon-Tests, die in R mit der Funktion `wilcox.test()` analog zur Funktion `t.test()` verwendet werden können.

## 16.2.1   Der Ein-Stichproben Fall

Für die Beobachtungen $x_1, \ldots, x_n$ einer quantitativen Variablen $X$ wird unterstellt, dass die Annahmen eines Ein-Stichproben Modells, vgl. Kapitel 12, als erfüllt angesehen werden können. Zudem wird davon ausgegangen, dass der unbekannte Parameter $\mu$ der Median einer symmetrischen Verteilung der Stichprobenvariablen ist und die zugehörige Verteilungsfunktion stetig ist.

Die Teststatistik des *Wilcoxon Vorzeichen-Rangtests* wird folgendermaßen gebildet. Bestimme $z_i = x_i - \mu_0$, $i = 1, \ldots, n$. (Entferne gegebenenfalls alle Werte $z_i = 0$.) Sortiere die Beträge $|z_i|$ aufsteigend und bestimme die Platznummer $R(|z_i|)$, die $|z_i|$ einnimmt (Absolutrang). Die Teststatistik $V$ ist die Summe aller $R(|z_i|)$ für die $z_i$ ein positives Vorzeichen (signierter Rang) hat.

Die Verteilung der Teststatistik $V$ unter $H_0$ ist diskret und kann im Prinzip durch Auszählen bestimmt werden. Sie kann ganzzahlige Werte zwischen 0 und $\sum_{i=1}^{n} i = n(n+1)/2$ annehmen und ist symmetrisch. Diese Verteilung kann in R mit den unter `SignRank` beschriebenen Funktionen behandelt werden.

Der p-Wert wird auf der Basis der Funktion `psignrank()` berechnet, falls das Argument `exact = TRUE` gesetzt ist. Dies wird intern automatisch immer dann gesetzt, wenn $n < 50$ ist. Trotzdem wird die Verteilungsfunktion `psignrank()` tatsächlich nur dann verwendet, wenn keine der Differenzen $z_i$ gleich 0 ist und keine Bindungen bei der Berechnung der Ränge auftauchen.

In allen anderen Fällen wird der p-Wert auf der Basis einer transformierten Teststatistik mit Hilfe der Verteilungsfunktion `pnorm()` bestimmt. Zusätzlich wird dabei eine Stetigkeitskorrektur durchgeführt, die über das Setzen von `correct = FALSE` aber auch ausgeschaltet werden kann.

Der Fall zweier verbundener Stichproben wird analog zum $t$-Test durch Bildung von Differenzen auf den Ein-Stichproben Fall zurückgeführt. Für das Beispiel aus Abschnitt 16.1.4 ergibt sich

```
> wilcox.test(x, y, paired = TRUE)

        Wilcoxon signed rank test with continuity correction

data:  x and y
V = 10919, p-value = 0.08225
alternative hypothesis: true location shift is not equal to 0
```

Im Unterschied zu dem entsprechenden $t$-Test wird also ein p-Wert größer als $\alpha = 0.05$

ausgegeben. Zu beachten ist weiterhin, dass die empirische Verteilung von x - y nicht symmetrisch ist, sondern (insbesondere bedingt durch einen Ausreißer) eine Rechtsschiefe aufweist.

## 16.2.2 Unverbundene Stichproben

Im unverbundenen Zwei-Stichproben Fall liegen unabhängige Beobachtungen $x_1, \ldots, x_n$ und $y_1, \ldots y_m$ zweier Variablen $X$ und $Y$ vor.

Der Wilcoxon Rangsummentest setzt voraus, dass die Zufallsvariablen $X$ und $Y$ eine stetige Verteilungsfunktion besitzen, die aber nicht näher spezifiziert werden muss. Getestet wird die Nullypothese

$H_0$ : die Verteilungsfunktionen von $X$ und $Y$ sind identisch

gegen die Alternativhypothese

$H_1$ : die Verteilungsfunktionen unterscheiden sich hinsichtlich ihrer Lage .

Zunächst werden beide Stichproben kombiniert und die Ränge, vgl. Abschnitt 13.3.2, der aller Beobachtungen in der kombinierten Stichprobe bestimmt. Anschließend werden die Ränge $R(x_i)$ der Beobachtungen von $X$ summiert. Der kleinste mögliche Wert, den diese Summe annehmen kann ist $\sum_{i=1}^{n} i = (n+1)n/2$. Die Kenngröße, die für den *Wilcoxon Rangsummentest* verwendet wird, ist dann

$$W = \sum_{i=1}^{n} R(x_i) - \frac{(n+1)n}{2} \; .$$

Stimmt $H_1$, so sollten die Werte $R(x_i)$ tendenziell entweder alle eher klein, oder tendenziell alle eher groß sein, was sich jeweils auch im Wert von $W$ zeigen sollte. Ist hingegen $H_0$ wahr, so sollte es keine Auffälligkeiten hinsichtlich der Verteilung der Rangnummern in der geordneten kombinierten Stichprobe geben.

Die Teststatistik $W$ kann nur ganze Zahlen zwischen 0 und $nm$ annehmen. Stimmt $H_0$, so können Wahrscheinlichkeiten $P(W = w)$ aus kombinatorischen Überlegungen hergeleitet werden und in R mittels `dwilcox()` berechnet werden. Für das Beispiel aus Abschnitt 16.1.4 erhalten wir

```
> wilcox.test(x ~ sex)

        Wilcoxon rank sum test with continuity correction

data:  x by sex
W = 2137.5, p-value < 2.2e-16
alternative hypothesis: true location shift is not equal to 0
```

Die Schlussfolgerung ist also dieselbe wie beim entsprechenden $t$-Test.

## 16.3   Test auf gleiche Varianzen

Liegen zwei unabhängige normalverteilte Stichproben vor, so kann ein $F$-Test verwendet werden, um festzustellen, ob es einen bedeutsamen Unterschied bezüglich der Varianzen der beiden Stichproben gibt.

Dazu wird unterstellt, dass sämtliche Beobachtungen aus beiden Stichproben unabhängig voneinander sind und die Beobachtungen $x_1, \ldots x_n$ aus einer Normalverteilung mit Parametern $\mu_1$ und $\sigma_1$ stammen und die Beobachtungen $y_1, \ldots, y_m$ aus einer Normalverteilung mit Parametern $\mu_2$ und $\sigma_2$. Untersucht wird die Nullhypothese

$$H_0 : \sigma_1^2/\sigma_2^2 = \gamma$$

für eine vorgegeben Zahl $\gamma$, im Allgemeinen $\gamma = 1$. Als Kenngröße wird der Quotient

$$F = s_x^2/(\gamma s_y^2)$$

verwendet.

**Satz.**   Ist $\sigma_1^2/\sigma_2^2 = \gamma$ erfüllt, so ist unter den obigen Voraussetzungen die Teststatistik $F$ zentral $F$-verteilt mit $n-1$ und $m-1$ Freiheitsgraden.

Die zentrale $F$-Verteilung besitzt zwei Parameter, die Freiheitsgrade genannt werden und deren Reihenfolge nicht vertauscht werden darf. Die zugehörigen Funktionen werden in R unter dem Begriff `FDist` zusammengefasst, vergleiche Tabelle 10.1.

In R kann der beschriebene $F$-Test mit der Funktion `var.test()` durchgeführt werden. Der zu testende Parameter $\gamma$ kann über das Argument `ratio` gewählt werden und ist mit dem Wert 1 voreingestellt.

# Kapitel 17

# Tests auf Zusammenhang

Zusammenhänge zwischen Variablen lassen sich beobachten, wenn sie jeweils an denselben Untersuchungseinheiten erhoben werden. Von Interesse sind Testprozeduren mit deren Hilfe überprüft werden kann, ob eine stochastische Abhängigkeit der Variablen vorliegen kann.

Auch wenn man sich auf der Basis eines Hypothesentests unter Berücksichtigung einer gewissen Fehlertoleranz zugunsten einer stochastische Abhängigkeit entscheidet, impliziert dies nicht notwendig auch eine kausale Abhängigkeit.

## 17.1 Test auf Korrelation

Für stetige Variablen $X$ und $Y$ aus einer gepaarten Stichprobe wird häufig das in Abschnitt 13.4 beschriebene Modell der bivariaten Normalverteilung unterstellt.

### 17.1.1 Test auf Zusammenhang

Die Frage, ob es einen statistisch bedeutsamen Zusammenhang zwischen $X$ und $Y$ gibt, kann durch einen Test der Hypothese

$$H_0 : \varrho = 0$$

näher untersucht werden, wobei $\varrho$ den (theoretischen) Korrelationskoeffizienten von $X$ und $Y$ bezeichnet.

**Satz.** Ist $(X, Y)$ bivariat normalverteilt, so sind $X$ und $Y$ genau dann stochastisch unabhängig, wenn $\varrho = 0$ gilt.

Die Aussage des obigen Satzes gilt in dieser Form nur dann, wenn davon ausgegangen wird, dass eine bivariate Normalverteilung vorliegt. Auch unter anderen bivariaten Verteilungen kann die Korrelation $\varrho$ zweier Zufallsvariablen gleich 0 sein. Dann folgt aber aus $\varrho = 0$ nicht notwendig auch stochastische Unabhängigkeit.

> **Beispiel.** Gibt es einen bedeutsamen statistischen Zusammenhang zwischen der Spannweite der Schreibhand `Wr.Hnd` und der Spannweite der Nicht-Schreibhand `NW.Hnd` im Datensatz `survey` aus dem Paket `MASS`?

Zeichnet man ein Streudiagramm der Beobachtungspaare, so zeigt sich, wie zu erwarten war, ein deutlicher positiver Zusammenhang.

```
> library(MASS)
> x <- survey$Wr.Hnd
> y <- survey$NW.Hnd
> plot(x,y)
> cor(x, y, use = "complete.obs")
[1] 0.9483103
```

Der Korrelationskoeffizient nach Pearson ist ebenfalls sehr hoch. Wir geben für das Argument `use` explizit `"complete.obs"` an, was dazu führt, dass zur Berechnung nur Beobachtungspaare verwendet werden, deren Elemente beide nicht `NA` sind.

Für einen Test der Nullhypothese $H_0 : \varrho = 0$ kann nun die Kenngröße

$$t = \sqrt{n-2}\frac{r_{x,y}}{\sqrt{1 - r_{x,y}^2}}$$

betrachtet werden, wobei $r_{x,y}$ den empirischen Korrelationskoeffzienten nach Pearson bezeichnet Je größer oder je kleiner $t$ ist, umso eher deutet dies auf $\varrho \neq 0$ hin.

**Satz.** Gilt $\varrho = 0$, so ist die Teststatistik $t$ im bivariaten Normalverteilungsmodell zentral $t$-verteilt mit $n - 2$ Freiheitsgraden.

Auf dieser Basis kann in R ein Test mit der Funktion `cor.test()` unter Verwendung des Argumentes `method = "pearson"` durchgeführt werden. Dabei können verschiedene Alternativhypothesen

| alternative | "two.sided" | "less" | "greater" |
|---|---|---|---|
| $H_1$ | $\varrho \neq 0$ | $\varrho < 0$ | $\varrho > 0$ |

spezifiziert werden.

```
> cor.test(x,y)

        Pearson's product-moment correlation

data:  x and y
t = 45.7117, df = 234, p-value < 2.2e-16
alternative hypothesis: true correlation is not equal to 0
95 percent confidence interval:
 0.9336780 0.9597816
sample estimates:
      cor
0.9483103
```

Der p-Wert zeigt, dass zugunsten von $H_1 : \varrho \neq 0$ entschieden werden kann.

## 17.1.2    Test auf einen bestimmten Zusammenhang

> **Beispiel.**  Angenommen, es soll von vornherein das Testproblem
>
> $$H_0 : \varrho = 0.9 \quad \text{versus} \quad H_1 : \varrho > 0.9$$
>
> untersucht werden. Kann $H_0$ zum Niveau $\alpha = 0.05$ abgelehnt werden?

Möchte man
$$H_0 : \varrho = \varrho_0 \quad \text{versus} \quad H_1 : \varrho > \varrho_0$$
für ein festgelegtes $\varrho_0$ mit $0 < |\varrho_0| < 1$ überprüfen, so kann hierfür die Kenngröße

$$u = \sqrt{n-3}(z - \text{artanh}(\varrho_0))$$

verwendet werden, wobei $z := \text{artanh}(r_{x,y})$ die sogenannte Fishersche $z$-Transformierte ist.

**Bemerkung.**  Es lässt sich zeigen, dass die Teststatistik $u$ im bivariaten Normalverteilungsmodell approximativ standardnormalverteilt ist, falls $\varrho = \varrho_0$ gilt.

Es wird nun zum Niveau $\alpha$ zugunsten der Alternativhypothese entschieden, falls

$$u > u_{1-\alpha}$$

erfüllt ist, wobei $u_\gamma$ das $\gamma$-Quantil der Standardnormalverteilung bezeichnet. Wie man leicht nachrechnet, ist dies gleichbedeutend damit, dass $\varrho_0$ *nicht* von dem Intervall

$$\left[\tanh\left(z - \frac{u_{1-\alpha}}{\sqrt{n-3}}\right), 1\right].$$

überdeckt wird. Dies ist mit $\gamma = 1 - \alpha$ aber genau das $\gamma$-Konfidenzintervall, das von cor.test() im Fall alternative = "greater" ausgegeben wird. Der Wert für $\gamma$ und damit auch für $\alpha$ wird über das Argument conf.level gesetzt und ist mit $\gamma = 0.95$ voreingestellt.

```
> cor.test(x,y, alternative = "greater")$conf.int
[1] 0.936275 1.000000
attr(,"conf.level")
[1] 0.95
```

Damit kann hier zum Niveau $\alpha = 0.05$ zugunsten der Alternativhypothse $H_1 : \varrho > 0.9$ entschieden werden, da $\varrho_0 = 0.9$ nicht von diesem Intervall überdeckt wird.

Im Fall alternative = "two.sided" wird das Konfidenzintervall
$$\left[\tanh\left(z - \frac{u_{1-\alpha/2}}{\sqrt{n-3}}\right), \quad \tanh\left(z + \frac{u_{1-\alpha/2}}{\sqrt{n-3}}\right)\right]$$

berechnet und im Fall "less" wird das Intervall
$$\left[-1, \quad \tanh\left(z + \frac{u_{1-\alpha}}{\sqrt{n-3}}\right)\right]$$

ausgegeben. Wird der konkrete Wert $\varrho_0$ *nicht* von dem ausgegebenen Konfidenzintervall überdeckt, so kann zum Niveau $\alpha = 1 - \gamma$ zugunsten der gewählten Alternativhypothese $H_1$ entschieden werden.

| Y<br>X | $b_1$ | | $b_k$ | | $b_q$ | $\sum$ |
|---|---|---|---|---|---|---|
| $a_1$ | $h_{11}$ | | | | $h_{1q}$ | $h_{1+}$ |
| $a_j$ | | | $h_{jk}$ | | | $h_{j+}$ |
| $a_p$ | $h_{p1}$ | | | | $h_{pq}$ | $h_{p+}$ |
| $\sum$ | $h_{+1}$ | | $h_{+k}$ | | $h_{+q}$ | $n$ |

*Tabelle 17.1.* Kontingenztafel

## 17.2 Der Chi-Quadrat Unabhängigkeitstest

Wir kommen hier auf das in Abschnitt 14.2 eingeführte Beispiel aus Fischer (2005) zurück. Dort werden die Semesterdauer (eine quantitative diskrete Variable) und die Abschlussnote (eine qualitative ordinale Variable) jeweils an $n = 100$ Studierenden erhoben.

> **Beispiel.** Überprüfe, ob es einen statistisch bedeutsamen Zusammenhang zwischen Semesterdauer $X$ und Abschlussnote $Y$ gibt.

Im Prinzip könnte man nun den Korrelationskoeffizienten nach Pearson berechnen und einen entsprechenden Korrelationstest durchführen.

```
> cor.test(X.Y.data$Sem, X.Y.data$Note)

        Pearson's product-moment correlation

data:  X.Y.data$Sem and X.Y.data$Note
t = 5.8924, df = 98, p-value = 5.384e-08
alternative hypothesis: true correlation is not equal to 0
95 percent confidence interval:
 0.3502399 0.6432661
sample estimates:
      cor
0.5114721
```

Auf der Grundlage des p-Wertes wird also zugunsten der Alternative $\rho \neq 0$ entschieden. Der Datensatz `X.Y.data` enthält (künstlich erzeugte) Originalbeobachtungen, wie in Abschnitt 14.2.1 beschrieben. Allerdings ist die Abschlussnote ja nur ein qualitatives und kein quantitatives Merkmal und beide Variablen haben nur wenige verschiedene Ausprägungen. Damit sind die Voraussetzungen für die Anwendung dieses Tests, nämlich das Modell einer bivariaten Normalverteilung, eher nicht erfüllt.

Auch eine Anwendung von `cor.test()` mit dem Argument `method = "spearman"` ist im Prinzip möglich. Da hier Bindungen vorliegen, wird jedoch eine Warnmeldung herausgegeben, dass kein exakter p-Wert bestimmt werden kann.

Ein vorsichtigerer Ansatz besteht nun darin, einen möglichen Zusammenhang auf der

Basis der Kontingenztafel zu untersuchen. Dieser kann allgemein für gepaarte Beobachtungen zweier qualitativer Variablen hergeleitet werden. Untersucht werden soll die Nullhypothese

$$H_0 : \text{Es gibt keinen Zusammenhang zwischen } X \text{ und } Y.$$

Zunächst kann man sich überlegen, wie eine Kontingenztafel aussehen würde, falls $H_0$ zuträfe. Betrachtet man eine Tafel wie in Abbildung 17.1 angegeben, so können

$$\widehat{p}_{j+} = h_{j+}/n \quad \text{und} \quad \widehat{p}_{+k} = h_{+k}/n$$

jeweils als Schätzwerte für die einzelnen Wahrscheinlichkeiten der Ausprägungen $a_j$ und $b_k$ aufgefasst werden. Im Fall der Unabhängigkeit sollte sich dann die Wahrscheinlichkeit für das Paar $(a_j, b_k)$ geeignet durch das Produkt $\widehat{p}_{j+}\widehat{p}_{+k}$ schätzen lassen und man würde dementsprechend eine Häufigkeit von

$$\widetilde{h}_{jk} = n\,\widehat{p}_{j+}\,\widehat{p}_{+k} = \frac{h_{j+}h_{+k}}{n}$$

erwarten. Eine Kontingenztafel dieser (geschätzten) erwarteten Häufigkeiten heißt auch *Unabhängigkeitstafel*. Setzen wir unser in Abschnitt 14.2 begonnenes Beispiel mit den dort verwendeten Bezeichnungen fort, so ergibt sich die folgende Unabhängigkeitstafel:

```
> X <- margin.table(X.Y, 1)
> Y <- margin.table(X.Y, 2)
> n <- sum(X)
> X.Y.E <- outer(X, Y)/n
> X.Y.E
      Note
Sem    1     2     3     4     5     6
  8  0.06  0.34  0.96  0.38 0.18 0.08
  9  2.13 12.07 34.08 13.49 6.39 2.84
 10  0.66  3.74 10.56  4.18 1.98 0.88
 11  0.15  0.85  2.40  0.95 0.45 0.20
```

Die Funktion `outer()` ist in Abschnitt 13.4.2 näher erläutert.

Eine Maßzahl mit der die Unterschiede zwischen beobachteten und erwarteten Häufigkeiten gemessen werden kann, ist

$$X^2 = \sum_{j=1}^{p} \sum_{k=1}^{q} \frac{\left(h_{jk} - \widetilde{h}_{jk}\right)^2}{\widetilde{h}_{jk}} \,,$$

der $\chi^2$-Koeffizient. Ist er zu groß, so wird $H_0$ abgelehnt.

```
> X.squared <- sum(((X.Y - X.Y.E)^2)/X.Y.E)
> X.squared
[1] 43.88031
```

**Bemerkung.** Es lässt sich zeigen, dass bei Gültigkeit von $H_0$ die Teststatistik $X^2$ approximativ $\chi^2$-verteilt ist mit $(p-1)(q-1)$ Freiheitsgraden.

Damit kann nun der p-Wert bestimmt werden.

```
> FG <- (length(X)-1) * (length(Y)-1)
> pchisq(X.squared, df = FG, lower.tail = FALSE)
[1] 0.0001148095
```

Die Nullhypothese wird also (zum Niveau $\alpha = 0.05$) abgelehnt, d.h. wir können von einem bedeutsamen Zusammenhang zwischen Semesterzahl und Abschlussnote ausgehen. Eine wesentlich komfortablere Möglichkeit, dieses Ergebnis zu erhalten, bietet die Funktion chisq.test().

```
> chisq.test(X.Y)

        Pearson's Chi-squared test

data:  X.Y
X-squared = 43.8803, df = 15, p-value = 0.0001148
```

```
Warnmeldung:
In chisq.test(X.Y) : Chi-Quadrat-Approximation kann inkorrekt sein
```

Die Warnmeldung erscheint hier, da nicht alle erwarteten Häufigkeiten größer als 5 sind. In einem solchen Fall ist die Approximation der exakten Verteilung von $X^2$ durch die $\chi^2$ Verteilung möglicherweise unzureichend.

### 17.2.1   Der Homogenitätstest

Der $\chi^2$-Unabhängigkeitstest wird in einer gepaarten Stichprobensituation angewendet, bei der zwei qualitative Variablen an $n$ Untersuchungseinheiten erhoben werden. Von Interesse ist die Frage, ob ein bedeutsamer Zusammenhang zwischen den Variablen besteht.

Eine etwas andere Stichprobensituation liegt vor, wenn das Verhalten einer einzelnen qualitativen Variablen mit $q$ Ausprägungen in $p$ Gruppen (Populationen) untersucht werden soll. In diesem Fall werden in der Regel nicht nur der Stichprobenumfang $n$, sondern auch die Gesamthäufigkeiten in den einzelnen Gruppen von vornherein festgelegt. Von Interesse ist dann die Frage, ob es einen bedeutsamen Unterschied in der Verteilung der Variablen hinsichtlich der Gruppen gibt.

Da die Zugehörigkeit zu einer Gruppe ebenfalls eine qualitative Variable ist, ist es nahe liegend, dass die Fragestellung mit der Frage nach einer bedeutsamen Abhängigkeit zwischen den Variablen verknüpft werden kann.

Tatsächlich lässt sich auch auf der Basis formalerer Überlegungen begründen, dass der $\chi^2$-Unabhängigkeitstest äquivalent auch als ein Test der Nullhypothese, dass kein Unterschied zwischen den Verteilungen besteht ($\chi^2$-Homogenitätstest), verwendet werden kann. Vergleiche dazu beispielsweise Fahrmeier et al. (2003).

### 17.2.2   Test auf gleiche Proportionen

Wird in $q$ Gruppen, jeweils von Umfang $n_1, \ldots, n_q$, gezählt wie häufig ein „Erfolg" eintritt, so ist die Frage von Interesse, ob die Erfolgswahrscheinlichkeiten in den Gruppen identisch sind.

---

**Beispiel.** In Hartung et al. (2002, Kapitel VII, Abschnitt 5.1.2.B) werden die folgenden Werte betrachtet.

| $j$ | 1 | 2 | 3 | 4 | 5 | 6 | 7 | 8 |
|---|---|---|---|---|---|---|---|---|
| Anzahl $n_j$ | 35 | 41 | 25 | 37 | 39 | 23 | 48 | 56 |
| Anzahl Erfolge | 13 | 16 | 13 | 21 | 27 | 12 | 20 | 22 |

Überprüfe, ob sich die Erfolgswahrscheinlichkeiten bedeutsam unterscheiden.

---

Eine Überprüfung kann mit Hilfe des $\chi^2$-Tests durchgeführt werden. Dazu bilden wir eine Kontingenztafel mit 2 Zeilen, welche die Anzahl der „Erfolge" und die Anzahl der „Nicht-Erfolge" beinhalten.

```
> size <- c(35, 41, 25, 37, 39, 23, 48, 56)
> succ <- c(13, 16, 13, 21, 27, 12, 20, 22)
> fail <- size - succ
> H <- as.table(rbind(succ, fail))
> H
     A  B  C  D  E  F  G  H
succ 13 16 13 21 27 12 20 22
fail 22 25 12 16 12 11 28 34
```

Mit Hilfe der Funktion `rbind()` haben wir zunächst eine Matrix erzeugt, deren erste Zeile aus den Elementen von `succ` und deren zweite Zeile aus den Elementen von `fail` besteht. Nun können wir die Funktion `chisq.test()` anwenden.

```
> chisq.test(H)

        Pearson's Chi-squared test

data:  H
X-squared = 13.9195, df = 7, p-value = 0.05263
```

Die Nullhypothese der Gleichheit der Proportionen kann zum Niveau $\alpha = 0.05$ (knapp) nicht abgelehnt werden. Zum Niveau $\alpha = 0.1$ hingegen würde eine Ablehnung erfolgen, d.h. zugunsten ungleicher Erfolgswahrscheinlichkeiten entschieden.

Dasselbe Ergebnis (auf der Basis derselben Testgröße) erhält man hier auch mit Hilfe der Funktion `prop.test()`, wobei das erste Argument die Anzahl der Erfolge und das zweite Argument der Umfang der jeweiligen Gruppe ist.

```
> prop.test(succ, size)

        8-sample test for equality of proportions without continuity
        correction

data:  succ out of size
X-squared = 13.9195, df = 7, p-value = 0.05263
alternative hypothesis: two.sided
```

```
sample estimates:
    prop 1     prop 2     prop 3     prop 4     prop 5     prop 6     prop 7
0.3714286 0.3902439 0.5200000 0.5675676 0.6923077 0.5217391 0.4166667
    prop 8
0.3928571
```

Die Funktion `prop.test()` erlaubt noch das Setzen weiterer Argumente, die für das Testen von Hypothesen über Erfolgswahrscheinlichkeiten von Interesse sein können.

## 17.3   Zusammenhänge in $2 \times 2$ Kontingenztafeln

Oft werden Häufigkeiten in einer $2 \times 2$ Kontingenztafel *(Vierfeldertafel)* beobachtet. Einige Besonderheiten dieser Tafel sollen kurz angesprochen werden.

### 17.3.1   Die Yates Korrektur

Führt man den $\chi^2$-Test in einer $2 \times 2$ Kontingenztafel durch, so wird bei Verwendung der Funktion `chisq.test()` automatisch die nach Yates korrigierte Testgröße

$$X^2 = \sum_{j=1}^{2} \sum_{k=1}^{2} \frac{\left( |h_{jk} - \tilde{h}_{jk}| - 0.5 \right)^2}{\tilde{h}_{jk}}$$

berechnet. Diese soll eine bessere Anpassung der Verteilung der Teststatistik an die $\chi^2$-Verteilung mit 1 Freiheitsgrad (unter $H_0$) ermöglichen.

Durch Setzen des Argumentes `correct = FALSE` kann der Test aber auch ohne diese Korrektur durchgeführt werden.

### 17.3.2   Der $\phi$-Koeffizient

Sind zwei qualitative Variablen *dichotom*, d.h. nehmen sie nur Werte in $\{0,1\}$ an, so heißt der Korrelationskoeffizient $r_{x,y}$ nach Pearson, der auf der Basis der Daten berechnet wird, auch $\phi$-Koeffizient. Ist die Tafel in der Form

| X \ Y | 0 | 1 | $\Sigma$ |
|---|---|---|---|
| 0 | $h_{11}$ | $h_{12}$ | $h_{1+}$ |
| 1 | $h_{21}$ | $h_{22}$ | $h_{2+}$ |
| $\Sigma$ | $h_{+1}$ | $h_{+2}$ | $n$ |

gegeben, so lassen sich

$$r_{x,y} = \frac{h_{11}h_{22} - h_{12}h_{21}}{\sqrt{h_{1+}h_{2+}h_{+1}h_{+2}}} \quad \text{und} \quad r_{x,y}^2 = X^2/n$$

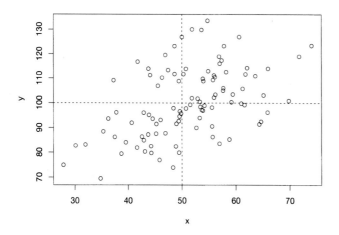

*Abbildung 17.1.* Streudiagramm von erzeugten Beobachtungspaaren aus einer bivariaten Normalvertei-lung

zeigen, wobei $X^2$ der $\chi^2$-Koeffizient der Kontingenztafel ist.

---

**Beispiel.** Betrachte die Vektoren x und y aus Abschnitt 13.4.1, die $n = 100$ erzeug-te Beobachtungen aus einer bivariaten Normalverteilung mit Parametern $\mu_1 = 50$, $\sigma_1 = 10$, $\mu_2 = 100$, $\sigma_2 = 15$ und $\varrho = 0.5$ enthalten. Erzeuge zwei dichotome Variablen x.d und y.d mit

$$x.d = \begin{cases} 0 & \text{falls } x < 50 \\ 1 & \text{sonst} \end{cases} \quad \text{und} \quad y.d = \begin{cases} 0 & \text{falls } y < 100 \\ 1 & \text{sonst} \end{cases} .$$

Berechne die Kenngrößen $r_{x,y}^2$ und $X^2/n$ für x.d und y.d.

---

Wir rechnen mit den in Abschnitt 13.4.1 erzeugten Objekten. Das Dichotomisieren kann auf einfache Art und Weise mit Hilfe der Funktion `ifelse()` erfolgen. Diese erlaubt im Unterschied zur Kontrollstruktur `if` (vergleiche die Hilfeseite zu `Control`) eine vektor-wertige logische Abfrage. Das Resultat wird entsprechend dem Wert des Argumentes `test` (`TRUE` oder `FALSE`) durch die Argumente `yes` und `no` festgelegt.

```
> x.d <- ifelse(test = (x < mu[1]), yes = 0, no = 1)
> y.d <- ifelse(test = (y < mu[2]), yes = 0, no = 1)
```

Damit gelten nun

```
> cor(x.d, y.d)^2
[1] 0.1822736
```

und

```
> H <- table(x.d, y.d)
```

```
> chisq.test(H, correct = FALSE)$statistic / n
X-squared
0.1822736
```

Prinzipiell gilt natürlich auch für dichotome Variablen $-1 < r_{x,y} < 1$. Betrachtet man in der zugehörigen $2 \times 2$ Tafel allerdings die Randhäufigkeiten als fest gegeben, so wird der maximale mögliche Wert von $r_{x,y}$ im Allgemeinen echt kleiner als 1 sein. Man erhält den maximalen Wert dadurch, dass man eine neue Tafel bildet mit $h_{12} = 0$ falls $h_{+1} \geq h_{1+}$ gilt und $h_{21} = 0$ andernfalls. Die restlichen 3 Tafelelemente werden dann jeweils so bestimmt, dass die vorgegebenen Randhäufigkeiten erreicht werden. Anschließend kann $r_{x,y}$ aus dieser neuen Tafel als maximal möglicher Wert berechnet werden.

### 17.3.3   Der exakte Test nach Fisher

Es gibt eine ganze Reihe von Studien, die in zwei Gruppen eine Variable mit zwei möglichen Ausgängen „Erfolg" oder „Kein Erfolg" erheben. Von Interesse ist dann die Frage, ob es zwischen den beiden Gruppen hinsichtlich der Erfolgswahrscheinlichkeit einen bedeutsamen Unterschied gibt. Die beobachteten Anzahlen können in einer $2 \times 2$ Kontingenztafel zusammengefasst werden.

---

**Beispiel.**   In einer Studie nahmen Ärzte über 5 Jahre hinweg entweder regelmäßig Aspirin oder ein Plazebo, ohne zu wissen zu welcher Gruppe sie gehörten. Gezählt wurde in jeder Gruppe die Anzahl der Herzinfarkte.

| Gruppe \ Infarkt | Ja | Nein | $\sum$ |
|---|---|---|---|
| Plazebo | 189 | 10845 | 11034 |
| Aspirin | 104 | 10933 | 11037 |

Vergleiche Tabelle 2.3 in Agresti (1990). Besteht ein bedeutsamer Zusammenhang zwischen „Gruppe (Plazebo/Aspirin)" und „Herzinfarkt (Ja/Nein)"?

---

Zunächst identifizieren wir (etwas makaber) den Begriff „Erfolg" mit dem Auftreten eines Herzinfarktes. Dann bezeichnen wir mit $p_1$ die unbekannte Erfolgswahrscheinlichkeit in der Gruppe „Plazebo" und mit $p_2$ die unbekannte Erfolgswahrscheinlichkeit in der Gruppe „Aspirin".

Es besteht kein Zusammenhang zwischen den Variablen „Gruppe (Plazebo/Aspirin)" und „Infarkt (Ja/Nein)", wenn $p_1 = p_2$ gilt. Andernfalls besteht eine stochastische Abhängigkeit, da dann die Wahrscheinlichkeit für Infarkt = Ja von der konkreten Ausprägung Gruppe = Plazebo oder Gruppe = Aspirin abhängt.

Die tatsächlichen Erfolgswahrscheinlichkeiten sind unbekannt und können mittels

$$\widehat{p}_1 = \frac{h_{11}}{h_{1+}} \quad \text{und} \quad \widehat{p}_2 = \frac{h_{21}}{h_{2+}}$$

geschätzt werden.

```
> p1 <- 189/11034
```

```
> p2 <- 104/11037
> p1
[1] 0.01712887
> p2
[1] 0.00942285
```

Die Schätzwerte unterscheiden sich also. Ob dieser Unterschied zugunsten einer Entscheidung $p_1 \neq p_2$ führt, kann unter anderem auf der Basis des sogenannten Quotenverhältnisses überprüft werden.

Erfolgsquote

Eine Erfolgswahrscheinlichkeit lässt sich auch in Form einer Erfolgsquote (odds) beschreiben. Ist etwa eine Erfolgswahrscheinlichkeit gleich 0.8, so tritt in 8 von 10 Fällen, d.h. in 4 von 5 Fällen, ein Erfolg ein. Dies entspricht einer Erfolgsquote von $4 : 1$. Umgekehrt bedeutet z.B. eine Erfolgsquote von $3.5 : 1$, dass in 7 von 9 bzw. in 35 von 45 Fällen ein Erfolg eintritt, was einer Erfolgswahrscheinlichkeit von $7/9 \approx 0.78$ entspricht. Bei einer Erfolgsquote von $0.25 : 1$ tritt der Erfolg in 25 von 125 Fällen ein, dies entspricht also einer Erfolgswahrscheinlichkeit von $1/5$.

**Bemerkung.** Definiert man

$$\text{odds}_j := \frac{p_j}{1 - p_j} \, ,$$

so entspricht der Erfolgswahrscheinlichkeit $p_j$ eine **Erfolgsquote** von $\text{odds}_j : 1$.

**Definition.** Der Quotient

$$\theta = \frac{\text{odds}_1}{\text{odds}_2}$$

heißt **Quotenverhältnis (odds ratio)**.

Das Quotenverhältnis kann als ein Maß für den Zusammenhang in einer $2 \times 2$ Kontingenztafel gesehen werden. Unabhängigkeit liegt im Fall $\theta = 1$ vor. Je weiter $\theta$ von 1 entfernt ist, umso stärker ist der Zusammenhang. Im Fall $1 < \theta < \infty$ ist die Erfolgsquote in Gruppe 1 größer als in Gruppe 2. In dem Fall gilt auch $p_1 > p_2$. Im Fall $0 < \theta < 1$ gilt $p_1 < p_2$.

Das tatsächliche Quotenverhältnis $\theta$ ist in den beiden Gruppen (Populationen) nicht bekannt. Es kann aus den vorliegenden Daten mittels

$$\widehat{\theta} = \frac{h_{11}/h_{12}}{h_{21}/h_{22}}$$

geschätzt werden. Mit Hilfe des sogenannten exakten Tests von Fisher, der in R mit der Funktion `fisher.test()` durchgeführt werden kann, kann die Nullhypothese

$$H_0 : \theta = \theta_0$$

gegen verschiedene Alternativen überprüft werden. Dabei ist $\theta_0$ ein fest vorgegebener Wert, wobei der übliche Fall $\theta_0 = 1$ ist. Die p-Werte werden auf der Basis der hypergeometrischen Verteilung bestimmt.

```
> fisher.test(matrix(c(189,104,10845,10933), nrow = 2))

        Fisher's Exact Test for Count Data

data:  matrix(c(189, 104, 10845, 10933), nrow = 2)
p-value = 5.033e-07
alternative hypothesis: true odds ratio is not equal to 1
95 percent confidence interval:
 1.432396 2.353927
sample estimates:
odds ratio
  1.831993
```

Das geschätzte Quotenverhältnis $\widehat{\theta}$ wird bei der Durchführung dieses Tests leicht anders als oben beschrieben berechnet. Der obige Schätzwert ergibt sich zu

```
> (p1/(1-p1))/(p2/(1-p2))
[1] 1.832054
```

Damit ist die geschätzte Herzinfarktquote in der Plazebo-Gruppe beinah doppelt so hoch wie in der Aspiringruppe. Der p-Wert des Fisher-Tests zeigt an, dass zugunsten der Alternativhypothese $\theta \neq 1$ entschieden werden kann.

# Kapitel 18

# Anpassungstests

Liegt eine Stichprobe von als unabhängig angesehenen Beobachtungen $x_1, \ldots, x_n$ vor, so soll häufig überprüft werden, ob sie aus einer bestimmten Verteilung stammen kann. Eine Überprüfung kann mit Hilfe von Anpassungstests (goodness of fit (gof) test) durchgeführt werden.

In der Regel wird dabei die Nullhypothese

$$H_0 : \text{Die Stichprobe stammt aus einer bestimmten Verteilung}$$

gegen die Alternativhypothese $H_1 : \neg H_0$ getestet. Üblicherweise entscheidet man bei einer Nicht-Ablehnung von $H_0$ dann zugunsten der benannten Verteilung. Diese Entscheidung ist allerdings *nicht* statistisch gesichert.

## 18.1  Der Chi-Quadrat Anpassungstest

Der $\chi^2$-Anpassungstest ist ein recht einfaches Mittel, um zu überprüfen, ob eine Stichprobe aus einer bestimmten diskreten oder stetigen Verteilung stammen kann.

> **Beispiel.**  Gegeben ist eine künstlich erzeugte Stichprobe aus einer Exponentialverteilung mit Parameter (`rate`) $\lambda = 1/100$. Liefert der $\chi^2$-Anpassungstest einen Hinweis darauf, dass die Nullhypothese
>
> $$H_0 : \text{Die Stichprobe stammt aus einer Exponentialverteilung}$$
>
> nicht zutrifft?

Wir erwarten in diesem Beispiel natürlich, dass die Nullhypothese nicht abgelehnt wird, d.h. also der $\chi^2$-Anpassungstest sollte keinen Hinweis auf das Nichtzutreffen von $H_0$ geben. Prinzipiell besteht aber trotzdem auch im Fall einer korrekten Nullhypothese die Möglichkeit, dass zu einem festgelegten Niveau, beispielsweise $\alpha = 0.05$, ein Fehler 1. Art begangen wird. Vergleiche dazu die Ausführungen in Kapitel 15.

Zunächst wird nun die Stichprobe erzeugt.

```
> n <- 100
> set.seed(1)
> x <- rexp(n,1/100)
```

Die Exponentialverteilung ist eine stetige Verteilung. Für die Anwendung des $\chi^2$-Anpassungstests werden daher zunächst Klassen gebildet. Dies erfolgt hier recht willkürlich. Eine andere Klassenwahl kann auch zu einem anderen Testergebnis führen.

```
> x.breaks <- c(seq(0, 300, by = 50), Inf)
> x.class <- cut(x, breaks = x.breaks)
> x.0 <- table(x.class)
> x.0
x.class
   (0,50]   (50,100]  (100,150]  (150,200]  (200,250]  (250,300]
       33         25         23          5          6          4
(300,Inf]
        4
```

Die Idee des $\chi^2$-Tests besteht nun darin, eine Tabelle erwarteter Häufigkeiten x.E für diese Klassen aus einer Exponentialverteilung zu berechnen und sie mit den beobachteten Häufigkeiten x.0 zu vergleichen. Je größer der Unterschied insgesamt, umso weniger spricht dies dafür, dass die Beobachtungen aus einer Exponentialverteilung stammen.

### 18.1.1 Vollständig bekannte Verteilung

Wollen wir auf eine Exponentialverteilung mit einem im vorhinein festgelegten Parameter $\lambda$ testen, so können wir die Funktion chisq.test() verwenden. Zunächst legen wir den Parameter fest.

```
> rate.hyp <- 1/100
```

Wir benötigen noch die theoretischen Wahrscheinlichkeiten dafür, dass bei Vorliegen einer Exponentialverteilung mit diesem Parameter ein Wert in dem jeweiligen Intervall angenommen wird.

```
> k <- length(x.breaks)-1
> a <- x.breaks[1:k]
> b <- x.breaks[2:(k+1)]
> x.class.prob <- pexp(b, rate.hyp) - pexp(a, rate.hyp)
```

Wir können nun die Funktion chisq.test() aufrufen.

**Bemerkung.** Damit ein Anpassungstest durchgeführt wird, muss in der Funktion chisq.test() explizit das Argument p gesetzt werden.

In unserem Fall wird das Argument p mit den berechneten Wahrscheinlichkeiten x.class.prob belegt.

```
> chisq.test(x.0, p = x.class.prob)
```

```
        Chi-squared test for given probabilities

data:  x.O
X-squared = 8.1873, df = 6, p-value = 0.2247

Warnmeldung:
In chisq.test(x.O, p = x.class.prob) :
  Chi-Quadrat-Approximation kann inkorrekt sein
```

Es wird eine Warnmeldung ausgegeben, da für einige der gewählten Klassen die Anzahl der erwarteten Häufigkeiten kleiner als 5 ist. Der p-Wert zeigt aber an, dass die Nullhypothese einer Exponentialverteilung mit Parameter $\lambda = 1/100$ nicht abgelehnt werden kann.

## 18.1.2   Nicht vollständig bekannte Verteilung

In der Praxis interessiert man sich häufig dafür, ob die Beobachtungen überhaupt aus einer Exponentialverteilung stammen können, ohne dabei konkret den Parameter $\lambda$ festlegen zu wollen. In dem Fall ändert sich die Vorgehensweise. Zunächst wird der Parameter $\lambda$ aus den Daten geschätzt. Dies geschieht im Allgemeinen mit Hilfe des Maximum-Likelihood Ansatzes.

```
> library(MASS)
> rate.est <- fitdistr(x, "exponential")$estimate
> rate.est
      rate
0.009702366
```

(Der Schätzwert ist gleich `1/mean(x)`.) Diese Vorgehensweise, den Parameter aus den ursprünglichen Werten x und nicht aus der Kontigenztafel x.O zu schätzen, wird allgemein so praktiziert. Streng genommen ist sie, im Hinblick auf die Approximation der Verteilung der Teststatistik durch eine $\chi^2$-Verteilung, nicht ganz korrekt.

Wie oben werden nun zunächst die Wahrscheinlichkeiten berechnet, aber unter Verwendung des geschätzten Parameters.

```
> x.class.prob.est <- pexp(b, rate.est) - pexp(a, rate.est)
```

Im Prinzip könnte nun wieder die Funktion `chisq.test()` zur Anwendung kommen. Allerdings berücksichtigt diese *nicht* die übliche Anpassung der Freiheitsgrade, wie im folgenden beschrieben.

**Bemerkung.** Wird ein $\chi^2$-Anpassungstest auf der Basis von beobachteten Häufigkeiten von $k$ Ausprägungen bzw. Klassen durchgeführt und werden weiterhin $p$ unbekannte Parameter geschätzt, so wird der zugehörige p-Wert aus einer $\chi^2$-Verteilung mit $k-1-p$ Freiheitsgraden berechnet. Mit der Funktion `chisq.test()` können solche p-Werte nicht berechnet werden.

Wir berechnen nun den p-Wert. Zunächst werden mit Hilfe der geschätzten Wahrscheinlichkeiten die erwarteten Häufigkeiten geschätzt.

```
> x.E <- n * x.class.prob.est
```

Nun wird die für den Test relevante Kenngröße berechnet.

```
> X <- sum(((x.O-x.E)^2)/x.E)
> X
[1] 8.012396
```

Geht man nun davon aus, dass die zugehörige Zufallsvariable unter $H_0$ einer $\chi^2$-Verteilung mit $k - 1 - p$ Freiheitsgraden folgt, so berechnet sich der p-Wert zu

```
> p <- 1
> pchisq(X, k-1-p, lower.tail = FALSE)
[1] 0.1555538
```

Auch in diesem Fall wird die Nullhypothese einer Exponentialverteilung also nicht abgelehnt.

**Bemerkung.** Das Ergebnis eines $\chi^2$-Anpassungstests hängt natürlich auch von der Anzahl der gewählten Klassen und der Wahl der Klassengrenzen ab.

Zudem wird als Daumenregel für die Gültigkeit der Approximation häufig genannt, dass die erwartete Häufigkeit in jeder Klasse mindestens 1 ist, und die erwartete Häufigkeit in mindestens 80% der Klassen mindestens 5 ist.

## 18.2 Der Kolmogorov-Smirnov Anpassungstest

Für Beobachtungen einer stetigen Variablen stellt die Bildung von Klassen, wie im obigen Fall, einen Verlust an Informationen dar. Daher wird in solchen Fällen meist der Kolmogorov-Smirnov Test angewendet, um die mögliche Anpassung einer hypothetischen Verteilung zu überprüfen. Bezeichnet $F(x)$ die unbekannte Verteilungsfunktion der Beobachtungen $x_1, \ldots, x_n$ der Zufallsvariablen $X$ und $F_0(x)$ die vorgegebene hypothetische Verteilungsfunktion, so wird ein Test der Nullhypothese

$$H_0 : F(x) = F_0(x)$$

durchgeführt. Die verwendete Kenngröße ist

$$D = \max_x |F_n(x) - F_0(x)| \,,$$

wobei $F_n(x)$ die aus den Daten bestimmte empirische Verteilungsfunktion ist. Für eine Anwendung in R kann die Funktion `ks.test()` verwendet werden. Dabei ist als erstes Argument der Vektor der Daten und als zweites Argument der Name der Verteilungsfunktion anzugeben. Zudem sind als weitere Argumente die Parameter der Verteilung anzugeben.

```
> ks.test(x, "pexp", rate = rate.hyp)

        One-sample Kolmogorov-Smirnov test

data:  x
D = 0.0841, p-value = 0.4785
alternative hypothesis: two-sided
```

**Bemerkung.** Genau wie die Funktion `chisq.test()` unterstellt auch die Funktion `ks.test()`, dass die Parameter der zu überprüfenden Verteilung im vorhinein bekannt sind und nicht aus den Daten geschätzt werden.

Natürlich könnte man im obigen Aufruf anstelle von `rate.hyp` auch `rate.est` einsetzen. In einem solchen Fall müsste aber ebenfalls eine Anpassung bei der Berechnung von p-Werten erfolgen, die von der Funktion `ks.test()` nicht durchgeführt wird.

Durch die Angabe des Argumentes `alternative = "less"` wird die Nullhypothese

$$H_0 : F(x) \geq F_0(x) \quad \text{für alle } x$$

gegen die Alternativhypothese

$$H_1 : F(x) < F_0(x) \quad \text{für wenigstens ein } x$$

überprüft. Entsprechend wird der umgekehrte Fall für den Wert `"greater"` betrachtet.

### 18.2.1 Vergleich zweier Verteilungen

Liegen zwei Stichproben von unabhängigen Variablen $X$ und $Y$ vor, so kann die Funktion `ks.test()` auch verwendet werden, um zu überprüfen ob die zugrunde liegenden Verteilungsfunktionen $F_X$ und $F_Y$ identisch sind.

## 18.3 Tests auf Normalverteilung

In vielen Fällen ist man daran interessiert herauszufinden, ob die Stichprobenwerte aus einer Normalverteilung stammen können. Im Prinzip könnte dafür sowohl ein $\chi^2$- als auch ein Kolmogorov-Smirnov Anpassungstest durchgeführt werden. In der praktischen Anwendung sind die Parameter $\mu$ und $\sigma$ der Normalverteilung allerdings unbekannt und müssen geschätzt werden. Selbst wenn man bei beiden Tests die durch die Schätzung bedingten notwendigen Anpassungen durchführt, weisen sie tendenziell eine recht hohe Wahrscheinlichkeit für den Fehler 2. Art auf, das heißt die Wahrscheinlichkeit, die Nullhypothese der Normalverteilung irrtümlich beizubehalten, ist dann recht hoch.

Eine Testprozedur, für die eine Schätzung der Parameter $\mu$ und $\sigma$ nicht notwendig ist, ist der Shapiro-Wilk Test, der in R mit der Funktion `shapiro.test()` durchgeführt werden kann. Die für den Test verwendete Kenngröße ist ein Maß für den Grad des linearen Zusammenhanges in einem Normal-Quantil Diagramm. Sowohl ihre Berechnung, als auch die Bestimmung der Verteilung der zugehörigen Zufallsvariable unter $H_0$ ist recht kompliziert.

### 18.3.1 Der Shapiro-Francia Test

Ein ähnlicher aber nicht identischer Test, der in der Version von Royston[1] wesentlich einfacher implementiert werden kann, ist der Shapiro-Francia Test.

---

[1]Royston, P. (1993). A pocket-calculator algorithm for the Shapiro-Francia test for non-normality: an application to medicine. Statistics in Medicine, *12*, 181–184.

**Beispiel.** Erzeuge eine Stichprobe vom Umfang $n = 100$ aus einer $t_3$-Verteilung. Überprüfe anschließend, ob die Stichprobe aus einer Normalverteilung stammen kann.

Zunächst erzeugen wir die Stichprobe.

```
> set.seed(1)
> n <- 100
> x <- rt(n,3)
```

Wir wollen nun die Durchführung des Shapiro-Francia Tests, wie von Royston beschrieben, erläutern. Zunächst wird als Kenngröße $W$ die quadrierte Korrelation für die Paare $(x_{(i)}, u_{p_i})$, $i = 1, \ldots, n$ berechnet. Dabei sind die $p_i$ die Wahrscheinlichkeits-Stellen, vgl. Abschnitt 12.1, für den Parameter $a = 3/8$.

```
> W <- cor(sort(x), qnorm(ppoints(x, a = 3/8)))^2
```

Nun wird die Transformation

$$Z = (\ln(1 - W) - \alpha)/\beta$$

betrachtet. Dabei sind $\alpha$ und $\beta$ stets gegeben als

$$\alpha = -1.2725 + 1.0521(v - u) \quad \text{und} \quad \beta = 1.0308 - 0.26758(v + 2/u)$$

mit $u = \ln(n)$ und $v = \ln(u)$. Für $5 \leq n \leq 5000$ kann nach Royston die zu $Z$ gehörige Zufallsgröße bei Gültigkeit von $H_0$ selbst als standardnormalverteilt angesehen werden.

```
> u <- log(n)
> v <- log(u)
> alpha <- -1.2725 + 1.0521 * (v - u)
> beta <- 1.0308 - 0.26758 * (v + 2/u)
> Z <- (log(1 - W) - alpha)/beta
```

Der zugehörige p-Wert ist nun die Wahrscheinlichkeit dafür, bei Standardnormalverteilung einen Wert größer als $Z$ zu beobachten.

```
> pnorm(Z, lower.tail = FALSE)
[1] 5.657691e-06
```

Die Hypothese der Normalverteilung wird also abgelehnt, was in diesem Fall ja korrekt ist, da die Stichprobe künstlich aus einer $t_3$-Verteilung erzeugt wurde.

## 18.3.2   Der Shapiro-Wilk Test

Wie bereits erwähnt, verzichten wir auf eine genauere Erläuterung des Shapiro-Wilk Tests.

```
> shapiro.test(x)

        Shapiro-Wilk normality test
```

```
data:   x
W = 0.9132, p-value = 6.235e-06
```

Wir erhalten also ein zum Shapiro-Francia Test ähnliches, aber nicht identisches Ergebnis.

### 18.3.3   Der Kologorov-Smirnov Test

Geht man von festgelegten bekannten Parametern $\mu$ und $\sigma$ einer Normalverteilung aus, so kann im Prinzip auch der Kolmogorov-Smirnov Test als Test auf eine solche spezifische Normalverteilung verwendet werden.

Nach Lilliefors[2] ändert sich die Verteilung der in Abschnitt 18.2 beschriebenen Teststatistik $D$ aber, wenn $\mu$ and $\sigma$ durch Schätzungen $\bar{x}$ und $s_x$ ersetzt werden. Dallal and Wilkinson[3] geben für diesen Fall eine Formel zur Berechnung eines p-Wertes als

$$\exp\left\{-7.01256D^2(n + 2.78019) + 2.99587D(n + 2.78019)^{1/2} - 0.122119\right.$$

$$\left. +0.974598/n^{1/2} + 1.67997/n\right\}$$

an, sofern $5 \leq n \leq 100$ gilt. Für $n > 100$ wird $D$ durch $D(n/100)^{49}$ ersetzt und die obige Formel angewendet, in der zusätzlich $n$ durch die Zahl 100 ersetzt wird. Nach Angaben der Autoren kann diese Formel auch nur dann als eine Approximation des p-Wertes angesehen werden, wenn das Ergebnis kleiner oder gleich 0.1 ist.

Im Allgemeinen wird die Anwendung des (modifizierten) Kolmogorov-Smirnov Tests (auch Lilliefors-Test) als Test auf Normalverteilung allerdings nicht empfohlen.

---

[2]Lilliefors, H.W. (1967): On the Kolmogorov-Smirnov test for normality with mean and variance unknown. *Journal of the American Statistical Association*, **62**, 399–402.

[3]Dallal, G.E. and Wilkinson, L. (1986): An analytic approximation to the distribution of Lilliefors' test for normality. *The American Statistician*, **40**, 294–296.

# Kapitel 19

# Einfachklassifikation

Das Modell der Einfachklassifikation kann als eine Erweiterung des in Abschnitt 16.1.3 beschriebenen Zwei-Stichproben Modells von 2 auf $p$ Gruppen gesehen werden. Beobachtet wird dabei eine quantitative Variable $Y$ in $p$ verschiedenen Gruppen (Populationen), wobei davon ausgegangen wird, dass sämtliche Beobachtungen

$$y_{ij}, \quad i = 1, \ldots, p, \quad j = 1, \ldots, n_i \,,$$

unabhängig voneinander sind. Die Beobachtungen werden hier doppelt indiziert, der erste Index $i$ gibt die Gruppe an, der zweite Index $j$ die $j$-te Beobachtung in Gruppe $i$. Die Stichprobenumfänge in den einzelnen Gruppen $n_i$ können sich voneinander unterscheiden, der Gesamtstichprobenumfang ist $n = \sum_{i=1}^{p} n_i$.

Von Interesse ist in diesem Fall, ob sich die erwarteten Werte der Variable $Y$ hinsichtlich der einzelnen Gruppen bedeutsam voneinander unterscheiden. Mit Hilfe eines Hypothesentests kann diese Frage untersucht werden.

## 19.1   Das Modell der Einfachklassifikation

Der klassische Ansatz für die Herleitung eines Tests besteht darin, die Normalverteilung als das den Beobachtungen zugrunde liegende Verteilungsmodell zu unterstellen.

**Definition.** Im klassischen Modell der **Einfachklassifikation** wird angenommen, dass die Beobachtungen $y_{ij}$, $i = 1, \ldots, p$, $j = 1, \ldots, n_i$, einer quantitativen Variablen $Y$ als voneinander unabhängige Realisationen aus einer Normalverteilung mit unbekannten Parametern $\mu_i$ und $\sigma$ angesehen werden können.

Es wird hier also unterstellt, dass der Parameter $\sigma$ in allen Gruppen derselbe ist, die Parameter $\mu_i$ aber möglicherweise in jeder Gruppe unterschiedlich sein können. Von Interesse ist in diesem statistischen Modell ein Test der Nullhypothese

$$H_0 : \mu_1 = \mu_2 = \cdots = \mu_p$$

gegen die Alternativhypothese $H_1 : \neg H_0$, dass $H_0$ nicht gültig ist.

---

**Beispiel.** Betrachte im Datensatz `survey` aus dem Paket `MASS` die Variablen `Pulse` (Pulsrate, Schläge pro Minute) und `Smoke` (Rauchverhalten, verschiedene Kategorien). Verhält sich die erwartete Pulsrate in den verschiedenen Rauchverhaltenskategorien unterschiedlich?

---

Die Variable `Pulse` entspricht also der quantitative Variablen $Y$. Einen ersten Eindruck von der Verteilung aller Beobachtungen erhält man mittels

```
> Y <- survey$Pulse
> summary(Y)
   Min. 1st Qu.  Median    Mean 3rd Qu.    Max.   NA's
  35.00   66.00   72.50   74.15   80.00  104.00   45.00
```

Insbesondere sieht man, dass es 45 fehlende Werte gibt. Die klassifizierende Variable wollen wir hier mit `X` bezeichnen.

```
> X <- survey$Smoke
> summary(X)
Heavy Never Occas Regul  NA's
   11   189    19    17     1
```

Die meisten Studierenden haben sich also als Nichtraucher bezeichnet, in den übrigen Gruppen liegen relativ wenig Beobachtungen vor.

Eine Übersicht von `Y` pro Gruppe kann mittels

```
> tapply(Y, X, summary)
...
```

erfolgen. Eine grafische Entsprechung für die so erhaltene quantitative Zusammenfassung der Verteilungen von `Y` in den einzelnen Kategorien erhält man mittels

```
> YX.boxplot <- boxplot(Y ~ X, ylab = "Pulse",
+ xlab = "Smoke", main = "Students")
```

Die beobachteten Verteilungen unterscheiden sich in den $p = 4$ Gruppen sowohl hinsichtlich ihrer Lage als auch hinsichtlich ihres Streuverhaltens, vgl. Abbildung 19.1. Allerdings ergibt sich kein klares Bild. In dieser Grafik können fehlende Werte natürlich nicht dargestellt werden, wir können uns daher noch anschauen, wieviele Beobachtungen $n_i$ in jeder Gruppe tatsächlich vorliegen.

```
> YX.boxplot$n
[1]   7 152  16  16
```

Die recht geringe Zahl von Beobachtungen in drei Gruppen schränkt die Relevanz möglicher Schlussfolgerungen auf der Basis dieser Daten natürlich deutlich ein. Man kann sich leicht vorstellen, dass nur 1 oder 2 Beobachtungen mehr (oder auch weniger) in der Gruppe der starken Raucher zu einem ganz anderen Bild führen kann. Rein formal ist es jedoch trotzdem möglich ein Modell der Einfachklassifikation zu betrachten.

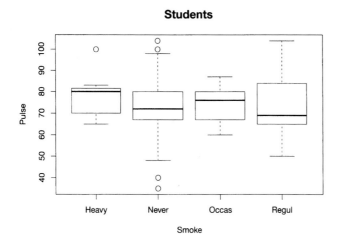

*Abbildung 19.1.* Pulsrate und Rauchverhalten

## 19.2 Der $F$-Test

Eine geeignete Testgröße kann im Modell der Einfachklassifikation auf der Basis zweier Maßzahlen für das *Streuverhalten* der Beobachtungen entwickelt werden. Daher spricht man auch von einer *Varianzanalyse* (analysis of variance, ANOVA).

### 19.2.1 Teststatistik und Varianzanalysetafel

Zunächst kann für eine feste Gruppe $i$ folgende Überlegung angestellt werden. Bezeichnet $\overline{y}_i$ den Mittelwert der Beobachtungen in Gruppe $i$ und $\overline{y}$ den Mittelwert aller Beobachtungen, so ist die berechnete Zahl $n_i(\overline{y}_i - \overline{y})^2$ ein Maß für den Lage-Unterschied von Gruppe $i$ zu allen Gruppen. Hingegen ist $\sum_{j=1}^{n_i}(y_{ij} - \overline{y}_i)^2$ ein Maß für das Streuverhalten innerhalb der Gruppe $i$. Damit kann

$$\mathrm{MQ}_\mathrm{G} = \frac{1}{p-1} \sum_{i=1}^{p} n_i(\overline{y}_i - \overline{y})^2$$

als *eine* Zahl angesehen werden, die insgesamt das Streuverhalten *zwischen den Gruppen* beschreibt, während

$$\mathrm{MQ}_\mathrm{F} = \frac{1}{n-p} \sum_{i=1}^{p} \sum_{j=1}^{n_i}(y_{ij} - \overline{y}_i)^2$$

als *eine* Zahl angesehen werden kann, die das Streuverhalten *innerhalb der Gruppen* beschreibt. Je größer $\mathrm{MQ}_\mathrm{G}$ im Verhältnis zu $\mathrm{MQ}_\mathrm{F}$ ist, umso deutlicher treten die Unterschiede zwischen den Gruppen zu Tage, was für die Alternativhypothese $\mathrm{H}_1$ spricht. Als

| Quelle | SQ | FG | MQ | $F$ |
|--------|-----|-----|-----|-----|
| Gruppe | $\mathrm{SQ_G} = \sum\limits_{i=1}^{p} n_i(\overline{y}_i - \overline{y})^2$ | $p-1$ | $\mathrm{MQ_G} = \frac{\mathrm{SQ_G}}{p-1}$ | $F = \frac{\mathrm{MQ_G}}{\mathrm{MQ_F}}$ |
| Fehler | $\mathrm{SQ_F} = \sum\limits_{i=1}^{p}\sum\limits_{j=1}^{n_i}(y_{ij} - \overline{y}_i)^2$ | $n-p$ | $\mathrm{MQ_F} = \frac{\mathrm{SQ_F}}{n-p}$ | |
| Gesamt | $\mathrm{SQ_T} = \sum\limits_{i=1}^{p}\sum\limits_{j=1}^{n_i}(y_{ij} - \overline{y})^2$ | $n-1$ | $\mathrm{MQ_T} = \frac{\mathrm{SQ_T}}{n-1}$ | |

*Tabelle 19.1.* Varianzanalysetafel für das Modell der Einfachklassifikation

geeignete Testgröße erscheint daher der Quotient

$$F = \frac{\mathrm{MQ_G}}{\mathrm{MQ_F}} \ .$$

Neben dieser Kenngrößen-Eigenschaft von $F$ ist für die Anwendung noch die Zufalls-variablen-Eigenschaft (also die Kenntnis der Verteilung von $F$ bei Gültigkeit von $\mathrm{H_0}$) notwendig.

**Satz.** Ist im Modell der Einfachklassifikation die Nullhypothese $\mathrm{H_0} : \mu_1 = \cdots = \mu_p$ gültig, so ist die Teststatistik $F$ zentral $F$-verteilt mit $p-1$ und $n-p$ Freiheitsgraden.

Für die konkrete Durchführung des $F$-Tests ist in R zunächst ein geeignetes lineares Modell (linear model, lm) mit Hilfe der Funktion `lm()` zu bilden, da das Modell der Einfachklassifikation als ein spezielles lineares Modell aufgefasst werden kann.

```
> YX.lm <- lm(Y ~ X)
```

Traditionellerweise werden bei der Durchführung einer Varianzanalyse nicht nur der Wert der Testgröße und der zugehörige p-Wert angegeben, sondern noch weitere Größen, die für die Berechnung von $F$ notwendig sind. Diese Größen werden in Form einer sogenannten Varianzanalysetafel, wie in Tabelle 19.1 dargestellt, aufbereitet. Das erzeugte Objekt `YX.lm` beinhaltet alle notwendigen Informationen für die Bildung einer solchen Tafel. Hierfür kann nun die Funktion `anova()` verwendet werden.

```
> YX.anova <- anova(YX.lm)
> YX.anova
Analysis of Variance Table

Response: Y
          Df  Sum Sq Mean Sq F value Pr(>F)
X           3   127.4    42.5  0.3064 0.8208
Residuals 187 25926.8   138.6
```

Auf der Basis des p-Wertes von 0.8208 kann also nicht zugunsten der Alternativhypothese entschieden werden, ein bedeutsamer Unterschied in den erwarteten Pulsraten wird folglich nicht festgestellt.

## 19.2.2   Die Varianzanalysetafel als R-Objekt

Das erzeugte R-Objekt `YX.anova` ist ein `data.frame` mit 2 benannten Zeilen und 5 benannten Spalten. Der Wert von $F$ kann mittels

```
> YX.anova[1,4]
[1] 0.3063759
```

extrahiert werden. Die Berechnung

```
> pf(YX.anova[1,4], 3, 187, lower.tail = FALSE)
[1] 0.8207628
```

bestätigt, dass der p-Wert entsprechend dem obigen Satz berechnet wird.

## 19.2.3   Einfachklassifikation für 2 Gruppen

Wie bereits oben erwähnt, ist das Modell der Einfachklassifikation eine Erweiterung des Zwei-Stichproben Modells für unabhängige Stichproben. Tatsächlich ergeben sich in beiden Modellansätzen im Fall $p = 2$ dieselben Resultate.

> **Beispiel.**   Betrachte im Datensatz **survey** aus dem Paket **MASS** die Variablen **Pulse** und **Sex**. Verhält sich die erwarteten Pulsrate für männliche und weibliche Studierende unterschiedlich?

Zunächst gehen wir genau wie oben vor.

```
> X.Sex <- survey$Sex
> YX.Sex.anova <- anova(lm(Y ~ X.Sex))
> YX.Sex.anova
Analysis of Variance Table

Response: Y
           Df  Sum Sq Mean Sq F value Pr(>F)
X.Sex       1   177.6   177.6  1.2953 0.2565
Residuals 189 25909.7   137.1
```

Es lässt sich also nicht zugunsten der Alternativhypothese eines erwarteten Unterschiedes entscheiden. Führen wir nun den *t*-Test durch, so setzen wir das Argument `var.equal = TRUE`, da dies der Voraussetzung der Einfachklassifikation entspricht.

```
> t.test(Y ~ X.Sex, var.equal = TRUE)

        Two Sample t-test

data:  Y by X.Sex
t = 1.1381, df = 189, p-value = 0.2565
alternative hypothesis: true difference in means is not equal to 0
...
```

Die beiden Testprozeduren liefern im Fall $p = 2$ stets dieselben p-Werte, denn es lässt sich zeigen, dass $F = t^2$ gilt.

**Satz.** Ist $X$ eine Zufallsvariable, die zentral $t$-verteilt mit $\nu$ Freiheitsgraden ist, so ist $X^2$ zentral $F$-verteilt mit 1 und $\nu$ Freiheitsgraden.

## 19.3  Parameterschätzer

Im Prinzip können im Modell der Einfachklassifikation auch Schätzwerte für die unbekannten Parameter $\mu_1, \dots, \mu_p$ und $\sigma$ angegeben werden. Zur Herleitung von Schätzwerten kann die Theorie linearer Modelle verwendet werden, da das Modell der Einfachklassifikation als spezielles lineares Modell aufgefasst werden kann. In einem solchen Modell wird oft unterstellt, dass sich die unbekannten Parameter $\mu_i$ in der Form

$$\mu_i = \mu + \alpha_i, \quad i = 1, \dots, p,$$

schreiben lassen, wobei sowohl $\mu$, als auch die $\alpha_i$ unbekannt sind und aus den Daten geschätzt werden. Damit dies ohne weiteres möglich ist, ist es notwendig zusätzliche Bedingungen an die unbekannten $\alpha_i$ zu stellen. Hierfür gibt es im Prinzip verschiedene Möglichkeiten. In R wird standardmäßig

$$\alpha_1 = 0$$

gesetzt. Die Schätzwerte $\widehat{\alpha}_i$, $i = 2, \dots, p$, können in diesem Fall als geschätzte Abweichungen vom geschätzten Erwartungswert der ersten Klasse interpretiert werden und das geschätzte allgemeine Mittel $\widehat{\mu}$ entspricht gerade dem geschätzten Erwartungswert $\widehat{\mu}_1$ der ersten Klasse. Die erste Klasse wird dadurch also automatisch zu einer Referenzklasse.

### 19.3.1  Schätzwerte

**Beispiel.** Gib für das lineare Modell der Einfachklassifikation YX.lm die zugehörigen Parameterschätzwerte an.

Einen Schätzwert für $\sigma$ erhält man mittels

```
> summary(YX.lm)$sigma
[1] 11.77480
```

Schätzwerte für die übrigen Parameter können mit Hilfe der Funktion dummy.coef() angezeigt werden.

```
> dummy.coef(YX.lm)
Full coefficients are

(Intercept):       78.28571
X:                 Heavy      Never      Occas      Regul
                   0.000000  -4.292293  -4.348214  -4.598214
```

Damit ist $\widehat{\mu} \approx 78.3$ ((Intercept)) und die Werte $\widehat{\alpha}_i$ sind entsprechend den Ausprägungen von X angegeben. Gegenüber einer geschätzten Pulsrate von 78.3 bei den starken

Rauchern sind die geschätzten Pulsraten in den drei anderen Gruppen also allesamt geringer, wobei die Größenordnung der negativen Abweichung (etwas mehr als 4 Schläge) in den drei Gruppen etwa gleich ist.

### 19.3.2  Kontraste

Möchte man keinen der Parameter $\alpha_i$ besonders herausstellen, so kann als Nebenbedingung

$$\sum_{i=1}^{p} \alpha_i = 0$$

gestellt werden. In R ist dies möglich, wenn man das Argument `contrasts` in der Funktion `lm()` setzt. Der Wert des Argumentes ist eine Liste, die für die entsprechenden Faktorvariablen (also hier X) den Namen eines sogenannten Konstrasts angibt.

Der zu der Nebenbedingung $\alpha_1 = 0$ gehörige Kontrast heißt `"contr.treatment"`, der zu der Nebenbedingung $\sum_{i=1}^{p} \alpha_i = 0$ gehörige Kontrast heißt `"contr.sum"`.

```
> YX.lm2 <- lm(Y ~ X, contrasts = list(X = "contr.sum"))
> dummy.coef(YX.lm2)
Full coefficients are

(Intercept):    74.97603
X:             Heavy       Never      Occas      Regul
            3.3096805  -0.9826128  -1.0385338  -1.2885338
```

Der geschätzte Parameter $\hat{\mu} \approx 75$ lässt sich nun als eine Schätzung für die erwartete Pulsrate in allen Gruppen interpretieren. Demgegenüber ist die geschätzte Pulsrate in der Gruppe der starken Raucher um etwa 3 Schläge höher, während sie in den anderen drei Gruppen um etwa 1 Schlag geringer ist.

Auf die Varianzanalysetafel hat diese Wahl der Kontraste keinen Einfluss. Das Konzept der Kontraste lässt sich im Rahmen der Theorie linearer Modelle erklären. Wir wollen hier darauf verzichten.

## 19.4  Ungleiche Gruppen Varianzen

Wie oben gesehen, besteht eine der Modellannahmen bei der Einfachklassifikation darin, dass der Parameter $\sigma$ in jeder Gruppe gleich ist, d.h. die Varianz der Variable $Y$ ist in jeder Gruppe identisch. Ob diese Annahme möglicherweise verletzt ist, kann ebenfalls mit Hilfe von Hypothesentests überprüft werden.

### 19.4.1  Überprüfung der Annahme

Ein klassischer Test nach Bartlett kann mit der Funktion `bartlett.test()` durchgeführt werden. Dieser Test ruht aber sehr stark auf der Modellannahme der Normalverteilung und liefert eher schlechte Ergebnisse, wenn diese Annahme nicht erfüllt ist. Ein Test der robuster gegen Abweichungen von der Normalverteilung ist, kann mit der Funktion `fligner.test()` durchgeführt werden.

```
> fligner.test(Y ~ X)

        Fligner-Killeen test of homogeneity of variances

data:  Y by X
Fligner-Killeen:med chi-squared = 1.6338, df = 3, p-value =
0.6517
```

Offenbar liegt in diesem Fall also keine bedeutsame Abweichung von der Annahme gleicher Varianzen vor.

### Der Levene-Test

Ein weiterer Test, der recht einfach zu beschreiben ist und eine vergleichbare Qualität besitzt, ist der Test von Levene.

**Definition.** Sei $Z$ eine Variable, deren (gruppierte) Beobachtungen aus dem ursprünglichen Modell der Einfachklassifikation mittels

$$z_{ij} = |y_{ij} - y_{i\mathrm{med}}|$$

berechnet werden, wobei $y_{i\mathrm{med}}$ der Median der Werte $y_{ij}$ in Gruppe $i$ ist. Der **Levene-Test** lehnt die Hypothese gleicher Varianzen in allen Gruppen genau dann ab, wenn in einem Einfachklassifikationsmodell für die Variable $Z$ die Hypothese gleicher Gruppen-Erwartungswerte auf der Basis des klassischen $F$-Tests abgelehnt wird.

Die Berechnung des p-Wertes für diesen Test kann mittels

```
> YX.med <- tapply(Y, X, median, na.rm = TRUE)
> Z <- abs(Y - YX.med[X])
> anova(lm(Z ~ X))[1,5]
[1] 0.5817267
```

erfolgen. Alternativ kann die Funktion `levene.test()` aus dem Paket `car`, siehe auch Fox (1997, 2002), verwendet werden.

### 19.4.2 Welch Modifikation des $F$ Tests

Liegt nun aber eine Situation vor, bei der angenommen werden soll, dass die Varianzen in den Gruppen nicht notwendig alle gleich sind, so kann anstelle des klassischen $F$-Tests eine Modifikation verwendet werden, die der Welch Modifikation des $t$-Tests im 2-Stichprobenfall entspricht.

```
> oneway.test(Y ~ X)

        One-way analysis of means (not assuming equal variances)
```

```
data:  Y and X
F = 0.2882, num df = 3.000, denom df = 18.858, p-value =
0.8333
```

Der p-Wert unterscheidet sich hier kaum vom p-Wert des klassischen $F$-Tests.

## 19.5   Nicht Normalverteilung

Neben der Annahme gleicher Varianzen, wird im Modell der Einfachklassifikation auch die Normalverteilung zugrunde gelegt. Analog zur Verwendung von `wilcox.test()` im Zwei-Stichproben Fall, kann anstelle des $F$-Tests auch ein nichtparametrischer Test verwendet werden, der keine spezielle Verteilung voraussetzt. Hierfür kann die Funktion `kruskal.test()` verwendet werden. Getestet wird die Nullhypothese, dass die Verteilungsfunktionen in allen $p$ Gruppen identisch sind, gegen die Alternativhypothese, dass es wenigstens ein Paar von Verteilungsfunktionen gibt, welches sich durch eine Lageverschiebung charakterisieren lässt.

## 19.6   Der paarweise $t$-Test

Wird im Modell der Einfachklassifikation zugunsten der Alternativhypothese entschieden, so ist man weiterhin daran interessiert herauszufinden, zwischen welchen der insgesamt $p$ Gruppen ein bedeutsamer Unterschied besteht. Zu diesem Zweck kann für jede mögliche Kombination von 2 aus $p$ Gruppen ein $t$-Test der Nullhypothese

$$H_0 : \mu_i = \mu_j, \quad i \neq j \in \{1, \dots, p\}$$

durchgeführt werden. Es werden damit also insgesamt $h = p(p-1)/2$ Nullhypothesen getestet. In einer solchen Situation werden die $h$ berechneten p-Werte einer Korrektur unterzogen.

### 19.6.1   Korrektur von p-Werten

Testet man eine Anzahl $h$ von Hypothesen, so beschreibt das multiple Signifikanzniveau $\alpha$ eine obere Schranke für die Wahrscheinlichkeit eine der Hypothese abzulehnen, obwohl sämtliche Hypothesen korrekt sind. Verwendet man für einen derartigen multiplen Test $h$-mal eine Test-Prozedur, deren p-Wert eigentlich nur im Hinblick auf das Niveau einer einzigen Hypothese zu interpretieren ist, so wird aber das multiple Niveau $\alpha$ überschritten, falls für jeden einzelnen Test ebenfalls $\alpha$ zugrunde gelegt wird. Daher wird in der Literatur vorgeschlagen, jeden einzelnen Test zu einem kleineren Niveau $\alpha_i$ mit $\sum_{i=1}^{h} \alpha_i = \alpha$ durchzuführen.

Die bekannteste Möglichkeit besteht darin $\alpha_i = \alpha/h$ zu wählen (Bonferroni-Korrektur). Für die zugehörigen einzelnen p-Werte $p_i$ bedeutet dies im Umkehrschluss, dass sie jeweils mit dem Faktor $h$ multipliziert werden.

**Definition.** Seien $p_1, \ldots, p_h$ berechnete p-Werte. Dann heißt

$$p_{i\text{Bon}} = \begin{cases} hp_i & \text{falls } hp_i \leq 1 \\ 1 & \text{sonst} \end{cases}$$

der zu $p_i$ gehörige **Bonferroni-korrigierte** p-Wert, $i = 1, \ldots, h$.

Andererseits ist bekannt, dass die Bonferroni-Korrektur zu konservativ ist, d.h. sie führt im Durchschnitt zu weniger Ablehnungen, als es durch die Vorgabe eines multiplen Testniveaus eigentlich erlaubt wäre.

Eine Abwandlung der Bonferroni-Korrektur, die weniger konservativ ist, ist die Methode von Holm, die auf einer aufsteigenden Sortierung der p-Werte beruht.

**Definition.** Seien $p_{(1)} \leq \ldots \leq p_{(h)}$ aufsteigend sortierte p-Werte. Seien $r_i = (h - i + 1)p_{(i)}$ und $\tilde{r}_i = \max_{j \leq i} r_j$. Für $i = 1, \ldots, h$ heißt

$$p_{i\text{Holm}} = \begin{cases} \tilde{r}_i & \text{falls } \tilde{r}_i \leq 1 \\ 1 & \text{sonst} \end{cases}$$

der zu $p_{(i)}$ gehörige **Holm-korrigierte** p-Wert.

Man erkennt leicht, dass durch die Korrektur nach Holm nicht alle ursprünglichen p-Werte mit demselben Faktor $h$ multipliziert werden, sondern einige mit einem kleineren Faktor. Damit ist die Korrektur nach Holm weniger konservativ, es lässt sich aber zeigen, dass das multiple Niveau trotzdem noch eingehalten werden kann.

**Beispiel.** Zum Test dreier Hypothesen wurde ein Testverfahren verwendet, dessen p-Werte $p_1 = 0.04$, $p_2 = 0.009$, $p_3 = 0.09$ im Hinblick auf die einzelne Hypothese berechnet wurden. Berechne die korrigierten p-Werte nach Bonferroni und Holm.

Eine Berechnung kann mit Hilfe der Funktion `p.adjust()` erfolgen.

```
> p.Werte <- c(0.04,0.009,0.09)
> p.adjust(p.Werte, method = "bonferroni")
[1] 0.120 0.027 0.270
> p.adjust(p.Werte, method = "holm")
[1] 0.080 0.027 0.090
```

Während ursprünglich jede einzelne Hypothese zumindest zu einem Niveau von $\alpha = 0.1$ abgelehnt werden kann, gilt dies nach der Korrektur nach Bonferroni im Hinblick auf ein multiples Niveau von $\alpha = 0.1$ nur noch für die zweite Hypothese. Die p-Werte nach der Korrektur von Holm erlauben hingegen das Ablehnen aller drei Nullhypothesen zu einem multiplen Niveau von $\alpha = 0.1$.

Die Funktion `p.adjust()` stellt noch andere Verfahren zur Korrektur von p-Werten bereit, vgl. dazu die zugehörige Hilfeseite.

## 19.6.2 Paarweiser $t$-Test

Ein paarweiser $t$-Test kann mit Hilfe der Funktion `pairwise.t.test()` durchgeführt werden. Dabei erlaubt die Funktion grundsätzlich eine Unterscheidung zwischen dem unverbundenen Fall (Voreinstellung `paired = FALSE`) und dem verbundenen Fall. Im obigen Modell der Einfachklassifikation spielt nur der unverbundene Fall eine Rolle, d.h. die Voreinstellung für das Argument `paired` wird beibehalten.

Dann ist es prinzipiell möglich, die paarweisen Tests auf der Basis zweier unterschiedlicher Teststatistiken durchzuführen. Beide sind unter der jeweiligen Nullhypothese zentral $t$-verteilt.

**Satz.** Gilt im Modell der Einfachklassifikation $H_0 : \mu_i = \mu_j$ (für $i \neq j$), so ist

$$t_{ij} = \sqrt{n_i + n_j - 2} \, \frac{\overline{y}_i - \overline{y}_j}{\sqrt{\frac{1}{n_i} + \frac{1}{n_j}} \sqrt{\left( \sum_{k=1}^{n_i} (y_{ik} - \overline{y}_i)^2 + \sum_{k=1}^{n_j} (y_{jk} - \overline{y}_j)^2 \right)}}$$

zentral $t$-verteilt mit $n_i + n_j - 2$ Freiheitsgraden.

Die Teststatistik $t_{ij}$ ist identisch mit der Teststatistik $t$ für den Fall zweier unabhängiger Stichproben (hier Gruppen $i$ und $j$) und gleicher Varianzen, vgl. Abschnitt 16.1.3. Für ihre Berechnung sind auch nur die Beobachtungen in den beiden Gruppen $i$ und $j$ notwendig, alle übrigen Informationen spielen keine Rolle.

**Satz.** Gilt im Modell der Einfachklassifikation $H_0 : \mu_i = \mu_j$ (für $i \neq j$), so ist

$$t_{ij}^{(p)} = \sqrt{n - p} \, \frac{\overline{y}_i - \overline{y}_j}{\sqrt{\frac{1}{n_i} + \frac{1}{n_j}} \sqrt{\sum_{i=1}^{p} \sum_{j=1}^{n_i} (y_{ij} - \overline{y}_i)^2}}$$

zentral $t$-verteilt mit $n - p$ Freiheitsgraden.

Die Teststatistik $t_{ij}^{(p)}$ unterscheidet sich von $t_{ij}$ dadurch, dass sie einen anderen Schätzer für den Standardfehler verwendet, der sich dadurch auszeichnet, dass die Informationen aus allen $p$ Gruppen zu seiner Berechnung verwendet werden (pooled standard error).

**Bemerkung.** Die Funktion `pairwise.t.test()` verwendet bei `paired = FALSE` automatisch die Teststatistiken $t_{ij}^{(p)}$. Durch Setzen von `pool.sd = FALSE` werden die Teststatistiken $t_{ij}$ verwendet.

**Bemerkung.** Soll die Funktion `pairwise.t.test()` zusammen mit dem Argument `paired = TRUE` verwendet werden, so ist ein Setzen von `pool.sd = TRUE` nicht möglich. Als Teststatistik wird weder $t_{ij}^{p}$ noch $t_{ij}$ verwendet, sondern die entsprechende Statistik für den Fall zweier verbundener Stichproben, vgl. Abschnitt 16.1.2.

Zur Veranschaulichung greifen wir nochmals das Beispiel aus Abschnitt 8.4.2 zurück.

---

**Beispiel.**   Im Datensatz `cuckoos` aus dem Paket `DAAG` sind unter anderem die Länge von Eiern (in mm) angegeben, die Kuckucks in verschiedene Wirtsvogel-Nester gelegt haben. Lässt sich ein bedeutsamer Unterschied in den erwarteten Längen im Hinblick auf die die verschiedenen Spezies feststellen?

---

Zunächst stellen wir die Varianzanalysetafel auf.

```
> library(DAAG)
> Ei <- cuckoos$length
> Wirt <- cuckoos$species
> anova(lm(Ei ~ Wirt))
Analysis of Variance Table

Response: Ei
           Df Sum Sq Mean Sq F value    Pr(>F)
Wirt        5 42.810   8.562  10.449 2.852e-08 ***
Residuals 114 93.410   0.819
---
Signif. codes:  0 `***´ 0.001 `**´ 0.01 `*´ 0.05 `.´ 0.1 ` ´ 1
```

Der p-Wert ist nahe bei 0, man kann also von einem bedeutsamen Unterschied in den erwarteten Längen ausgehen (sofern man unterstellt, dass das Modell der Einfachklassifikation hier angebracht ist).

Die Funktion `pairise.t.test()` gibt für die $p(p-1)/2 = 15$ Hypothesen die korrigierten p-Werte (nach der Methode von Holm) als Übersicht heraus.

```
> pairwise.t.test(Ei, Wirt)

        Pairwise comparisons using t tests with pooled SD

data:  Ei and Wirt

             hedge.sparrow meadow.pipit pied.wagtail
meadow.pipit 0.03703       -            -
pied.wagtail 1.00000       0.23946      -
robin        0.66369       1.00000      1.00000
tree.pipit   1.00000       0.03856      1.00000
wren         5.0e-07       0.00033      6.1e-06
             robin   tree.pipit
meadow.pipit -       -
pied.wagtail -       -
robin        -       -
tree.pipit   0.66369 -
wren         0.00028 5.0e-07

P value adjustment method: holm
```

Man erkennt insbesondere, dass zwischen `wren` und jeder anderen Spezies von einem bedeutsamen Unterschied ausgegangen werden kann.

# Kapitel 20

# Lineare Einfachregression

Liegen von zwei quantitativen Variablen $X$ und $Y$ Beobachtunspaare $(x_i, y_i)$, $i = 1, \ldots, n$, vor, so kann mit Hilfe des Korrelationskoeffizienten nach Pearson der Grad des linearen Zusammenhanges geschätzt werden. Möchte man weiterhin den statistischen Zusammenhang funktional durch eine Anpassungsgerade ausdrücken, so kann dies mit Hilfe der linearen Einfachregression geschehen.

## 20.1  Das Modell

Bei der Modellbildung wird eine Variable, $Y$, als Zielgröße (response variable) angesehen und die andere Variable $X$ als Einflussgröße (regressor).

**Definition.**  Man spricht von einem Modell der linearen Einfachregression, wenn folgende Annahmen als gültig angesehen werden:

(a) Die Beobachtungen $y_i$, $i = 1, \ldots, n$, von $Y$ können als voneinander unabhängige Realisationen aus einer Normalverteilung mit unbekannten Parametern $\mu_i$ und $\sigma$ angesehen werden.

(b) Die Parameter $\mu_i$ hängen linear von den Beobachtungen $x_i$ der Variablen $X$ ab, d.h. es gibt unbekannte Parameter $\beta_0$ und $\beta_1$ mit

$$\mu_i = \beta_0 + \beta_1 x_i$$

für $i = 1, \ldots, n$.

Damit eine sinnvolle Anwendung dieses Modells möglich ist, muss $n > 2$ erfüllt sein und die Beobachtungen $x_i$ dürfen nicht alle identisch sein.

Der Zusammenhang zwischen den Variablen $Y$ und $X$ wird also über den Erwartungswert der Zufallsvariablen $Y$ hergestellt. Damit wird ausgedrückt, dass von vornherein angenommen wird, dass kein exakter linearer Zusammenhang zwischen $Y$ und $X$, sondern ein statistischer Zusammenhang „im Mittel" besteht.

Die Variablen $Y$ und $X$ werden in dem Modell der linearen Einfachregression nicht gleichwertig behandelt. Die Variable $Y$ wird als Zufallsvariable angesehen, deren Verteilung für gegebene Werte von $X$ spezifiziert wird. Man spricht daher manchmal auch von einer *bedingten* Normalverteilung von $Y$.

**Definition.** Man spricht von einem Modell *ohne Interzept,* wenn in Teil (b) der obigen Definition der Parameter $\beta_0$ nicht auftaucht.

## 20.2   Modell Kenngrößen

Das Modell der linearen Einfachregression kann in R mit Hilfe der Funktion `lm()` angepasst werden. Dabei wird per Voreinstellung stets ein Modell *mit* Interzept gewählt.

**Beispiel.** Im Datensatz `survey` aus dem Paket `MASS` soll untersucht werden, ob und wie die Variable `Wr.Hnd` in Abhängigkeit der Variable `Height` durch ein Modell der linearen Einfachregression beschrieben werden kann.

Wir erzeugen mit Hilfe der Funktion `lm()` zunächst ein R-Objekt.

```
> library(MASS)
> attach(survey)
> lm1 <- lm(Wr.Hnd ~ Height)
```

In den folgenden Abschnitten wollen wir einige relevante Modell Kenngrößen ansprechen.

### 20.2.1   Koeffizienten Schätzer

Die unbekannten Parameter $\beta_0$ und $\beta_1$ werden auch als Regressionskoeffizienten bezeichnet. Sie werden im Modell der linearen Einfachregression mit Hilfe des Maximum-Likelihood Ansatzes geschätzt.

Die Likelihood Funktion ist

$$f(y_1, \ldots, y_n) = \prod_{i=1}^{n} \frac{1}{\sqrt{2\pi\sigma^2}} \exp\left[ -\frac{1}{2\sigma^2}(y_i - \mu_i)^2 \right], \quad \mu_i = \beta_0 + \beta_1 x_i .$$

Sie kann bezüglich der Parameter $\beta_0$, $\beta_1$ und $\sigma$ maximiert werden. Es ergeben sich dabei

$$\widehat{\beta}_1 = \frac{\sum_{i=1}^{n}(y_i - \overline{y})(x_i - \overline{x})}{\sum_{i=1}^{n}(x_i - \overline{x})^2} \quad \text{und} \quad \widehat{\beta}_0 = \overline{y} - \widehat{\beta}_1 \overline{x}$$

als Schätzer für die Regressionskoeffizienten. Dieser Ansatz kann als eine direkte Verallgemeinerung des Ein-Stichproben Normalverteilungsmodells aus Abschnitt 12.3.2 angesehen werden.

---

**Beispiel.** Wie lauten die Schätzer der Koeffizienten im obigen Beispiel?

---

Die geschätzten Regressionskoeffizienten können mit Hilfe der Funktion `coef()` aus dem Objekt `lm1` extrahiert werden.

```
> coef(lm1)
(Intercept)      Height
 -1.2301342   0.1158917
```

Dabei werden die Koeffizienten mit den zugehörigen Variablennamen gekennzeichnet, wobei für $\beta_0$ stets der Begriff „Interzept" verwendet wird.

### Fehlende Werte

Für die Bestimmung der Schätzwerte werden fehlende Werte üblicherweise ignoriert. Die Funktion `lm()` verfügt über ein Argument `na.action`, das regelt, was im Fall fehlender Werte getan werden soll. Die Voreinstellung des Argumentes `na.action` wird aus dem gleichnamigen Argument der Funktion `options()` ausgelesen und kann mit

```
> options("na.action")
$na.action
[1] "na.omit"
```

ausgegeben werden. Für unserer obiges Beispiel heißt dass, das nur Untersuchungseinheiten berücksichtigt werden, bei denen für beide Variablen ein nicht-fehlender Wert vorliegt (vollständige Fälle), was bedeutet, dass insgesamt 29 Untersuchungseinheiten nicht berücksichtigt werden.

## 20.2.2 Angepasste Werte und Residuen

Die *angepassten Werte* (fitted values) $\widehat{y}_i$ sind die geschätzten Erwartungswerte $\mu_i$, d.h. es gilt

$$\widehat{y}_i := \widehat{\beta}_0 + \widehat{\beta}_1 x_i, \quad i = 1, \ldots, n.$$

Die *Residuen* (residuals) sind die Differenzen

$$\widehat{\varepsilon}_i := y_i - \widehat{y}_i$$

Von besonderen Bedeutung ist in einem Regressionsmodell die Residuenquadratsumme (Residual Sum of Squares, RSS)

$$\text{RSS} := \sum_{i=1}^{2} \widehat{\varepsilon}_i^2.$$

Sie stellt eine Zusammenfassung der Größenordnung aller $n$ Residuen dar und taucht in der Berechnung verschiedener Kenngrößen auf. Sie wird auch als *Devianz* (deviance) bezeichnet und kann mit der Funktion `deviance()` berechnet werden.

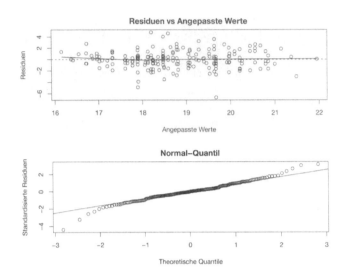

*Abbildung 20.1.* Einfaches Residuendiagramm und Normal-Quantil Diagramm standardisierter Residuen

---

**Beispiel.**   Wie lauten angepasste Werte, Residuen und Residuenquadratsumme im obigen Beispiel?

---

Angepasste Werte und Residuen können aus dem erzeugten R-Objekt lm1 mittels der Funktionen fitted() und residuals() gelesen werden.

```
> y.dach <- fitted(lm1)
> e.dach <-  residuals(lm1)
```

Die Residuenquadratsumme ist

```
> rss <- deviance(lm1)
> rss
[1] 479.1322
```

### Ein einfaches Residuen Diagramm

In einem Modell der linearen Einfachregression wie wir es oben definiert haben (einschließlich Interzept und Normalverteilungsannahme), lässt sich zeigen, dass angepasste Werte und Residuen stochastisch unabhängig voneinander sind. In einem Streudiagramm der Paare

$$(\widehat{y}_i, \widehat{\varepsilon}_i), \quad i = 1, \ldots, n,$$

sollten sich daher keinerlei auffällige Muster zeigen, da diese darauf hindeuten könnten, dass die erwähnte Unabhängigkeit verletzt und das Modell daher ungeeignet ist.

Wir zeichnen im obigen Beispiel ein einfaches Residuendiagramm.

```
> plot(y.dach, e.dach)
```

```
> abline(h = 0, lty = 2)
> lines(lowess(y.dach, e.dach), col = "red")
```

Vergleiche dazu die obere (noch zusätzlich beschriftete) Grafik aus Abbildung 20.1 Man
sieht, dass die Werte wie zufällig um die horizontale 0-Linie streuen, auffällige Muster sind
nicht erkennbar. Zur optischen Unterstützung wurde noch ein Streudiagramm-Glätter
(LOWESS) eingezeichnet, wie in Abschnitt 13.2.2 erläutert

### Fehlende Werte

Die Funktionen `fitted()` und `residuals()` erzeugen im obigen Fall zwei Vektoren, deren Länge kürzer ist, als die Länge der ursprünglichen Vektoren `Wr.Hnd` und `Height` die
im Modell verwendet werden. Dies liegt daran, dass in `lm1` nur diejenigen Untersuchungseinheiten berücksichtigt werden, die vollständig sind (vollständige Fälle, complete cases),
d.h. für die *jede* Variable im Modell keinen fehlenden Wert aufweist.

Manchmal kann es jedoch sinnvoll sein, dass die Vektoren, die die angepassten Werte und
Residuen enthalten, dieselbe Länge haben wie die ursprünglichen Variablen. Für diejenigen Untersuchungseinheiten für die keine Berechnung möglich ist, sollte dann wieder ein
fehlender Wert eingetragen sein.

Man kann dies hier dadurch erreichen, dass man im Aufruf von `lm()` das Argument
`na.action = "na.exclude"` setzt.

```
> lm2 <- lm(Wr.Hnd ~ Height, na.action = "na.exclude")
```

Wie oben werden dann bei allen Berechnungen nur vollständige Fälle betrachtet, allerdings werden beispielsweise beim Aufruf von `fitted()` die nichtvollständigen Fälle durch
fehlende Werte gekennzeichnet.

```
> summary(fitted(lm2))
   Min. 1st Qu.  Median    Mean 3rd Qu.    Max.    NA's
  16.15   17.89   18.59   18.75   19.63   21.95   29.00
```

### 20.2.3  Die Anpassung

Während die angepassten Werte $\widehat{y}_i$ die geschätzten Erwartungswerte von $Y$ für die gegebenen Werte $x_i$ bezeichnen, kann die Anpassung (fit) selbst als eine lineare Funktion

$$\widehat{y} \equiv \widehat{y}(x) = \widehat{\beta}_0 + \widehat{\beta}_1 x$$

für im Prinzip beliebige Werte $x$ der Variablen $X$ aufgefasst werden. Diese Funktion beschreibt eine Gerade mit Achsenabschnitt $\widehat{\beta}_0$ und Steigung $\widehat{\beta}_1$, die in ein Streudiagramm
der Variablen $(X, Y)$ eingezeichnet werden kann.

```
> plot(Wr.Hnd ~ Height)
> abline(lm1)
```

Die Zielgröße aus dem linearen Modell ist im Streudiagramm die Variable, die auf der
$y$-Achse abgetragen wird. Vergleiche dazu Abbildung 20.2, Seite 204, wobei dort Anpassungen und Streudiagramm getrennt voneinander dargestellt sind.

## 20.2.4   Das Bestimmtheitsmaß

Da Bestimmtheitsmaß $R^2$ ist eine Kenngröße, die die Qualität der Anpassung wiedergibt. Es gilt

$$0 \leq R^2 \leq 1 \,,$$

wobei die Anpassung umso besser ist, je näher $R^2$ bei 1 liegt.

**Definition.** Das ***Bestimmtheitsmaß*** (coefficient of determination) $R^2$ ist im Modell der linearen Einfachregression (mit Interzept) definiert als der quadrierte Korrelationkoeffizient nach Pearson, der auf der Basis der Paare $(\widehat{y}_i, y_i)$, $i = 1, \ldots, n$, bestimmt wird.

---

**Beispiel.**   Berechne das Bestimmtheitsmaß im obigen Beispiel.

---

Damit die folgenden Berechnungen für unser obiges Beispiel korrekt sind, erzeugen wir zunächst zwei neue Variablen, die nur auf den vollständigen Fällen beruhen.

```
> pos <- complete.cases(Wr.Hnd, Height)
> y.complete <- Wr.Hnd[pos]
> x.complete <- Height[pos]
```

Die Elemente der Vektoren `y.complete` und `x.complete` gehören nun zu denselben Untersuchungseinheiten wie die Elemente der oben definierten Vektoren `y.dach` und `e.dach`. Anstelle der ursprünglichen $n = 237$ werden also nur noch $n = 208$ Untersuchungseinheiten berücksichtigt.

```
> R.Quadrat <- cor(y.dach, y.complete)^2
> R.Quadrat
[1] 0.3611901
```

Eine andere populäre Definition des Bestimmtheitsmaßes ist die folgende.

**Definition.** Das ***Bestimmtheitsmaß*** $R^2$ ist im Modell der linearen Einfachregression (mit Interzept) definiert als der Quotient der empirischen Varianz der angepassten Werte $\widehat{y}_i$, geteilt durch die empirische Varianz der Beobachtungen der Zielgröße $y_i$, $i = 1, \ldots, n$.

Es lässt sich zeigen, dass beide Definitionen äquivalent sind.

```
> var(y.dach)/var(y.complete)
[1] 0.3611901
```

Damit beschreibt das Bestimmtheitsmaß $R^2$ denjenigen Anteil an der empirischen Varianz der Zielgröße $Y$, die durch die Regression erklärt wird. In diesem Fall kann die Regression also nur etwa 36% der Streuung der Zielgröße $Y$ erklären, das ist kein besonders hoher Wert.

**Satz.** Das Bestimmtheitsmaß $R^2$ lässt sich im Modell der linearen Einfachregression (mit Interzept) mittels

$$R^2 = 1 - \frac{\text{RSS}}{\sum_{i=1}^{n}(y_i - \overline{y})^2}$$

berechnen.

Auf einen Beweis der Gleichheit der drei Formeln für $R^2$ wollen wir verzichten und verweisen stattdessen auf die entsprechende Literatur, etwa Seber und Lee (2003) oder Christensen (2002).

```
> 1 - rss/sum((y.complete-mean(y.complete))^2)
[1] 0.3611901
```

Die drei Formeln sind auch in einem Modell der multiplen Regression (mit Interzept) gültig, welches im folgenden Kapitel näher angesprochen wird.

### Bestimmtheitsmaß und Einfachregression

Eine weitere Möglichkeit $R^2$ zu berechnen ergibt sich nur im Modell der linearen Einfachregression. Es handelt sich in diesem Fall nämlich auch um den quadrierten Korrelationskoeffizienten zwischen Ziel- und Einflussgröße.

```
> cor(x.complete, y.complete)^2
[1] 0.3611901
```

## 20.2.5   Der Residuen Standardfehler

Der Residuen Standardfehler (residual standard error) ist definiert als

$$\widehat{\sigma} = \sqrt{\frac{1}{n-k}\text{RSS}} \ .$$

Dabei ist $k$ die Anzahl der Regressionskoeffizienten, also hier $k = 2$. Die Größe $\widehat{\sigma}$ wird in Regressionsmodellen zur Schätzung des Parameters $\sigma$ verwendet. Es handelt sich dabei aber nicht um den Maximum-Likelihood Schätzer für $\sigma$, der sich zu $\widehat{\sigma}_{\text{ML}} = \sqrt{\text{RSS}/n}$ ergibt.

## 20.2.6   $t$-Werte

Im Modell der linearen Einfachregression können zusätzlich zu den geschätzten Koeffizienten $\widehat{\beta}_j$ auch noch Standardfehler $\widehat{\sigma}(\widehat{\beta}_j)$ berechnet werden, vgl. dazu Abschnitt 21.2.2. Die Werte

$$t_j = \frac{\widehat{\beta}_j}{\widehat{\sigma}(\widehat{\beta}_j)}$$

können jeweils als Teststatistiken zum Test der Nullhypothese $H_0 : \beta_j = 0$ gegen die Alternative $H_1 : \beta_j \neq 0$ verwendet werden. Sie sind bei Gültigkeit von $H_0$ zentral $t$-verteilt mit $n - k$ Freiheitsgraden, wobei $k$ die Anzahl der Regressionskoeffizienten bezeichnet (d.h. hier $k = 2$).

**Bemerkung.** Ist der zu $t_j$ gehörige p-Wert klein (also beispielsweise kleiner als $\alpha = 0.05$), so ist dies ein Anzeichen dafür, dass die zu $t_j$ gehörige Variable im Modell eine bedeutsame Rolle spielt.

## 20.3   Die Kenngrößen Zusammenfassung

Wendet man die Funktion `summary()` auf ein mit `lm()` erzeugtes Objekt an, so wird eine umfangreiche Übersicht verschiedener Kenngrößen ausgegeben.

---

**Beispiel.** Erstelle eine Kenngrößen Zusammenfassung des oben erzeugten Objektes `lm1`.

---

```
> lm1.sum <- summary(lm1)
> lm1.sum

Call:
lm(formula = Wr.Hnd ~ Height)

Residuals:
      Min        1Q     Median        3Q       Max
-6.669782 -0.791448 -0.005084  0.914728  4.802043

Coefficients:
            Estimate Std. Error t value Pr(>|t|)
(Intercept) -1.23013    1.85412  -0.663    0.508
Height       0.11589    0.01074  10.792   <2e-16 ***
---
Signif. codes:  0 `***´ 0.001 `**´ 0.01 `*´ 0.05 `.´ 0.1 ` ´ 1

Residual standard error: 1.525 on 206 degrees of freedom
  (29 observations deleted due to missingness)
Multiple R-squared: 0.3612,      Adjusted R-squared: 0.3581
F-statistic: 116.5 on 1 and 206 DF,  p-value: < 2.2e-16
```

Dies erscheint auf den ersten Blick recht überladen, erlaubt jedoch mit etwas Übung eine gute Einschätzung von der Art und Qualität der Modellanpassung. Die meisten der hier dargestellten Ergebnisse haben wir im vorhergehenden Abschnitt bereits kennengelernt.

`Call:` Die Modellformel, die zur Erzeugung des Objektes geführt hat.

`Residuals:` Eine Kenngrößen Zusammenfassung der Verteilung der Residuen $\hat{\varepsilon}_i$ $i = 1, \ldots, n$. Da in einem Modell mit Interzept das arithmetische Mittel der Residuen stets gleich 0 ist, wird es nicht mit ausgegeben.

`Coefficients:` Eine Tabelle der Form

|                     | $\hat{\beta}_j$ | $\hat{\sigma}(\hat{\beta}_j)$ | $t_j$ | p-Wert zu $t_j$ |
|---------------------|-----------------|-------------------------------|-------|-----------------|
| $j = 0$, Interzept  |                 |                               |       |                 |
| $j = 1$, Variable $X$ |               |                               |       |                 |

`Residual standard error:` Der Wert $\hat{\sigma}$. Die Anzahl der Freiheitsgrade ist der Faktor $n - k$, wobei hier $k = 2$ ist (Anzahl der Regressionskoeffizienten) und $n = 208$ gilt, da 29 fehlende Werte nicht berücksichtigt werden.

`Multiple R-squared`: Das Bestimmtheitsmaß $R^2$.

`Adjusted R-squared`: Das adjustierte Bestimmtheitsmaß, vgl. dazu Abschnitt 21.2.3.

`F-statistic`: Die Omnibus $F$ Statistik, vgl dazu Abschnitt 21.2.4.

Diese Zusammenfassung ist selbst wiederum ein R-Objekt, aus dem einzelne Kenngrößen extrahiert werden können. So erhält man mittels

```
> lm1.sum$r.squared
[1] 0.3611901
```

beispielsweise das Bestimmtheitsmaß $R^2$. Wie die einzelnen Kenngrößen jeweils bezeichnet sind, kann auf der Hilfeseite zur Funktion `summary.lm()` nachgelesen werden.

## 20.4 Linearität

Im Modell der linearen Einfachregression wird vorausgesetzt, dass zwischen Ziel- und Einflussgröße ein linearer Zusammenhang besteht. Das bedeutet, dass die Anwendung dieses Modells nur dann sinnvoll ist, wenn tatsächlich zumindest näherungsweise von einem derartigen Zusammenhang ausgegangen werden kann.

### 20.4.1 Grafische Überprüfung

Im Modell der linearen Einfachregression kann durch ein einfaches Streudiagramm der Paare $(x_i, y_i)$, $i = 1, \ldots, n$, grafisch überprüft werden, ob die Annahme eines linearen Zusammenhanges sinnvoll ist. Zur Unterstützung der Bewertung kann ein Streudiagramm-Glätter eingezeichnet werden.

---

**Beispiel.** Überprüfe, ob ein näherungsweise linearer Zusammenhang zwischen Ziel- und Einflussgröße im obigen Beispiel vorhanden ist.

---

Da die Funktion `lowess()` keine Argumente zum Umgang mit fehlenden Werten besitzt, arbeiten wir mit den vollständigen Fällen.

```
> yx.form <- y.complete ~ x.complete
> plot(yx.form)
> lines(lowess(yx.form))
```

Es zeigt sich, dass im Prinzip von einem linearen Zusammenhang ausgegangen werden kann, vgl. auch die linke Grafik in Abbildung 20.2, Seite 204. Eine leichte Biegung im Graphen des Streudiagramm Glätters könnte auf einen (sehr schwach ausgeprägten) nichtlinearen Zusammenhang hindeuten.

## 20.4.2  Nichtlineare Ansätze

Die angesprochene Biegung im Graphen von LOWESS legt nahe, dass eventuell ein Ansatz der Form

$$\mu_i = \beta_0 + \beta_1 x_i^2$$

geeignet sein könnte. Dies lässt sich auf einfache Weise mit der Funktion lm() realisieren.

```
> lm3 <- lm(y.complete ~ I(x.complete^2))
```

Die neue Variable x.complete^2 haben wir in der Formel mit I() umschlossen. Der Grund dafür ist darin zu sehen, dass in komplexeren Modellformeln Symbole wie +, -, *, ^, *nicht* als arithmetische Operatoren interpretiert werden, sondern eine spezielle Bedeutung in Bezug auf die Formel haben.

**Bemerkung.** Möchte man innerhalb einer Modellformel erreichen, dass Symbole wie +, -, *, ^, ihre übliche arithmetische Bedeutung haben, so ist der entsprechende Bereich mit I() zu umschließen.

**Beispiel.** Zeichne im obigen Beispiel die quadratische Anpassung in ein Streudiagramm der Beobachtungen ein.

Das Einzeichnen der Funktion $f(x) = \widehat{\beta}_0 + \widehat{\beta}_1 x^2$ kann mit Hilfe von curve() erfolgen.

```
> plot(yx.form)
> coef.lm3 <- coef(lm3)
> min.x <- min(x.complete)
> max.x <- max(x.complete)
> curve(coef.lm3[1] + coef.lm3[2]*x^2, from = min.x, to = max.x,
+ add = TRUE)
```

Es ergibt sich optisch kaum ein Unterschied zu einer Geraden, vgl. die linke Grafik in Abbildung 20.2, Seite 204.

Ob in diesem Beispiel der quadratische Ansatz nun tatsächlich besser als der lineare ist, lässt sich allein auf der Basis der vorhandenen Daten kaum entscheiden. Der Unterschied spielt, wenn überhaupt, dann nur in den Bereichen eine Rolle (sehr kleine oder sehr große Personen) für die keine bzw. nur wenige Daten vorliegen, während er im Haupt-Datenbereich vernachlässigbar ist.

## 20.5  Normalität

Im Modell der linearen Einfachregression wird vorausgesetzt, dass die Beobachtungen $y_i$ der Zielgröße aus einer Normalverteilung stammen.

Um diese Annahme zu überprüfen, kann ein Normal-Quantil Diagramm oder ein Test auf Normalverteilung allerdings *nicht* auf der Basis dieser Beobachtungen angewendet werden, denn diese Methoden setzen voraus, dass die Beobachtungen aus derselben Verteilung stammen. Das Modell der linearen Einfachregression impliziert aber gerade, dass jede Beobachtung $y_i$ aus einer eigenen Normalverteilung mit Parametern mean $= \mu_i$ und sd $= \sigma$ stammt.

Andererseits folgt aus den Modellvoraussetzungen, dass die Differenzen

$$y_i - (\beta_0 + \beta_1 x_i), \quad i = 1, \ldots, n \,,$$

normalverteilt sind mit mean $= 0$ und sd $= \sigma$. Es liegt daher nahe, die Parameter $\beta_0$ und $\beta_1$ durch ihre Schätzungen $\widehat{\beta}_0$ und $\widehat{\beta}_1$ zu ersetzen und folglich die Residuen $\widehat{\varepsilon}_i$ zur Überprüfung auf Normalverteilung zu verwenden.

Allerdings lässt sich zum einen zeigen, dass die Residuen nicht unabhängig voneinander sind, wobei diese eher schwache Abhängigkeit im Allgemeinen aber ignoriert wird. Zum anderen gilt

$$\mathrm{Var}(\widehat{\varepsilon}_i) = \sigma^2 (1 - h_{ii}), \quad i = 1, \ldots, n \,,$$

wobei $h_{ii}$ die sogenannten *Hebelwerte* (hat values) sind, vgl. Abschnitt 21.2.5. Daher verwendet man sogenannte *standardisierte Residuen*

$$r_i = \frac{\widehat{\varepsilon}_i}{\widehat{\sigma}\sqrt{1 - h_{ii}}}, \quad i = 1, \ldots, n \,.$$

---

**Beispiel.** Zeichne im obigen Beispiel ein Normal-Quantil Diagramm, vgl. Abschnitt 12.2, der standardisierten Residuen.

---

Standardisierte Residuen können in R mit der Funktion `rstandard()` direkt aus dem oben erzeugten Objekt `lm1` bestimmt werden.

```
> r.lm1 <- rstandard(lm1)
> qqnorm(r.lm1)
> qqline(r.lm1)
```

Die Grafik zeigt Abweichungen von einer Geraden in den Randbereichen, vergleiche dazu die untere Grafik in Abbildung 20.1, Seite 194. Insgesamt gesehen bestätigt sich der Eindruck einer mäßigen, aber nicht völlig ungeeigneten Anpassung `lm1`.

**Bemerkung.** Neben den oben beschriebenen standardisierten Residuen werden in der Literatur auch sogenannte *studentisierte* Residuen zur Anwendung vorgeschlagen. Sie unterscheiden sich von den standardisierten Residuen dadurch, dass $\widehat{\sigma}$ für jedes $i$ unterschiedlich berechnet wird. Die Berechnung erfolgt im Prinzip genauso wie bei $\widehat{\sigma}$, mit dem Unterschied, dass jeweils die $i$-te Beobachtung $(x_i, y_i)$ weggelassen wird.

Studentisierte Residuen können in R mit der Funktion `rstudent()` bestimmt werden.

## 20.6 Modell ohne Interzept

Die Funktion `lm()` verwendet in der Voreinstellung stets ein Modell mit Interzept. Man kann jedoch auch ein Modell ohne Interzept anpassen, wenn man in der Modellformel die 1 subtrahiert. Im Prinzip werden die Kenngrößen des Modells genau wie oben berechnet, mit dem Unterschied, dass die Anzahl der Regressionskoeffizienten $k$ jetzt gleich 1 ist.

Zudem ist der Schätzer $\widehat{\beta}_1$ nun gegeben als $\widehat{\beta}_1 = \left(\sum_{i=1}^n x_i y_i\right) / \left(\sum_{i=1}^n x_i^2\right)$, da sich durch Weglassen des Parameters $\beta_0$ die zu maximierende Zielfunktion im Maximum-Likelihood Ansatz ändert. Ein weiterer Unterschied betrifft die Berechnung des Bestimmtheitsmaßes.

**Bemerkung.** Im Modell der linearen Einfachregression ohne Interzept wird das Bestimmtheitsmaß $R^2$ mittels

$$R^2 = 1 - \frac{\text{RSS}}{\sum_{i=1}^n y_i^2}$$

berechnet.

Bedingt durch die unterschiedliche Berechnungsweise sind Bestimmtheitsmaße aus Modellen mit Interzept nicht direkt vergleichbar mit Bestimmtheitsmaßen aus Modellen ohne Interzept.

**Beispiel.** Passe im obigen Beispiel ein Modell ohne Interzept an.

```
> summary(lm(Wr.Hnd ~ Height - 1))
...

Coefficients:
        Estimate Std. Error t value Pr(>|t|)
Height 0.1087789  0.0006116   177.9   <2e-16 ***
---
Signif. codes:  0 `***´ 0.001 `**´ 0.01 `*´ 0.05 `.´ 0.1 ` ´ 1

Residual standard error: 1.523 on 207 degrees of freedom
  (29 observations deleted due to missingness)
Multiple R-squared: 0.9935,     Adjusted R-squared: 0.9935
F-statistic: 3.163e+04 on 1 and 207 DF,  p-value: < 2.2e-16
```

Der Unterschied zur Anpassung mit Interzept ist in diesem Fall nicht sehr groß. Die Schätzwerte von $\widehat{\beta}_1$ sind in beiden Modellen beinahe identisch. Das Bestimmtheitsmaß täuscht hier allerdings eine hohe Qualität der Anpassung vor, die so nicht gegeben ist.

## 20.7 Prognosen

Die Anpassung

$$\widehat{y}(x) = \widehat{\beta}_0 + \widehat{\beta}_1 x$$

kann für ein festes $x$ sowohl als eine Schätzung für den zugehörigen Erwartungswert von $Y$, als auch als eine Prognose eines zukünftigen Wertes von $Y$ aufgefasst werden.

### 20.7.1 Prognoseintervalle

Anstelle einer Punktschätzung $\widehat{y}(x)$ kann auch ein *Konfidenzintervall*

$$\widehat{y}(x) \pm \vartheta(\alpha)\widehat{\sigma}\sqrt{\xi(x)}, \quad \xi(x) = \frac{1}{n} + \frac{(x - \overline{x})^2}{\sum_{i=1}^n (x_i - \overline{x})^2},$$

betrachtet werden. Dabei ist $\vartheta(\alpha)$ für ein vorgegebenes $0 < \alpha < 1$ das $1 - \alpha/2$ Quantil der zentralen $t$-Verteilung mit $n - k$ Freiheitsgraden und $\widehat{\sigma}$ der Residuen Standardfehler. Das sogenannte *Prognoseintervall*

$$\widehat{y}(x) \pm \vartheta(\alpha)\widehat{\sigma}\sqrt{1 + \xi(x)}$$

berücksichtigt zusätzlich die Unsicherheit in der Vorhersage des Wertes einer Zufallsvariablen und ist stets breiter als das obige Konfidenzintervall.

---

**Beispiel.**   Bestimme für jeden Wert $x \in \{150.0, 150.1, 150.2, \ldots, 200.0\}$ von `Height` das zugehörige Konfidenzintervall der Anpassung (mit $\alpha = 0.05$).

---

Für die Berechnung von Konfidenz- (und Prognose-) intervall kann in R die Funktion `predict()` verwendet werden. Das erste Argument `object` wird mit `lm1` gesetzt. Das zweite Argument `newdata` muss ein `data.frame` sein, der die Werte der Variablen `Height` enthält, für die eine Prognose bzw. ein Intervall erstellt werden soll. Dabei muss die Variable auch tatsächlich denselben Namen, wie die entsprechende Einflussgröße beim Aufruf von `lm()` haben.

```
pred.x <- data.frame(Height = seq(min.x, max.x, 0.1))
```

Die Werte von `Height`, für die hier jeweils ein Konfidenzintervall der Anpassung bestimmt wird, liegen also zwischen dem kleinsten und größten tatsächlich beobachteten Wert und sind aufsteigend sortiert. (Die Objekte `min.x` und `max.x` wurden oben bereits erzeugt.)

```
> conf.lm1 <- predict(object = lm1, newdata = pred.x, interval = "conf")
> conf.lm1
          fit      lwr      upr
1    16.15363 15.63593 16.67133
2    16.16522 15.64945 16.68098
...
500  21.93662 21.31787 22.55538
501  21.94821 21.32747 22.56896
```

Das so erzeugte Objekt `conf.lm1` ist eine Matrix mit drei Spalten. Die erste Spalte enthält die Werte $\widehat{y}(x)$, die zweite die Werte $\widehat{y}(x) - \vartheta(\alpha)\widehat{\sigma}\sqrt{\xi(x)}$ und die dritte die Werte $\widehat{y}(x) + \vartheta(\alpha)\widehat{\sigma}\sqrt{\xi(x)}$. Das Zeichnen wird im folgenden Abschnitt erläutert.

## 20.8   Grafische Darstellungen

---

**Beispiel.**   Zeichne eine grafische Darstellung, wie in Abbildung 20.2.

---

Zunächst teilen wir die Grafik-Einrichtung auf und zeichnen links eine „leere" Grafik.

```
> par.vorher <- par(mfrow=c(1,2))
> plot(yx.form, ylab = "Schreibhand", xlab = "Größe", type = "n")
```

Nun zeichnen wir die drei Anpassungen in unterschiedlichen Farben, Stricharten und Strichdicken.

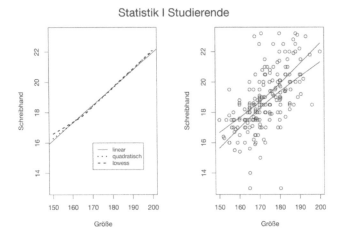

*Abbildung 20.2.* Anpassungen im Vergleich und Konfidenzbereich der linearen Anpassung

```
> abline(lm(yx.form))
> lines(lowess(yx.form), col = "red", lty = 2, lwd = 2)
> curve(coef.lm3[1] + coef.lm3[2]*x^2, from = min.x, to = max.x,
+ add = TRUE, col = "blue", lty = 3, lwd = 3)
```

Als nächstes fügen wir die Legende ein. Wir benötigen $x$- und $y$-Koordinaten (Argumente x und y), die Legende-Texte (Argument legend) und die oben verwendeten Farben, Stricharten und Strichdicken (Argumente col, lty, lwd). Hierbei muss der Anwender selbst darauf achten, dass die Werte der Argumente auch tatsächlich zu den drei Graphen passen.

```
> legend(170,16, legend = c("linear","quadratisch","lowess"),
+ col = c("black","blue","red"), lty = c(1,3,2), lwd = c(1,3,2))
```

Die rechte Seite wird nun mittels

```
> plot(yx.form, ylab = "Schreibhand", xlab = "Größe")
> matlines(pred.x[,1], conf.lm1[, 2:3], col = "black", lty = 1)
```

erzeugt. Schließlich wird mit

```
> mtext("Statistik I Studierende", outer = TRUE, cex = 2.0, line = -3)
```

noch eine Gesamtüberschrift eingefügt.

# Kapitel 21

# Multiple Regression

Ein Modell der multiplen linearen Regression stellt eine natürliche Verallgemeinerung des Modells der linearen Einfachregression dar, bei der anstelle einer Einflussgröße $X$ mehrere Einflussgrößen $X_1, \ldots, X_p$ zur Erklärung der Zielgröße $Y$ auf der Basis von Beobachtungen an $n$ Untersuchungseinheiten Verwendung finden. Die im vorhergehenden Abschnitt angestellten Überlegungen lassen sich in natürlicher Weise auf den multiplen Fall übertragen.

## 21.1   Das multiple Regressionsmodell

Von $p$ Variablen $X_1, \ldots, X_p$ und einer quantitativen Variablen $Y$ liegen $n$ Beobachtungstupel

$$(x_{i1}, \ldots, x_{ip}, y_i), \quad i = 1, \ldots, n,$$

vor. Auf der Basis solcher Beobachtungen kann ein Modell der multiplen Regression angewendet werden.

**Definition.** Eine Variable $Y$ erfülle als Zielgröße dieselben Voraussetzungen wie im Modell der linearen Einfachregression. Dann spricht man von einem multiplen Regressionsmodell, wenn

$$\mu_i = \beta_0 + \beta_1 x_{i1} + \cdots + \beta_p x_{ip}, \quad i = 1, \ldots, n,$$

unterstellt wird. Dabei bezeichnen $x_{ij}$ die Beobachtungen der Variablen $X_j$, $j = 1, \ldots, p$. Die unbekannten Parameter $\beta_0, \beta_1, \ldots, \beta_p$ heißen Regressionskoeffizienten.

**Bemerkung.** In einem multiplen Regressionsmodell mit $p$ Einflussgrößen ist die Anzahl der Regressionskoeffizienten $k$ entweder gleich $p + 1$ (Modell mit Interzept) oder gleich $p$ (Modell ohne Interzept, d.h. Weglassen von $\beta_0$).

**Bemerkung.** Damit ein multiples Regressionsmodell angewendet werden kann, muss $n > k$ gelten, wobei $k$ die Anzahl der Regressionskoeffizienten bezeichnet, und keine Variable $X_j$ darf sich als Linearkombination anderer Variablen im Modell ergeben.

In einem multiplen Regressionsmodell mit Interzept $(k = p + 1)$ gilt

$$\underbrace{\begin{pmatrix} \mu_1 \\ \vdots \\ \mu_n \end{pmatrix}}_{=:\mu} = \underbrace{\begin{pmatrix} 1 & x_{11} & \cdots & x_{1p} \\ \vdots & \vdots & & \vdots \\ 1 & x_{n1} & \cdots & x_{np} \end{pmatrix}}_{=:X} \underbrace{\begin{pmatrix} \beta_0 \\ \beta_1 \\ \vdots \\ \beta_p \end{pmatrix}}_{=:\beta}$$

wobei die $n \times k$ *Modellmatrix* $X$ vollständig bekannt ist, während der $k \times 1$ Vektor $\beta$ unbekannt ist. In einem Modell ohne Interzept $(k = p)$ ist

$$X = \begin{pmatrix} x_{11} & \cdots & x_{1p} \\ \vdots & & \vdots \\ x_{n1} & \cdots & x_{np} \end{pmatrix}$$

die $n \times k$ Modellmatrix. In der Praxis werden in den meisten Fällen aber multiple Regressionsmodelle *mit* Interzept betrachtet.

Von Interesse ist in einem multiplen Regressionsmodell eine Anpassung (fit) der Form

$$\widehat{y} \equiv \widehat{y}(x_1, \ldots, x_p) = \widehat{\beta}_0 + \widehat{\beta}_1 x_1 + \cdots + \widehat{\beta}_p x_p \,,$$

wobei $\widehat{\beta}_0, \widehat{\beta}_1, \ldots, \widehat{\beta}_k$ geschätzte Koeffizienten und $x_1, \ldots, x_p$ (im Prinzip) beliebige Werte der Einflussgrößen sind.

## 21.2   Modell Kenngrößen

Für ein multiples Regressionsmodell kann mit der Funktion `summary()`, bzw. eigentlich `summary.lm()`, ebenfalls eine Kenngrößen Zusammenfassung erstellt werden. Diese Größen ergeben sich in natürlicher Verallgemeinerung zum Modell der Einfachregression, vgl. Abschnitt 20.3.

### 21.2.1   Schätzer der Regressionskoeffizienten

So erhält man die Schätzer für die Regressionskoeffizienten ebenfalls über den Maximum-Likelihood Ansatz. Der gesamte Vektor der Schätzwerte lässt sich auch explizit in der Form

$$\widehat{\beta} = (X'X)^{-1} X'y$$

darstellen. Die Funktion `lm()` verwendet allerdings diese Formel aus Gründen numerischer Stabilität nicht direkt zur Berechnung der Schätzwerte.

---

**Beispiel.** Betrachte erneut das obige Beispiel, in dem die Variable `Wr.Hnd` in Abhängigkeit der Variable `Height` durch ein Modell der linearen Einfachregression beschrieben wird. Berechne explizit den $2 \times 1$ Vektor $\widehat{\beta}$ mit Hilfe der angegebenen Formel.

Zunächst bestimmen wir die Modellmatrix aus dem im vorhergehenden Kapitel definierten R-Objekt `lm1`. Hierfür kann die Funktion `model.matrix()` angewandt werden.

```
> X <- model.matrix(lm1)
```

Wir verwenden nun die Funktion `crossprod()` mit der Multiplikationen der Form $A'B$ für geeignet dimensionierte Matrizen $A$ und $B$ durchgeführt werden können, sowie die Funktion `solve()` mit der lineare Gleichungssysteme der Form $Ax = b$ bezüglich eines Vektors $x$ gelöst werden können, oder auch die Inverse $A^{-1}$ einer Matrix $A$ berechnet werden kann. Mit dem zuvor erzeugten Vektor `y.complete` ergibt sich dann:

```
> solve(crossprod(X), crossprod(X, y.complete))
                  [,1]
(Intercept) -1.2301342
Height       0.1158917
```

Dies sind dieselben Schätzwerte, die man auch mittels `coef(lm1)` erhält.

### 21.2.2   Standardfehler der Koeffizientenschätzer

Der Standardfehler von $\widehat{\beta}_j$ ist gegeben als

$$\widehat{\sigma}(\widehat{\beta}_j) = \widehat{\sigma}\sqrt{v_j},$$

wobei $v_j$ das zu $\widehat{\beta}_j$ gehörige Hauptdiagonalelement der Matrix $(X'X)^{-1}$ ist. Die Matrix $(X'X)^{-1}$ ist die Kovarianzmatrix des Vektors $\widehat{\beta}$ bis auf den unbekannten Faktor $\sigma^2$ (unskalierte Kovarianzmatrix) und kann auch mit Hilfe der Funktion `summary.lm()` bestimmt werden.

---

**Beispiel.**   Berechne die in Abschnitt 20.3 unter dem Punkt `Std.Error` angegebenen Werte für `lm1` aus der (geschätzten) Kovarianzmatrix von $\widehat{\beta}$.

---

Wir verwenden zur Bestimmung der unskalierten Kovarianzmatrix das in Abschnitt 20.3 erzeugte Objekt `lm1.sum`.

```
> V <- lm1.sum$cov.unscaled
```

Dies ist eine $2 \times 2$ Matrix aus der mit Hilfe die der Funktion `diag()` die Hauptdiagonalelemente gewonnen werden können. Mit

```
> sig <- lm1.sum$sigma
> sig * sqrt(diag(V))
(Intercept)      Height
 1.85412023  0.01073833
```

erhält man nun explizit die Standardfehler der beiden Koeffizientenschätzer. Die *skalierte* Kovarianzmatrix der Koeffizientenschätzer lässt sich alternativ auch mit der Funktion `vcov()` bestimmen.

### 21.2.3  Das adjustierte Bestimmtheitsmaß

Die in Abschnitt 20.2.4 angesprochenen Formeln zur Berechnung des Bestimmtheitsmaßes $R^2$ gelten auch in einem multiplen Modell (mit Interzept). Je näher der Wert von $R^2$ an 1 herankommt, umso besser ist die Anpassung. Allerdings lässt sich zeigen, dass $R^2$ eine nicht fallende Funktion der Anzahl $k$ der Regressionskoeffizienten ist.

**Bemerkung.** Fügt man in einen bestehenden multiplen Regressionsansatz weitere erklärenden Einflussgößen hinzu, so kann $R^2$ nicht kleiner als zuvor werden, in der Regel wird $R^2$ sogar größer.

Das gewöhnliche Bestimmtheitsmaß $R^2$ eignet sich daher nicht als Maßzahl zum Vergleich von Modellen mit unterschiedlicher Anzahl von Einflussgrößen, da Modelle mit einer größeren Zahl von Einflussgrößen bevorzugt werden. Daher wird das gewöhnliche Bestimmtheitsmaß mittels

$$\overline{R}^2 = 1 - (1 - R^2)\frac{n - (k - p)}{n - k}$$

(adjustiertes Bestimmtheitsmaß, $R^2$ adjusted) so korrigiert, dass der beschriebene Effekt nicht notwendig eintritt.

### 21.2.4  Der Omnibus $F$-Test

Um zu überprüfen, ob der gewählte Regressionsansatz überhaupt bedeutsam ist, kann die Nullhypothese

$$H_0 : \beta_1 = \cdots = \beta_p = 0$$

überprüft werden. Eine geeignete Kenngröße ist die Omnibus $F$-Statistik

$$F = \frac{R^2}{1 - R^2}\frac{n - k}{p} \; .$$

Je größer der Wert von $F$ umso eher spricht dies für die Alternativhypothese $H_1 : \neg H_0$.

**Satz.** In einem multiplen Regressionsmodell ist die Teststatistik $F$ zentral $F$-verteilt mit $p$ und $n - k$ Freiheitsgraden.

### 21.2.5  Hebelwerte

Hebelwerte (hat values) sind die Hauptdiagonalelemente der $n \times n$ Matrix $X(X'X)^{-1}X'$. Der $i$-te Hebelwert $h_i$ wird auch als Anhaltspunkt dafür verwendet, um zu entscheiden, ob eine Beobachtung

$$(1, x_{i1}, \ldots, x_{ip})$$

aus dem Bereich der Einflussgrößen (hier inklusive Interzept) sehr weit von der Masse der übrigen entfernt liegt oder nicht. Ein Wert $h_i > 3k/n$ gilt beispielsweise als Anhaltspunkt für einen weit entfernt liegenden Wert. Hebelwerte können in R mit Hilfe der Funktion `hatvalues()` berechnet werden.

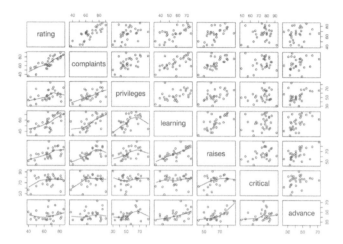

*Abbildung 21.1.* Streudiagramm Matrix

## 21.3 Anpassung

**Beispiel.** Der Datensatz `attitude` enthält die Daten aus einer Umfrage in einer Firma, wobei jede Zeile einer von $n = 30$ Abteilungen entspricht. Die Werte aller Variablen sind prozentuale Anteile günstiger Antworten von jeweils ca. 35 Angestellten pro Abteilung auf insgesamt 7 Fragen, welche sich auf die Einschätzung des Arbeitsklimas beziehen. Die Variable `rating` bezieht sich auf die Gesamteinschätzung und soll als Zielgröße $Y$ verwendet werden. Von Interesse könnte dann die Frage sein, ob und in welcher Form sich `rating` aus den anderen $p = 6$ Variablen vorhersagen lässt.

### 21.3.1 Streudiagramm Matrix

Bevor ein lineares Modell angepasst wird, ist es zunächst sinnvoll eine Übersicht über mögliche statistische Zusammenhänge zwischen den Variablen im Datensatz zu gewinnen. Ein grafische Möglichkeit hierzu bietet die Funktion `pairs()`. Mit ihrer Hilfe kann eine sogenannte Streudiagramm Matrix aller Variablen erzeugt werden. Das ist eine quadratische Matrix von einzelnen Streudiagrammen, wobei die Zelle $(j, k)$ ein Streudiagramm der Beobachtungen $(x_{ij}, x_{ik})$, $i = 1, \ldots, n$, enthält, wenn $X_j$ und $X_k$ zwei Variablen im Datensatz sind.

```
> pairs(attitude)
```

Von besonderem Interesse sind zunächst mögliche statistische Zusammenhänge zwischen der Zielgröße und den übrigen Einflussgrößen, aber weiterhin auch Zusammenhänge zwischen Einflussgrößen.

**Bemerkung.** Die Inspektion einer Streudiagramm Matrix des zugrunde liegenden Datensatzes ist ein sinnvoller erster Schritt bei der Bildung eines multiplen Regressionsmodells. Sie liefert Hinweise auf:

- die Stärke eventueller statistischer Zusammenhänge zwischen Ziel- und Einflussgrößen;

- mögliche nichtlineare statistische Zusammenhänge zwischen Ziel- und Einflussgrößen, die eventuell bestimmte Transformationen von Variablen sinnvoll erscheinen lassen;

- mögliche Ausreißer/extreme Werte, die eventuell einen statistischen Zusammenhang zwischen Variablen stark beeinflussen können und daher besonderer Aufmerksamkeit bedürfen;

- mögliche versteckte Gruppenbildung im Datensatz, so dass Zusammenhänge zwischen Variablen eventuell eher auf Unterschiede zwischen Gruppen zurückgeführt werden können;

- mögliche statistische Zusammenhänge zwischen Einflussgrößen, die es eventuell geeignet erscheinen lassen, einzelne Einflussgrößen nicht mit einzubeziehen.

Im obigen Beispiel ist die Zielgröße `rating` die erste Variable, so dass wir zunächst die erste Zeile bzw. die erste Spalte der Streudiagramm Matrix anschauen.

Man erkennt durchaus Zusammenhänge zu den übrigen Variablen, die allerdings von unterschiedlicher Stärke sind. Hinweise auf spezielle nichtlineare Zusammenhänge sind nicht offensichtlich, auch keine ungewöhnlichen Werte, oder eine versteckte Gruppenbildung. Zwischen verschiedenen Einflussgrößen sind ebenfalls Zusammenhänge erkennbar, sie sind aber nicht so stark ausgeprägt, dass es von vornherein sinnvoll erscheinen könnte beispielsweise nur eine von zwei Einflussgrößen in das Modell einzubeziehen.

Zu Unterstützung der Anschauung kann noch ein Streudiagramm Glätter mit eingezeichnet werden, vgl. Abbildung 21.1.

```
> pairs(attitude, lower.panel = panel.smooth)
```

Die Funktion `panel.smooth()` ist eine in R bereits vorgefertigte Funktion, die LOWESS, vgl. Abschnitt 13.2.2, in eine Streudiagramm Matrix einzeichnet. Dadurch, dass sie für das Argument `lower.panel` gesetzt wird, werden nur in die Streudiagramme unterhalb der Hauptdiagonalen die Glätter gezeichnet. Im Prinzip ist es auch möglich eigene Funktionen für solche Zwecke zu entwerfen, die Hilfeseite zu `pairs()` zeigt einige kleine Beispiele hierfür.

## 21.3.2  Anpassung

Wir wollen nun im obigen Beispiel zunächst ein Modell anpassen, das sämtliche Variablen enthält. Da die Zielgröße im Datensatz die erste Variable ist, ist es besonders einfach eine Modellformel mit Hilfe der Funktion `formula()` zu bilden.

```
> formula(attitude)
rating ~ complaints + privileges + learning + raises + critical +
    advance
```

Die Einflussgrößen werden in die Modellformel durch ein + Zeichen eingefügt, welches damit hier nicht seine übliche arithmetische Bedeutung hat. Das multiple Modell wird nun mittels

```
> lm.all <- lm(formula(attitude), data = attitude)
```

gebildet. Eine Alternative zu dieser Vorgehensweise besteht in der Zuweisung

```
> lm.all <- lm(rating ~ . , data = attitude)
```

Auf diese Art wird dasselbe Modell gebildet. Die Kenngrößen Zusammenfassung ergibt sich zu

```
> summary(lm.all)
...
Coefficients:
            Estimate Std. Error t value Pr(>|t|)
(Intercept) 10.78708   11.58926   0.931 0.361634
complaints   0.61319    0.16098   3.809 0.000903 ***
privileges  -0.07305    0.13572  -0.538 0.595594
learning     0.32033    0.16852   1.901 0.069925 .
raises       0.08173    0.22148   0.369 0.715480
critical     0.03838    0.14700   0.261 0.796334
advance     -0.21706    0.17821  -1.218 0.235577
---
Signif. codes:  0 `***´ 0.001 `**´ 0.01 `*´ 0.05 `.´ 0.1 ` ´ 1

Residual standard error: 7.068 on 23 degrees of freedom
Multiple R-squared: 0.7326,     Adjusted R-squared: 0.6628
F-statistic:  10.5 on 6 and 23 DF,  p-value: 1.240e-05
```

Die Omnibus $F$ Statistik zeigt an, dass die Regression insgesamt bedeutsam ist, der Wert $R^2 = 0.73$ ist recht hoch. Betrachtet man die einzelnen $t$ Werte, so fällt auf, dass nur die Variablen `complaints` und `learning` bedeutsam erscheinen.

Dies bedeutet nicht notwendig, dass alle übrigen Einflussgrößen keine Rolle spielen. Dennoch besteht die Möglichkeit, dass ein Modell, welches nur diese beiden Einflussgrößen berücksichtigt, durchaus geeignet sein kann. Wir passen es daher „probeweise" an.

```
> lm.co.le <- lm(rating ~ complaints + learning, data = attitude)
> summary(lm.co.le)
...
Coefficients:
            Estimate Std. Error t value Pr(>|t|)
(Intercept)  9.8709     7.0612   1.398    0.174
complaints   0.6435     0.1185   5.432 9.57e-06 ***
learning     0.2112     0.1344   1.571    0.128
---
Signif. codes:  0 `***´ 0.001 `**´ 0.01 `*´ 0.05 `.´ 0.1 ` ´ 1

Residual standard error: 6.817 on 27 degrees of freedom
```

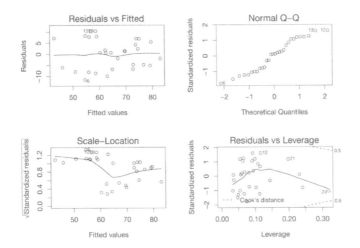

*Abbildung 21.2.* Diagnostische Diagramme für die Anpassung eines linearen Modells

```
Multiple R-squared: 0.708,        Adjusted R-squared: 0.6864
F-statistic: 32.74 on 2 and 27 DF,  p-value: 6.058e-08
```

Auch dieses Modell zeigt die Omnibus $F$-Statistik als bedeutsam an. Der Wert von $R^2$ ist naturgemäß kleiner als im vollständigen Modell. Interessant ist hier aber, dass der Wert des adjustierten Bestimmtheitsmaßes $\overline{R}^2$ im reduzierten Modell größer als im vollständigen Modell ist. Dies kann ein Hinweis darauf sein, dass das reduzierte Modell dem vollständigen vorzuziehen ist.

## 21.4   Diagnostische Diagramme

Ob ein Modell geeignet ist, kann auch auf der Basis diagnostischer Diagramme näher untersucht werden. Diese können mit der Funktion plot(), bzw. eigentlich mit der Funktion plot.lm() gezeichnet werden.

```
> old.par <- par(mfrow = c(2,2))
> plot(lm.co.le)
> par(old.par)
```

Es werden die vier Diagramme aus Abbildung 21.2 gezeichnet. Sie zeigen in diesem Fall keine gewichtigen Auffälligkeiten, die gegen das Modell sprechen könnten.

### 21.4.1   Ein einfaches Residuendiagramm

Das Prinzip eines einfachen Residuen Diagramms wird bereits in Abschnitt 20.2.2 behandelt, vgl. die linke obere Ecke in Abbildung 21.2. Abweichungen von einer zufälligen

Streuung der dargestellten Punkte um die horizontale 0-Linie deuten darauf hin, dass die Regression die Art des Zusammenhanges nicht genügend gut erklärt.

### 21.4.2 Ein Normal-Quantil Diagramm standardisierter Residuen

Ein Normal-Quantil Diagramm standardisierter Residuen wird bereits in Abschnitt 20.5 diskutiert vgl. die rechte obere Ecke in Abbildung 21.2. Deutliche Abweichungen von der Normalverteilung deuten darauf hin, dass Interpretationen hinsichtlich des Modells eher unzuverlässig sind.

### 21.4.3 Ein (S-L) Residuen Diagramm

Neben den bereits genannten Diagrammen wird noch ein sogenanntes Spread-Location (S-L) Residuen Diagramm gezeichnet, vgl. die linke untere Ecke in Abbildung 21.2, das ist ein Streudiagramm der Punkte

$$(\widehat{y}_i, \sqrt{|r_i|}), \quad i = 1, \ldots, n,$$

wobei $r_i$ das $i$-te standardisierte Residuum bezeichnet. Ein solches Diagramm kann Aufschluss darüber geben, ob die Annahme eines für alle Bebachtungen identischen Parameters $\sigma$ möglicherweise verletzt ist. Dies könnte beispielsweise der Fall sein, wenn sich im Diagramm ein gleichbleibend monotoner Trend (steigend oder fallend) erkennen lässt.

### 21.4.4 Ein Residuen-vs-Hebelwerte Diagramm

Schließlich wird als vierte Grafik, vgl. die rechte untere Ecke in Abbildung 21.2, ein Streudiagramm der Punkte

$$(h_i, r_i), \quad i = 1, \ldots, n,$$

gezeichnet, wobei $h_i$ den $i$-ten Hebelwert bezeichnet. Zusätzlich werden die Graphen der Funktionen

$$f_{1,2}(h) = \pm\sqrt{\delta}\sqrt{\frac{(1-h)k}{h}}, \quad 0 \leq h \leq 1,$$

für eine Zahl $\delta$ (meist $\delta = 0.5$ oder $\delta = 1$) eingezeichnet. Liegt ein Punkt $(h_i, r_i)$ außerhalb der Masse der übrigen Punkte und des durch die Graphen begrenzten Bereiches, so könnte das darauf hindeuten, dass die zugehörige Beobachtung $(x_{i1}, \ldots, x_{ip}, y_i)$ einen starken Einfluss auf den gewählten Modellzusammenhang hat, d.h. bei Weglassen dieser Beobachtung könnte der Zusammenhang völlig anders aussehen.

## 21.5 Schrittweise Regression

Ist eine Zielgröße $Y$ festgelegt und stehen eine Anzahl von Einflussgrößen $X_1, \ldots, X_p$ für die Modellbildung zur Verfügung, so kann versucht werden geeignete Einflussgrößen allein auf der Basis von Modellbewertungskriterien zu bestimmen. Das adjustierte Bestimmtheitsmaß $\overline{R}^2$ ist ein solches Kriterium.

Im Prinzip könnte man für alle Teilmodelle ein Modellbewertungskriterium berechnen und dasjenige bestimmen, welches am besten abschneidet, also beispielsweise den größten Wert $\overline{R}^2$ liefert. Betrachtet man dabei nur Modelle mit Interzept, so gibt es insgesamt $2^p - 1$ mögliche Modelle.

Da eine Bewertung sämtlicher Modelle damit also recht aufwändig werden kann, verwendet man häufig die Methode der schrittweisen Regression. Dabei werden, ausgehend von einem Startmodell, schrittweise Variablen hinzugefügt oder entfernt. Auf diese Weise werden allerdings nicht alle möglichen Modelle berücksichtigt. Neben dem adjustierten Bestimmtheitsmaß, kommen auch noch andere Kriterien in Frage.

## 21.5.1  Das AIC

Das AIC (An Information Criterion) nach Akaike ist ein Maß für die Qualität der Anpassung, die auf dem Maximum-Likelihood Ansatz beruht. Dabei wird vorausgesetzt, dass die zu Beobachtungen $y_1, \ldots, y_n$ gehörigen Zufallsvariablen von einem $q \times 1$ Parametervektor $\theta$ abhängen.

Die gemeinsame Dichte dieser Zufallsvariablen aufgefasst als Funktion von $\theta$ wird mit $L(\theta)$ bezeichnet. Ist für ein $\widehat{\theta}$ die logarithmierte Likelihood $\ln[L(\widehat{\theta})]$ groß, so liefert dieser Wert $\widehat{\theta}$ eine gute Anpassung. Je größer dabei die Anzahl der Parameter $q$ ist, umso größer ist auch der Spielraum für die Anpassung, d.h. umso besser kann die Anpassung werden. Das AIC berücksichtigt bei der Bewertung eines Modells diese beiden Umstände.

**Definition.**  Das AIC (An Information Criterion) nach Akaike ist als

$$\mathrm{AIC} = -2 \max_{\theta} \ln[L(\theta)] + 2q \, .$$

definiert.

Offensichtlich deutet damit ein *kleiner* Wert von AIC auf eine gute Anpassung hin. In einem multiplen Regressionsmodell ist $\theta = (\beta', \sigma)'$. Die Anzahl der Parameter ist damit $q = k + 1$, wenn $k$ die Anzahl der Regressionskoeffizienten bezeichnet.

**Satz.**  In einem multiplen Regressionsmodell mit $k$ Regressionskoeffizienten bezeichne RSS die Residuenquadratsumme. Dann ist das AIC als

$$\mathrm{AIC} = n \left\{ \ln(2\pi) + \ln(\mathrm{RSS}/n) + 1 \right\} + 2(k + 1)$$

gegeben.

**Beispiel.**  Berechne den Wert von AIC für das vollständige Modell aus dem obigen Beispiel.

Wir können direkt die im obigen Satz angegebene Formel anwenden.

```
> k <- length(coef(lm.all))
> n <- length(attitude$rating)
> rss <- deviance(lm.all)
> n * (log(2 * pi) + log(rss / n) + 1) + 2 * ( k + 1)
[1] 210.4998
```

Einfacher geht es mit der Funktion `AIC()`.

```
> AIC(lm.all)
[1] 210.4998
```

> **Bemerkung.** Bei einem Vergleich des AIC aus verschiedenen Teilmodellen mit jeweils identischer Zahl von Beobachtungen $n$, ist die Größe $n(\ln(2\pi) + 1) + 2$ eine additive Konstante. Anstelle des AIC kann daher auch der modifizierte Wert
>
> $$AIC = n\ln(RSS/n) + 2k$$
>
> verwendet werden.

Der in der obigen Bemerkung beschriebene modifizierte Wert kann mit der Funktion `extractAIC()` berechnet werden.

```
> extractAIC(lm.all)[2]
[1] 123.3635
```

> **Beispiel.** Vergleiche die modifizierten AIC Werte aus den oben gebildeten Modellen `lm.all` und `lm.co.le` miteinander.

Die Residuenquadratsumme RSS und die Anzahl der Regressionskoeffizienten $k$ ist in beiden Modellen unterschiedlich. Es ergibt sich

```
> extractAIC(lm.co.le)[2]
[1] 118.0024
```

Da der AIC Wert des reduzierten Modells kleiner als der des vollständigen Modells ist, ergibt sich also auch hier eine Bevorzugung des reduzierten Modells.

## Das BIC

Das modifizierte AIC lässt die Anzahl der Regressionskoeffizienten $k$ multipliziert mit dem Faktor 2 in die Bewertung mit einfließen. In der Literatur gibt es Vorschläge für die Wahl anderer Faktoren.

> **Bemerkung.** Eine Alternative zum AIC ist das sogenannte (modifizierte) Bayesian Information Criterion (BIC), welches als
>
> $$BIC = n\ln(RSS/n) + \ln(n)k$$
>
> gegeben ist.

Der Multiplikationsfaktor kann in der Funktion `extractAIC()` mit dem Argument `k` gesetzt werden (hier nicht zu Verwechseln mit der von uns als $k$ bezeichneten Anzahl der Koeffizienten).

```
> extractAIC(lm.all, k = log(n))[2]
[1] 133.1719
```

```
> extractAIC(lm.co.le, k = log(n))[2]
[1] 122.206
```

Es wird in unserem Beispiel also auch auf der Basis des BIC das reduzierte Modell bevorzugt.

### Das $C_p$ von Mallows

Das klassische $C_p$ Kriterium nach Mallows geht von dem vollständigen Modell aus und bewertet Teilmodelle hinsichtlich ihrer Prognosequalität.

**Bemerkung.** Das klassische $C_p$ Kriterium nach Mallows ist als

$$C_p = \frac{\text{RSS}}{\widehat{\sigma}^2} + (2k - n)$$

gegeben, wobei $\widehat{\sigma}^2$ der quadrierte Residuenstandardfehler aus dem vollständigen Modell ist.

Die Residuenquadratsumme RSS und Anzahl $k$ der Regressionskoeffizienten sind in den einzelnen Teilmodellen unterschiedlich, während die übrigen Größen jeweils gleich bleiben. Für das vollständige Modell gilt

$$C_p = \frac{\text{RSS}}{\text{RSS}/(n - k)} + (2k - n) = k \ .$$

Gewählt wird das Teilmodell mit dem kleinsten $C_p$ Wert. Die Werte können ebenfalls mit der Funktion `extractAIC()` berechnet werden, wenn das Argument `scale` gesetzt wird.

```
> extractAIC(lm.all, scale = sig2)[2]
[1] 7
> extractAIC(lm.co.le, scale = sig2)[2]
[1] 1.114811
```

Sämtliche betrachteten Kriterien favorisieren also das reduzierte gegenüber dem vollständigen Modell.

## 21.5.2  Schrittweise Modell Auswahl

Schrittweise Regression kann mit Hilfe der Funktion `step()` durchgeführt werden. Per Voreinstellung wird dabei das modifizierte AIC als Kriterium verwendet. Es können aber auch die Argumente `k` und `scale` gesetzt werden mit derselben Wirkung, wie oben für die Funktion `extractAIC()` beschrieben.

### Rückwärtsauswahl

Bei der Rückwärtsauswahl wird zunächst das vollständige Modell angegeben. Im nächsten Schritt wird dann jede der Einflussgrößen einzeln weggelassen und das Modell bewertet.

Gewählt wird das Modell mit dem kleinsten AIC. In dem neuen Modell werden dann erneut einzelne Einflussgrößen entfernt. Dies wird solange fortgesetzt bis sich keine Verbesserung mehr ergibt.

Wählt man das Argument `direction = "both"`, so wird jedesmal noch ein Zwischenschritt eingefügt, in welchem die in den vorhergehenden Schritten entfernten Einflussgrößen wieder einzeln zugefügt werden. Damit ist es möglich, dass eine einmal entfernte Einflussgröße in einem späteren Schritt möglicherweise wieder in das Modell aufgenommen wird.

---

**Beispiel.**  Führe im obigen Beispiel eine schrittweise Rückwärtsauswahl durch.

---

```
> lm.back <- step(lm.all, direction = "both")
...
Step:  AIC=118
rating ~ complaints + learning
```

|               | Df | Sum of Sq |     RSS |    AIC |
|---------------|----|-----------|---------|--------|
| <none>        |    |           | 1254.65 | 118.00 |
| + advance     |  1 |     75.54 | 1179.11 | 118.14 |
| - learning    |  1 |    114.73 | 1369.38 | 118.63 |
| + privileges  |  1 |     30.03 | 1224.62 | 119.28 |
| + raises      |  1 |      1.19 | 1253.46 | 119.97 |
| + critical    |  1 |  0.002134 | 1254.65 | 120.00 |
| - complaints  |  1 |   1370.91 | 2625.56 | 138.16 |

Auf dem Bildschirm wird für jeden Schritt (und Zwischenschritt) jeweils die aktuelle Modellformel mit zugehörigem AIC Wert ausgegeben. Dabei werden tabellarisch die AIC Werte angezeigt, die sich durch das Entfernen (-) oder das Hinzufügen (+) einer einzelnen Variablen ergeben.

Im obigen Fall ist man im letzten Schritt bei der Formel

```
rating ~ complaints + learning
```

mit einem modifizierten AIC von 118.00 angelangt. Weder das jeweilige Weglassen einer der beiden Variablen `complaints` und `learning`, noch das jeweilige Hinzufügen einer der anderen Variablen, bringt eine weitere Verbesserung bezüglich des AIC Wertes.

Man erkennt aber auch, das das Weglassen von `learning` nur eine eher geringe Verschlechterung des AIC Wertes nach sich zieht (118.63), während diese bei Weglassen von `complaints` deutlich größer ist (138.16). Auch das Hinzufügen von `advance` im letzten Schritt bringt nur eine geringere Verschlechterung des AIC Wertes (118.14) mit sich. Man könnte daher noch näher untersuchen, ob eventuell ein einfacheres Modell, beschrieben durch

```
rating ~ complaints
```

oder ein etwas komplexeres Modell, beschrieben durch die Formel

```
rating ~ complaints + learning + advance
```

in Frage kommen.

**Bemerkung.** Das durch eine schrittweise Regression bestimmte Modell sollte mit Methoden der Modelldiagnostik auf mögliche Annahmeverletzungen hin untersucht werden. Die letztendliche Wahl eines multiplen Regressionsmodells sollte nicht nur von einem Modellbewertungskriterium abhängen, sondern auch vom eigentlichen Ziel der Untersuchung bzw. von der Nützlichkeit/Sinnhaftigkeit eines Modellansatzes.

### Vorwärtsauswahl

Die Vorwärtsauswahl funktioniert prinzipiell genau so wie die Rückwärtsauswahl, liefert aber nicht notwendig dasselbe Modell. Gestartet wir üblicherweise mit dem Modell, das nur den Interzept enthält. Im Aufruf von **step** muss das Argument **scope** gesetzt werden, welches eine Modellformel mit den Einflussgrößen enthält, die maximal berücksichtigt werden sollen.

```
> lm.null <- lm(rating ~ 1, data = attitude)
> lm.forw <- step(lm.null, scope = formula(attitude), direction = "both")
```

In diesem Fall ergibt sich dasselbe Modell wie bei der Rückwärtsauswahl.

## 21.6  Eingebettete Modelle

Wird ein multiples Modell mit $p$ Einflussgrößen betrachtet, so kann die Relevanz einer einzelnen Einflussgröße durch einen Test der Hypothese $H_0 : \beta_j = 0$ überprüft werden ($t$-Werte) und die Relevanz sämtlicher Einflussgrößen durch einen Test der Hypothese $H_0 : \beta_1 = \cdots = \beta_p = 0$ (Omnibus $F$-Test). Weiterhin kann im spezifizierten Modell auch

$$H_0 : h \text{ (näher zu benennende) Regressionskoeffizienten sind gleich 0}$$

überprüft werden, d.h. man kann überprüfen, ob ein kleineres Teilmodell möglicherweise ausreicht. Wird $H_0$ abgelehnt, so ist dies nicht der Fall.

Der Vergleich eines größeren mit einem kleineren, also eingebetteten, Model (nested model), kann auf der Basis eines $F$-Tests durchgeführt werden. Bezeichnet $\text{RSS}_*$ die Residuenquadratsumme aus dem Teilmodell im dem $H_0$ gültig ist und RSS die Residuenquadratsumme aus dem vollständigen Modell, so ist

$$F = \frac{(\text{RSS}_* - \text{RSS})}{\text{RSS}} \frac{(n - k)}{h} \, ,$$

eine geeignete Teststatistik. Sie ist stets nichtnegativ, da eine Anpassung mit weniger Koeffizienten keine kleinere Residuenquadratsumme $\text{RSS}_*$ zur Folge haben kann, als die Residuenquadratsumme RSS aus einer Anpassung mit zusätzlichen Koeffizienten. Ist die Differenz der Residuenquadratsummen jedoch *groß*, so bedeutet dies, dass die zusätzlichen Koeffizienten zu einer *deutlichen* Verringerung der Residuenquadratsumme führen, also von Bedeutung sind. Dies spricht dann gegen die Nullhypothese $H_0$.

**Satz.** Ist $H_0$ gültig, so ist $F$ zentral $F$-verteilt mit $h$ und $n - k$ Freiheitsgraden.

> **Beispiel.** Führe eine *F*-Test zum Vergleich der obigen Modelle `lm.all` und `lm.co.le` durch.

Das vollständige Modell beinhaltet $p = 6$ Einflussgrößen plus Interzept, das Teilmodell nur 2 Einflussgrößen plus Interzept, untersucht wird die Nullhypothese

$$H_0 : \beta_2 = \beta_4 = \beta_5 = \beta_6 = 0 \, .$$

Wir verwenden die zuvor definierten R-Objekte. Zunächst berechnen wir den Wert der Teststatistik

```
> lm.part <- lm.co.le
> k <- length(coef(lm.all))
> h <- k - length(coef(lm.part))
> F.stat <- ((deviance(lm.part) - deviance(lm.all))/deviance(lm.all)) *
+ ((n-k)/h)
> F.stat
[1] 0.5287028
```

Der zugehörige p-Wert ist damit

```
> pf(F.stat, h , n-k, lower.tail = FALSE)
[1] 0.7157839
```

Die Nullhypothese kann also nicht abgelehnt werden, d.h. der *F*-Test gibt keinen Hinweis darauf, dass das (wesentlich) kleinere Teilmodell im Vergleich zum vollständigen Modell ungeeignet sein könnte. Derselbe Test kann komfortabler auch mit der Funktion `anova()` durchgeführt werden.

```
> anova(lm.part, lm.all)
Analysis of Variance Table

Model 1: rating ~ complaints + learning
Model 2: rating ~ complaints + privileges + learning + raises +
    critical + advance
  Res.Df     RSS Df Sum of Sq      F Pr(>F)
1     27 1254.65
2     23 1149.00  4    105.65 0.5287 0.7158
```

Es wird eine Varianzanalysetabelle bereitgestellt, welche die Informationen für einen Vergleich der beiden Modelle beinhaltet. Die *F*-Statistik und der zugehörige p-Wert stimmen exakt mit unserer Berechnung überein.


## 21.7  Qualitative Einflussgrößen


In einem linearen Modell müssen die Einflussgrößen nicht notwendig quantitativ sein, es können auch qualitative Variablen in das Modell mit einbezogen werden.

**Beispiel.** Der Datensatz `cats` aus dem Paket `MASS` enthält das Körpergewicht `Bwt` (Einflussgröße) und das Herzgewicht `Hwt` (Zielgröße) von 97 männlichen und 47 weiblichen Hauskatzen. Führe für die beiden Gruppen zwei getrennte Einfachregressionen durch. Überprüfe, ob sich ein bedeutsamer Unterschied in den Anpassungen ergibt.

Zunächst bestimmen wir die Koeffizientenschätzer der beiden einzelnen Einfachregressionen. Dazu können wir das Argument `subset` der Funktion `lm()` verwenden.

```
> library(MASS)
> coef(lm(Hwt ~ Bwt, subset = Sex == "F", data = cats))
(Intercept)        Bwt
   2.981312   2.636414
> coef(lm(Hwt ~ Bwt, subset = Sex == "M", data = cats))
(Intercept)        Bwt
  -1.184088   4.312679
```

Die Anpassungen stellen sich also unterschiedlich dar. Um die Frage zu untersuchen, ob dieser Unterschied bedeutsam ist, können wir die Variable `Sex` explizit in das Modell mit einbeziehen. Dazu erzeugen wir eine sogenannte Dummy Variable $D$, die den Wert 0 erhält wenn die $i$-te Katze weiblich ist und den Wert 1 andernfalls. Anschließend betrachten wir einen multiplen Regressionsansatz mit

$$\mu_i = \beta_0 + \beta_1 x_i + \beta_2 d_i + \beta_3(x_i d_i), \quad i = 1, \ldots, n \, .$$

In diesem Modell gilt also für eine männliche Katze

$$\mu_i = (\beta_0 + \beta_2) + (\beta_1 + \beta_3)x_i$$

und für eine weibliche Katze

$$\mu_i = \beta_0 + \beta_1 x_i \, .$$

Ist also $\beta_3$ in diesem Modell signifikant von 0 verschieden, so gilt dies folglich auch für die Steigungsparameter beider einzelner Einfachregressionen. Ist $\beta_2$ signifikant von 0 verschieden, so gilt dies folglich auch für die Absolutglieder beider Einfachregressionen.

```
> Dum <- as.numeric(cats$Sex == "M")
> summary(lm(Hwt ~ Bwt + Dum + I(Bwt*Dum), data = cats))
...


Coefficients:
              Estimate Std. Error t value Pr(>|t|)
(Intercept)     2.9813     1.8428   1.618 0.107960
Bwt             2.6364     0.7759   3.398 0.000885 ***
Dum            -4.1654     2.0618  -2.020 0.045258 *
I(Bwt * Dum)    1.6763     0.8373   2.002 0.047225 *
---
Signif. codes:  0 `***´ 0.001 `**´ 0.01 `*´ 0.05 `.´ 0.1 ` ´ 1

Residual standard error: 1.442 on 140 degrees of freedom
Multiple R-squared: 0.6566,    Adjusted R-squared: 0.6493
F-statistic: 89.24 on 3 and 140 DF,  p-value: < 2.2e-16
```

Die *t*-Werte für `Dum` und `I(Bwt * Dum)` deuten also darauf hin, dass sich die linearen Zusammenhänge zwischen Herz- und Körpergewicht der Katzen hinsichtlich des Geschlechts bedeutsam unterscheiden.

### Wechselwirkungen

Anstatt explizit eine Variable `Dum` zu erzeugen, können wir die Faktorvariable `Sex` auch direkt in die Modellformel einbeziehen. Das Produkt `I(Bwt * Dum)` bezeichnet man auch als *Wechselwirkung* (interaction) zwischen `Bwt` und `Sex`. Sie kann in die Modellformel mittels `Bwt:Sex` einbezogen werden. Der Aufruf

```
> summary(lm(Hwt ~ Bwt + Sex + Bwt:Sex, data = cats))
```

liefert dasselbe Resultat wie oben. Etwas kürzer geht es noch mittels

```
> summary(lm(Hwt ~ Bwt * Sex, data = cats))
...
```

```
Coefficients:
            Estimate Std. Error t value Pr(>|t|)
(Intercept)   2.9813     1.8428   1.618 0.107960
Bwt           2.6364     0.7759   3.398 0.000885 ***
SexM         -4.1654     2.0618  -2.020 0.045258 *
Bwt:SexM      1.6763     0.8373   2.002 0.047225 *
---
Signif. codes:  0 `***´ 0.001 `**´ 0.01 `*´ 0.05 `.´ 0.1 ` ´ 1

Residual standard error: 1.442 on 140 degrees of freedom
Multiple R-squared: 0.6566,    Adjusted R-squared: 0.6493
F-statistic: 89.24 on 3 and 140 DF,  p-value: < 2.2e-16
```

Hier wird `Bwt * Sex` nicht mit einem `I()` eingeschlossen, da diese Notation sich nicht auf die numerische Bedeutung von `*` bezieht, sondern vielmehr das Einbeziehen der einzelnen Einflussgrößen `Bwt` und `Sex`, sowie der Wechselwirkung `Bwt:Sex` meint. Mittels dieser Notation können auch kompliziertere Modelle mit quantitativen und qualitativen Variablen (mit mehr als zwei Ausprägungen) betrachtet werden.

Die Bezeichnung `SexM` in der Kenngrößen Zusammenfassung weist darauf hin, dass die Ausprägung `M` von `Sex` hier diejenige ist, die nicht mit dem Dummy Wert 0 belegt ist.

**Bemerkung.** Bei der Modellbildung wird das Prinzip verfolgt, dass einzelne Variablen möglicherweise auch ohne zugehörige Wechselwirkungen in das Modell eingehen können, umgekehrt aber Wechselwirkungen immer zusammen *mit* den zugehörigen einzelnen Variablen in das Modell einbezogen werden.

# Kapitel 22

# Logistische Regression

Mit Hilfe der Funktion `lm()` können lineare statistische Zusammenhänge zwischen einer Zielgröße $Y$ und einer oder mehreren Einflussgrößen $X_1, \ldots, X_p$ untersucht werden. Während dabei die Einflussgrößen sowohl quantitativer als auch qualitativer Art sein können, ist die Zielgröße stets als stetig vorausgesetzt, da unterstellt wird, dass ihre Beobachtungen aus Normalverteilungen mit Parametern $\mu_i$ und $\sigma$ stammen.

Es gibt jedoch auch Situationen in denen es sinnvoll erscheint, eine *diskrete* Zielgröße $Y$ in Abhängigkeit von Einflussgrößen zu untersuchen, oder generell eine *andere stetige* Verteilung als die Normalverteilung zu wählen. Hierfür kann die Theorie generalisierter linearer Modelle genutzt werden.

## 22.1 Generalisierte lineare Modelle

Es wird vorausgesetzt, dass von $p$ Variablen $X_1, \ldots, X_p$ und einer Variablen $Y$ insgesamt $n$ Beobachtungstupel

$$(x_{i1}, \ldots, x_{ip}, y_i), \quad i = 1, \ldots, n,$$

vorliegen. Untersucht werden soll ein statistischer Zusammenhang zwischen Ziel- und Einflussgrößen.

**Definition.** Man spricht von einem ***generalisierten linearen Modell*** (generalized linear model, glm), wenn folgende Annahmen als gültig angesehen werden:

(a) Die Beobachtungen $y_i$, $i = 1, \ldots, n$, von $Y$ können als voneinander unabhängige Realisationen von Zufallsvariablen $Y_1, \ldots, Y_n$ mit unbekannten Erwartungswerten $\mu_i := \mathrm{E}(Y_i)$ angesehen werden.

(b) Die Zufallsvariablen $Y_1, \ldots, Y_n$ stammen alle aus der gleichen Verteilung, deren Parameter aber für jede Beobachtung $i$ unterschiedlich sein können, und die Verteilung gehört zur Exponentialfamilie von Verteilungen.

(c) Es gibt eine (monotone, differenzierbare) **Link-Funktion** $g(\cdot)$, so dass

$$g(\mu_i) = \beta_0 + \beta_1 x_{i1} + \cdots + \beta_p x_{ip}$$

für $i = 1, \ldots, n$ erfüllt ist.

Ein lineares Modell ist damit ein Spezialfall eines generalisierten linearen Modells, denn die Normalverteilung gehört zur Exponentialfamilie. Die dann verwendete Link-Funktion ist die identische Abbildung.

Das Ziel der Modellierung ist, wie bei einem linearen Modell, eine Anpassung der Form

$$\hat{\mu}(x_1, \ldots, x_p) = g^{-1}\left(\widehat{\beta}_0 + \widehat{\beta}_1 x_1 + \cdots + \widehat{\beta}_p x_p\right)$$

auf der Basis von Koeffizientenschätzern $\widehat{\beta}_0, \widehat{\beta}_1, \ldots, \widehat{\beta}_p$, für im Prinzip beliebige Werte $x_1, \ldots, x_p$ der Einflussgrößen.

Zur Herleitung von Schätzungen kann wieder der Maximum-Likelihood Ansatz verwendet werden. Die Likelihood Funktion kann auf der Grundlage der getroffenen Annahmen zwar explizit angegeben werden, im Unterschied zum klassischen linearen Modell können die Schätzwerte aber in der Regel nur mit Hilfe numerischer Verfahren bestimmt werden.

Die hierfür notwendigen Berechnungen werden in R von der Funktion `glm()` durchgeführt. Innerhalb der Funktion `glm()` können über das Argument `family` verschiedene Verteilungen aus der Exponentialfamilie spezifiziert werden.

## 22.2 Das Logit Modell

In der Praxis tritt recht häufig der Fall auf, dass eine Zielgröße $Y$ nur Werte 0 und 1 annehmen kann ( *dichotome/binäre* Variable), die für „kein Erfolg" und „Erfolg" stehen. In einem solchen Fall ist die Anwendung eines klassischen linearen Modells fraglich, da man für eine Variable, die per se nur zwei Ausprägungen kennt, kaum unterstellen wird, dass ihre Beobachtungen aus Normalverteilungen stammen.

Unterstellt man hingegen Binomialverteilungen mit Parameter `size` $= 1$, so ergeben sich automatisch Beobachtungen aus der Menge $\{0, 1\}$. In diesem Fall kann zudem die Theorie generalisierter linearer Modelle zur Anwendung kommen, da die Binomialverteilung zur Exponentialfamilie gehört.

**Definition.** Man spricht von einem **Logit-Modell,** wenn folgende Annahmen als gültig angesehen werden:

(a) Die Beobachtungen $y_i$, $i = 1, \ldots, n$, einer dichotomen (binären) Zielgröße $Y$ können als voneinander unabhängige Realisationen von Zufallsvariablen aus einer Binomialverteilung mit Parametern `size` $= 1$ und `prob` $= p_i$ angesehen werden, wobei die $p_i$ unbekannt sind. In diesem Fall gilt

$$\mu_i = p_i \, .$$

> (b) Der unterstellte Zusammenhang $g(\mu_i) = \beta_0 + \beta_1 x_{i1} + \cdots + \beta_p x_{ip}$, $i = 1, \ldots, n$, zu
> den Einflussgrößen $X_1, \ldots, X_p$ wird mittels des **Logit-Links**
>
> $$g(p) = \ln\left(\frac{p}{1-p}\right), \; 0 < p < 1, \qquad g^{-1}(x) = \frac{\exp(x)}{1 + \exp(x)}, \; -\infty < x < \infty,$$
>
> hergestellt.

Wie im gewöhnlichen linearen Modell, kann diese Verteilungsannahme auf der Basis der Beobachtungen von $Y$ nicht direkt überprüft werden, da dem Modell die Annahme zugrunde liegt, dass nur *eine* Beobachtung aus jeder Verteilung vorliegt.

Der Logit-Link ist der sogenannte kanonische Link der Binomialverteilung, der sich aus der Darstellung der Dichte innerhalb der Exponentialfamilie ergibt. Manchmal wird auch $g(p) = \Phi^{-1}(p)$ verwendet *(Probit-Link)*, wobei $\Phi^{-1}(\cdot)$ die Quantilfunktion der Standardnormalverteilung ist. In dem Fall spricht man auch von einem *Probit-Modell*.

> **Bemerkung.** In einem Logit- oder Probit Modell ist die Anpassung $\widehat{\mu}(x_1, \ldots, x_p)$ gerade die geschätzte/prognostizierte Wahrscheinlichkeit dafür, dass die Zielgröße $Y$ den Wert 1 annimmt, wenn die Einflussgrößen die Werte $x_1, \ldots, x_p$ haben.

Da $g^{-1}(x)$ stets Werte zwischen 0 und 1 annimmt, ist also garantiert, dass $\widehat{\mu}$ ebenfalls nur Werte in diesem Bereich annehmen kann.

## 22.2.1 Die Anpassung

> **Beispiel.** Der Datensatz `shuttle` aus dem Paket `SMPracticals`, vgl. Davison (2003), enthält für $n = 23$ Flüge des Space Shuttle unter anderem die Außentemperatur beim Start (`temperature`) und die Anzahl von Dichtungsringen mit problematischen Auffälligkeiten (`r`). Lässt sich die Wahrscheinlichkeit für ein Problem mit Dichtungsringen auf der Basis der Außentemperatur erklären/vorhersagen?

Für die Anwendung eines Logit-Modells erstellen wir zunächst eine dichotomisierte Zielgröße `Problem`, die den Wert 0 enthält, wenn kein Dichtungsring Probleme zeigt und den Wert 1, wenn mehr als ein Dichtungsring ein Problem aufweist.

```
> library(SMPracticals)
> Problem <- as.numeric(shuttle$r > 0)
```

Mit der Einflussgröße `Temp` wenden wir zur Herleitung von Maximum-Likelihood Schätzern $\widehat{\beta}_0$ und $\widehat{\beta}_1$ die Funktion `glm()` an.

```
> Temp <- shuttle$temperature
> shuttle.glm <- glm(Problem ~ Temp, family = binomial("logit"))
> coef(shuttle.glm)
(Intercept)        Temp
 15.0429016  -0.2321627
```

Für das Argument `family` geben wir also die Verteilung und die Link-Funktion wie dargestellt an. Einen Probit Ansatz könnte man durch Angabe von `binomial("probit")` rechnen. Bei Verwendung des Logit-Links kann auf die Angabe des Namens `"logit"` auch verzichtet werden, d.h. es ist auch

```
> glm(Problem ~ Temp, family = binomial)
```

möglich. Auf der Grundlage des gewählten Modells ist

$$\widehat{\mu}(x) = \frac{\exp(15.043 - 0.2322x)}{1 + \exp(15.043 - 0.2322x)}$$

eine Schätzung für die Wahrscheinlichkeit, dass mindestens ein Dichtungsring Probleme zeigt, wenn $x$ die Außentemperatur in Fahrenheit ist. Ist beispielsweise $x = 59$ (15 Grad Celsius), so ergibt sich $\widehat{\mu}(59) = 0.7934$.

## 22.2.2   Angepasste Werte, Residuen und Devianz

Die angepassten Werte werden mittels

$$\widehat{\mu}_i := \widehat{\mu}(x_{i1}, \ldots, x_{ip}) = g^{-1}\left(\widehat{\beta}_0 + \widehat{\beta}_1 x_{i1} + \cdots + \widehat{\beta}_p x_{ip}\right) ,$$

für $i = 1, \ldots, n$ berechnet. Sie können wie im linearen Modell mit der Funktion `fitted()` aus dem Modell-Objekt extrahiert werden. Bei der Definition von Residuen gibt es verschiedene Möglichkeiten.

**Definition.**   Bezeichnen $\widehat{\mu}_i$, $i = 1, \ldots, n$, die angepassten Werte im Logit-Modell, dann heißen

$$\widehat{\varepsilon}_i := y_i - \widehat{\mu}_i$$

*Zielgröße Residuen* (response residuals),

$$\widehat{z}_i = \frac{\widehat{\varepsilon}_i}{\sqrt{\widehat{\mu}_i(1 - \widehat{\mu}_i)}}$$

*Pearson Residuen* und

$$\widehat{g}_i := \text{sign}(\widehat{\varepsilon}_i)\sqrt{-2(y_i \ln(\widehat{\mu}_i) + (1 - y_i)\ln(1 - \widehat{\mu}_i))}$$

*Devianz Residuen.*

Residuen können mit der Funktion `residuals()`, bzw. eigentlich mit der Funktion `residuals.glm()` bestimmt werden. Verschiedene Residuen Typen werden mit dem Argument `type` gesetzt. Per Voreinstellung werden Devianz Residuen ausgegeben. Diese sind so definiert, dass ihre Quadratsumme identisch mit der sogenannten (Residuen-) *Devianz* des Modells ist.

```
> e.dach <- residuals(shuttle.glm)
> sum(e.dach^2)
[1] 20.31519
> deviance(shuttle.glm)
[1] 20.31519
```

Die Devianz wird aus der maximierten logarithmierten Likelihood Funktion berechnet und in generalisierten linearen Modellen unter anderem zur Beurteilung der Qualität der Anpassung verwendet. In Logit Modellen eignet sich die Devianz hierfür aber nicht. Die *Null-Devianz*ist die Devianz, die sich aus einem Modell ergibt, in dem nur der Interzept, aber keine weiteren Einflussgrößen, angepasst wird.

## 22.2.3 Kenngrößen Zusammenfassung

Mit der Funktion `summary()`, bzw. eigentlich mit der Funktion `summary.glm()` kann eine Kenngrößen Übersicht erstellt werden.

```
> summary(shuttle.glm)

Call:
glm(formula = Problem ~ Temp, family = binomial("logit"))

Deviance Residuals:
    Min      1Q   Median      3Q      Max
-1.0611  -0.7613  -0.3783   0.4524   2.2175

Coefficients:
            Estimate Std. Error z value Pr(>|z|)
(Intercept)  15.0429     7.3786   2.039   0.0415 *
Temp         -0.2322     0.1082  -2.145   0.0320 *
---
Signif. codes:  0 `***´ 0.001 `**´ 0.01 `*´ 0.05 `.´ 0.1 ` ´ 1

(Dispersion parameter for binomial family taken to be 1)

    Null deviance: 28.267  on 22  degrees of freedom
Residual deviance: 20.315  on 21  degrees of freedom
AIC: 24.315

Number of Fisher Scoring iterations: 5
```

Die Übersicht sieht ähnlich aus wie für ein gewöhnliches lineares Modell. Anstelle der $t$-Werte, vgl. Abschnitt 20.2.6, werden im Logit Modell $z$-Werte (Wald-Statistiken)

$$z_j = \frac{\widehat{\beta}_j}{\widehat{\sigma}(\widehat{\beta}_j)}$$

angegeben. Die Standardfehler werden aus der approximativen Maximum-Likelihood Theorie gewonnen. Die $z$ Werte sind approximativ standardnormalverteilt.

**Bemerkung.** Im Logit Modell können die zu den $z$-Werten gehörigen p-Werte im Hinblick auf die Bedeutung der zugehörigen Einflussgrößen im Modell interpretiert werden. Ein kleiner p-Wert spricht für die Relevanz der zugehörigen Einflussgröße.

Im obigen Beispiel sind sowohl der p-Wert für den Interzept als auch der p-Wert für die Temperatur klein, und deuten jeweils auf eine statistisch bedeutsame Relevanz hin.

Weiterhin werden die Null-Devianz $D_0$ und die (Residuen-) Devianz $D$ angegeben. Die zugehörigen Freiheitsgrade $\delta_0$ und $\delta$ ergeben sich aus der Anzahl der Beobachtungen $n$ minus Anzahl der Koeffizienten im jeweiligen Modell.

**Bemerkung.** Die Differenz $D_0 - D$ von Null-Devianz $D_0$ und (Residuen-) Devianz $D$ ist ein Maß für die Relevanz der Einflussgrößen insgesamt. Ihr Wert kann hinsichtlich der zentralen $\chi^2$-Verteilung mit $\delta_0 - \delta$ Freiheitsgraden interpretiert werden.

Im obigen Fall ist $D_0 - D = 28.267 - 20.315 = 7.952$. Der Wert

```
> pchisq(7.952, 1, lower.tail = FALSE)
[1] 0.004803426
```

zeigt an, dass `Temp` relevant ist. In Abschnitt 22.2.7 wird gezeigt, wie dieser Test auch mit Hilfe der Funktion `anova()` durchgeführt werden kann.

Neben der Null Devianz und der (Residuen-) Devianz wird auch der AIC Wert angegeben, der als

$$\text{AIC} = D + 2k$$

definiert ist, wobei $D$ die (Residuen-) Devianz bezeichnet und $k$ die Anzahl der Regressionskoeffizienten im Modell ist.

## 22.2.4  Standardisierte Residuen

Standardisierte Devianz Residuen können mit der Funktion `rstandard()` bzw. eigentlich mit `rstandard.glm()` bestimmt werden. Die Standardisierung wird ähnlich wie für die Residuen im gewöhnlichen linearen Modell vorgenommen, vgl. Abschnitt 20.5, wobei die Hebelwerte allerdings nicht allein von der Modellmatrix abhängen.

**Bemerkung.** In einem Logit Modell wird häufig ein Normal-Quantil Diagramm der standardisierten Devianz Residuen gezeichnet. Starke Abweichungen von der Normalverteilung deuten auf eine ungenügende Modellanpassung hin.

## 22.2.5  Prognose

Prognosen können aus einem gegebenen Modell mit der Funktion `predict()`, d.h. mit `predict.glm()` erhalten werden. Um eine Prognose hinsichtlich der Zielgröße zu erhalten, muss dabei explizit das Argument `type = "response"` gesetzt werden. Im übrigen wird die Funktion analog zur Beschreibung der Funktion `predict()` in Abschnitt 20.7 verwendet.

**Beispiel.** Stelle die Anpassungsfunktion $\widehat{\mu}(x)$ im obigen Beispiel grafisch dar.

Zunächst erzeugen wir einen `data.frame` mit Werten für die Einflussgröße.

```
> Temp.min <- min(Temp)
> Temp.max <- max(Temp)
> Temp.x <- seq(Temp.min, Temp.max, length = 500)
> New.Temp <- data.frame(Temp = Temp.x)
```

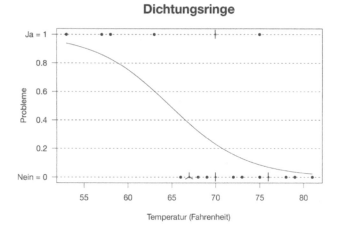

*Abbildung 22.1.* Beobachtete Probleme mit Dichtungsringen und geschätzte Problemwahrscheinlichkeit

Die Einflussgröße in `New.Temp` ist genauso bezeichnet wie die Einflussgröße im Objekt `shuttle.glm`, aus dem nun Wahrscheinlichkeiten prognostiziert werden können.

```
> Temp.p <- predict(shuttle.glm, New.Temp, type = "response")
```

Man kann nun die 500 Punkte (`Temp.x`, `Temp.p`) mittels `lines()` beispielsweise in ein Sonnenblumendiagramm, vgl. Abschnitt 13.2.1, der ursprünglichen Beobachtungen einzeichnen, siehe Abbildung 22.1.

```
> sunflowerplot(Temp, Problem, main = "Dichtungsringe",
+ xlab= "Temperatur (Fahrenheit)", ylab="Probleme", yaxt="n")
> axis(2, at = seq(0,1,0.2),
+ labels = c("Nein = 0", 0.2, 0.4, 0.6, 0.8, "Ja = 1"), las = 2)
> abline(h = seq(0,1,0.2), lty = 2)
> lines(Temp.x, Temp.p)
```

## 22.2.6 Schrittweise Regression

Genau wie im multiplen Regressionsmodell, ist man auch im Logit Modell häufig daran interessiert geeignete Einflussgrößen auszuwählen. Zur Unterstützung kann auch in diesem Modell die Funktion `step()` verwendet werden.

**Beispiel.** Der Datensatz `nodal` aus dem Paket `SMPracticals` enthält die Beobachtungen verschiedener Variablen von $n = 53$ an Prostata Krebs erkrankten Patienten. Die Zielgröße `r` hat den Wert 0 wenn der Krebs nicht auf nahe liegende Lymphknoten gestreut hat und 1 andernfalls. Lässt sich auf der Basis der übrigen Variablen eine Vorhersage für die Wahrscheinlichkeit von Lymphknotenbefall erstellen?

Die Einflussgrößen sind in diesem Fall ebenfalls binäre Variablen. Wir bilden zunächst eine Anpassung mit sämtlichen Variablen und wenden dann die Funktion `step()`, also eigentlich `step.glm()`, an.

```
> nodal.glm <- glm(r ~ aged + stage + grade + xray + acid,
+ family = binomial, data = nodal)
> nodal2.glm <- step(nodal.glm)
```

Das Modell `nodal2.glm` beinhaltet die Einflussgrößen `stage`, `xray` und `acid`. Dieses Modell kann nun näher untersucht werden. Dabei zeigt die Kenngrößen Zusammenfassung, dass alle Variablen bedeutsam sind. Ein Normal-Quantil Diagramm der standardisierten Devianz Residuen offenbart die diskrete Struktur dieser Residuen, gibt aber ansonsten keinen Hinweise, die gegen das Modell sprechen könnten. Der Vergleich der Devianz mit der Nulldevianz zeigt, dass das Modell insgesamt bedeutsam ist.

### 22.2.7   Eingebettete Modelle

Analog zum Vergleich eines Teilmodells mit einem umfassenderen Modell für gewöhnliche lineare Modelle, vgl. Abschnitt 21.6, kann dieser auch für generalisierte Modelle durchgeführt werden. Getestet wird im größeren Modell die Hypothese

H$_0$ : $h$ (näher zu benennende) Regressionskoeffzienten sind gleich 0 .

Als Teststatistik wird die Differenz

$$D_* - D$$

verwendet, wobei $D_*$ die Devianz im kleineren (eingebetteten) und $D$ die Devianz im größeren Modell bezeichnet. Sind $\delta_*$ und $\delta$ die zugehörigen Freiheitsgrade, so ist die Differenz bei Gültigkeit von H$_0$ approximativ zentral $\chi^2$-verteilt mit $\delta_* - \delta$ Freiheitsgraden. Ebenso wie für gewöhnliche lineare Modelle, kann für diesen Test die Funktion `anova()` verwendet werden, wobei dabei aber eigentlich die Funktion `anova.glm()` zum Einsatz kommt.

> **Beispiel.**   Vergleiche das eingebettete Modell `nodal2.glm` mit dem übergeordneten Modell `nodal.glm` hinsichtlich einer möglichen Verwendbarkeit.

Damit die Funktion `anova()` einen p-Wert ausgibt, muss explizit das Argument `test` gesetzt werden.

```
> anova(nodal2.glm, nodal.glm, test = "Chisq")
Analysis of Deviance Table

Model 1: r ~ stage + xray + acid
Model 2: r ~ aged + stage + grade + xray + acid
  Resid. Df Resid. Dev Df Deviance P(>|Chi|)
1        49     49.180
2        47     47.611  2    1.570    0.4562
```

Die aufgestellte Tabelle heißt hier Devianzanalysetabelle. Sie zeigt, dass das eingebettete Modell im Vergleich mit dem größeren Modell nicht abgelehnt werden kann.

> **Beispiel.** Vergleiche das Modell `shuttle.glm` mit einem Modell, das nur den Interzept enthält.

Wir erzeugen zunächst das eingebettete Modell, das nur den Interzept enthält, mit Hilfe der Funktion `update()`.

```
> null.glm <- update(shuttle.glm, ~ 1)
> anova(null.glm, shuttle.glm, test = "Chisq")
Analysis of Deviance Table

Model 1: Problem ~ 1
Model 2: Problem ~ Temp
  Resid. Df Resid. Dev Df Deviance P(>|Chi|)
1        22     28.267
2        21     20.315  1    7.952  0.004804 **
---
Signif. codes:  0 `***´ 0.001 `**´ 0.01 `*´ 0.05 `.´ 0.1 ` ´ 1
```

Wir erhalten hier denselben p-Wert, den wir auch in Abschnitt 22.2.3 für die Differenz $D_0 - D$ von Null- und Residuen-Devianz bereits berechnet haben.

## 22.3 Das Logit Modell für Tabellen

Ist eine Einflussgröße $X$ eine gruppierende Variable, so werden die Beobachtungen für eine dichotome Zielgröße $Y$ oft in Form einer Tabelle angegeben, welche die Anzahl der „Erfolge" und „Nicht-Erfolge" pro Gruppe enthält.

> **Beispiel.** In Abschnitt 4.2.2 in Agresti (1990) werden die Daten aus einer Studie angegeben, die das Schnarchen als möglichen Risikofaktor für Herzerkrankungen untersucht.
>
> | | Herzerkrankung | |
> |---|---|---|
> | Schnarchen | Ja | Nein |
> | Nie | 24 | 1355 |
> | Gelegentlich | 35 | 603 |
> | Beinahe jede Nacht | 21 | 192 |
> | Jede Nacht | 30 | 224 |
>
> Lässt sich ein Zusammenhang von Herzerkrankung und Schnarchen mittels eines Logit-Modells herstellen?

Wir können zunächst eine Kontingenztafel erstellen.

```
> H.Yes <- c(24,35,21,30)
> H.No <- c(1355,603,192,224)
> Heart <- as.table(cbind(H.Yes, H.No))
> dimnames(Heart) = list(Snore = c("Never", "Occas", "Nearly", "Every"),
```

```
+   Heart = c("Yes", "No"))
>   Heart
          Heart
Snore    Yes    No
  Never   24  1355
  Occas   35   603
  Nearly  21   192
  Every   30   224
```

Eine grafische Darstellung dieser Tafel mittels

```
> mosaicplot(Heart)
```

(vgl. Abschnitt 14.3.2) zeigt bereits einen deutlich erkennbaren monotonen Zusammenhang auf. Je stärker das Schnarchen, umso größer der Anteil von Herzerkrankungen. Auch ein statistischer Hypothesentest mittels

```
> prop.test(Heart)

        4-sample test for equality of proportions without continuity
        correction

data: Heart
X-squared = 72.7821, df = 3, p-value = 1.082e-15
alternative hypothesis: two.sided
sample estimates:
     prop 1     prop 2     prop 3     prop 4
0.01740392 0.05485893 0.09859155 0.11811024
```

(vgl. Abschnitt 17.2.2) deutet klar auf einen Unterschied der Erkrankungs-Wahrscheinlichkeiten.

Für die Bildung eines Modells kommt als Zielgröße der relative Anteil der Herzerkrankungen in Betracht.

```
> n.Cases <- H.Yes + H.No
> Prop.Yes <- H.Yes/n.Cases
```

Würde man nun die Einflussgröße („Schnarchverhalten") als Faktorvariable einbeziehen, so gehörte zu jeder Ausprägung ein eigener Regressionskoeffizient, was aber hier nicht sinnvoll ist. Stattdessen könnte für die Einflussgröße ein quantitatives Merkmal gewählt werden, dessen Werte eine Bewertung des jeweiligen Schnarchverhaltens beinhalten. So schlägt Agresti (1990) die Werte 0, 2, 4, 5 vor, wodurch beispielsweise zum Ausdruck kommt, dass der Unterschied zwischen den Kategorien „Beinahe jede Nacht" und „Jede Nacht" geringer ist, als der Unterschied zwischen „Gelegentlich" und „Beinahe jede Nacht".

```
> Snore <- c(0,2,4,5)
```

Nun kann ein generalisiertes lineares Modell mit dem Argument `family = binomial` angepasst werden. Zusätzlich muss für das Argument `weights` die Gesamtzahl der Fälle `n.Cases` angegeben werden. Schließlich wollen wir auch noch den Identitäts-Link anstelle des Logit-Link ausprobieren.

```
> Snore.glm <- glm(Prop.Yes ~ Snore, weights = n.Cases,
```

```
+ family = binomial("identity"))
> summary(Snore.glm)
...

Coefficients:
            Estimate Std. Error z value Pr(>|z|)
(Intercept) 0.017247   0.003451   4.998 5.80e-07 ***
Snore       0.019778   0.002805   7.051 1.77e-12 ***
---
Signif. codes:  0 `***´ 0.001 `**´ 0.01 `*´ 0.05 `.´ 0.1 ` ´ 1

(Dispersion parameter for binomial family taken to be 1)

    Null deviance: 65.904481  on 3  degrees of freedom
Residual deviance:  0.069191  on 2  degrees of freedom
AIC: 24.322

Number of Fisher Scoring iterations: 3
```

Die Anpassung erscheint als sehr gut. Die aus dem Modell prognostizierten Wahrscheinlichkeiten

```
> predict(Snore.glm, type = "response")
          1          2          3          4
0.01724668 0.05680231 0.09635793 0.11613574
```

stimmen nahezu mit den beobachten relativen Häufigkeiten überein.

# Kapitel 23

# Zeitreihen

Eine Zeitreihe besteht aus Beobachtungen $x_1, \ldots, x_n$ einer Variablen, die zu äquidistanten und aufeinander folgenden Zeitpunkten erhoben worden sind. Der Index $t$ von Beobachtung $x_t$ repräsentiert einen Zeitpunkt (z.B. ein spezielles Jahr), der Index $t+1$ den darauf folgenden Zeitpunkt (das folgende Jahr).

Im Unterschied zum Ein-Stichproben Modell kann für die Beobachtungen einer Zeitreihe nicht davon ausgegangen werden, dass sie voneinander unabhängig sind.

Statistische Modelle für Zeitreihen berücksichtigen daher explizit stochastische Abhängigkeiten der Beobachtungen. Das Herausfinden einer möglichen zugrunde liegenden Abhängigkeitsstruktur und die Anpassung eines geeigneten Modells, etwa zum Zweck der Prognose, sind die zentrale Aufgabe der statistischen Zeitreihenanalyse.

## 23.1   Datenstrukturen

Im Prinzip können die Beobachtungen einer Zeitreihe in R durch einen gewöhnlichen numerischen Vektor dargestellt werden. Funktionen, die speziell zur Behandlung von Zeitreihen gedacht sind, können mit solchen Vektoren arbeiten. Andererseits können Zeitreihen aber auch über eine eigene Datenstruktur abgebildet werden.

> **Beispiel.**   Erzeuge $n = 120$ *unabhängige* Beobachtungen aus einer Normalverteilung mit Parametern `mu` $= 0$ und `sigma` $= 1$. Fasse diese Beobachtungen als aufeinander folgende monatliche Beobachtungen von 10 aufeinander folgenden Jahren 1964 bis 1973 auf.

In der Zeitreihentheorie wird eine derartige (hier künstlich erzeugte) Reihe auch als *weißes Rauschen* bezeichnet. Zunächst erzeugen wir den Vektor der Beobachtungen.

```
> set.seed(1)
> x <- rnorm(120)
```

Die grundlegende Funktion mit der explizit eine Zeitreihe gebildet werden kann, ist `ts()`.

```
> white.noise <- ts(x)
> white.noise
Time Series:
Start = 1
End = 120
Frequency = 1
  [1] -0.626453811  0.183643324 -0.835628612  1.595280802  0.329507772
...
```

Es wird angezeigt, dass `white.noise` eine Zeitreihe ist, die zum Zeitpunkt $t = 1$ startet und zum Zeitpunkt $t = 120$ endet, wobei die Anzahl der Beobachtungen pro Zeitpunkt gleich 1 ist.

Wollen wir jedoch als grundlegende Zeitpunkte die Jahre 1964 bis 1973 ansehen, für die jeweils 12 Beobachtungen vorliegen, so können wir dies mittels

```
> white.noise <- ts(x, start = c(1964, 1), frequency = 12)
> white.noise
              Jan          Feb          Mar          Apr          May
1964 -0.626453811  0.183643324 -0.835628612  1.595280802  0.329507772
...
```

erreichen. Bei der Anzeige der Zeitreihe werden durch das Setzen des Argumentes `frequency = 12` automatisch Monatsnamen verwendet.

Einige Funktionen zur Behandlung von Zeitreihen lassen sich nur dann verwenden, wenn für `frequency` ein Wert größer als 1 gesetzt wurde. In vielen Fällen ergibt sich eine natürliche Wahl für dieses Argument. So könnte beispielsweise für täglich erhobene Beobachtungen `frequency = 7` gesetzt werden, so dass die grundlegende Zeiteinheit dann jeweils eine Woche ist.

Für das Argument `start` kann entweder eine einzelne reelle Zahl, oder ein Vektor mit zwei natürlichen Zahlen gewählt werden. Im letzteren Fall gibt der erste Wert den Startwert der grundlegenden Zeitpunkte an und der zweite Wert die darin eingebettete Startposition.

**Bemerkung.** Mit den Funktionen `start()`, `end()` und `frequency()` können die entsprechenden Werte aus einem mit `ts()` erzeugten Objekt gelesen werden.

### 23.1.1  Aggregation

Besitzt eine Zeitreihe für `frequency` einen Wert größer als 1, so können für ganzzahlige Teiler von `frequency` neue aggregierte Zeitreihen erstellt werden.

**Beispiel.**  Erzeuge aus der obigen Zeitreihe `white.noise` eine neue Zeitreihe, deren Werte jeweils aus den Mittelwerten von 6 Monaten bestehen.

Die neue Zeitreihe kann mit Hilfe der Funktion `aggregate.ts()` erstellt werden.

```
> white.noise.mean <- aggregate(white.noise, nfrequency = 2, FUN = mean)
```

Für das Argument **nfrequency** wird also die neue Anzahl von Beobachtungen pro grundlegender Zeiteinheit angegeben.


## 23.1.2  Indizierung

Trotz der matriziellen Darstellung auf dem Bildschirm, handelt es sich bei dem Objekt **white.noise** nicht um einen Datensatz mit Zeilen und Spalten, sondern um eine fortlaufende Reihe mit von 1 bis $n$ nummerierten Elementen. Der Zugriff auf die Beobachtungen erfolgt entweder, wie bei einem Vektor, über ihre zugehörige Positionen,

```
> white.noise[32]
[1] -0.1027877
```

oder mit Hilfe der Funktion **window()**.

```
> window(white.noise, start = c(1966,8), end = c(1966,8))
            Aug
1966 -0.1027877
```


## 23.1.3  Rechnen mit Zeitreihen

Liegen zwei Zeitreihen mit demselben Wert für **frequency** vor und ist der Schnitt der von den beiden Zeitreihen abgedeckten Bereiche nicht leer, so werden die üblichen arithmetischen Operationen nur auf die Elemente gleicher Zeitpunkte angewendet.

```
> set.seed(1)
> x <- ts(round(rnorm(7),3), start=c(1965,1), frequency=12)
> y <- ts(round(rnorm(6),3), start=c(1965,5), frequency=12)
> x - y
        May    Jun    Jul
1965 -0.408 -1.396  0.792
```


## 23.1.4  Fehlende Werte

Fehlende Werte in einer Zeitreihe sind problematisch, da die zugehörige Beobachtung nicht einfach entfernt werden kann, ohne damit die Voraussetzung der Äquidistanz der Beobachtungen zu verletzen.

> **Beispiel.**   Der Zeitreihe **presidents** enthält für die Jahre 1945 bis 1974 vierteljährlich ermittelte Werte, welche die Zustimmung für den Präsidenten der USA ausdrücken. Finde die längste Teilreihe nicht fehlender Werte.

Mit Hilfe der Funktion **na.contiguous()** kann aus einer Zeitreihe der längste Abschnitt ohne fehlende Werte als neue Zeitreihe erhalten werden.

```
> na.contiguous(presidents)
     Qtr1 Qtr2 Qtr3 Qtr4
1952                 32
...
1972   49   61
```

Die Reihe läuft also vom 4. Quartal 1952 bis zum 2. Quartal 1972. Analysen können nun ohne Probleme mit fehlenden Werten auf der Basis dieser Teilreihe durchgeführt werden. Allerdings gehen dadurch natürlich etliche vorhandene Beobachtungen nicht in die Analyse mit ein.

Eine andere Methode im Umgang mit fehlenden Werte besteht in ihrer *Imputation*. Das bedeutet, dass fehlende Werte auf der Basis der übrigen Daten vorhergesagt werden. Die Prognosen werden anschließend wie Beobachtungen behandelt und es wird mit der vollständigen Zeitreihe gearbeitet. Eine Möglichkeit hierfür wird beispielhaft in Abschnitt 23.3.3 aufgezeigt.

### 23.1.5   Einlesen von Daten

Das Einlesen einer Zeitreihe erfolgt am besten mit Hilfe der Funktion `scan()`.

---

**Beispiel.** In Anhang F in Schlittgen und Streitberg (2001) wird die Zeitreihe JLAST (Jahreshöchstleistung der Stromproduktion Berlin West von 1954 bis 1978) angegeben. Die Werte sind:

365 409 427 486 509 568 612 654 699 726
719 805 868 902 978 1080 1201 1329 1285 1303
1313 1434 1438 1440 1551

Speichere diese Werte als Textdatei (mit Leerzeichen und Zeilenumbruch als Trennzeichen) und lies die Daten anschließend als Zeitreihe in R ein.

---

Speichert man die Werte in der angegebenen Form als Textdatei, so führt der Aufruf

```
> x <- scan(file.choose())
Read 25 items
```

mittels eines Auswahlfensters zum korrekten Einlesen der Werte als Vektor. Dieser kann noch mittels

```
> x <- ts(x, start = 1954)
```

in ein Zeitreihen-Objekt überführt werden.

### 23.1.6   Multivariate Zeitreihen

Liegen zu denselben Zeitpunkten die Beobachtungen mehrerer Variablen vor, also mehrere Zeitreihen, so können diese zu einer einzelnen multivariaten Zeitreihe mittels der Funktionen `ts.union()` oder `ts.intersect()` zusammengefasst werden.

Dabei gilt: Die einzelnen Zeitreihen sollten jeweils für das Argument `frequency` denselben Wert aufweisen. Mit der Voreinstellung `dframe = FALSE` wird kein `data.frame` erzeugt.

Mit der Funktion `ts.union()` wird der gesamte, durch die Zeitreihen festgelegte Zeitbereich abgedeckt (Vereinigung der Zeitbereiche). Falls notwendig, werden dabei fehlende Werte erzeugt. Alternativ zur Funktion `ts.union()` mit der Voreinstellung `dframe = FALSE` kann auch die Funktion `cbind()` bzw. eigentlich `cbind.ts()` verwendet werden.

Mit der Funktion `ts.intersect()` wird nur der Zeitbereich berücksichtigt, der von jeder einzelnen Zeitreihe ebenfalls abgedeckt wird (Schnitt der Zeitbereiche).

## 23.2  Grafische Darstellungen

Für die grafische Darstellung von Zeitreihen gibt es zwei grundlegende Funktionen: `plot.ts()` und `ts.plot()`.

Ist `x` ein Zeitreihen-Objekt, so wird durch Aufruf von `plot(x)` automatisch die Funktion `plot.ts()` aktiviert. Ist `x` ein numerischer Vektor, so kann diese Funktion auch direkt mittels `plot.ts(x)` genutzt werden.

Die Funktion `ts.plot()` erlaubt das gemeinsame Zeichnen mehrerer Zeitreihen, die unterschiedliche Zeitbereiche abdecken können, aber denselben Wert für `frequency` besitzen. Das ist zum Beispiel nützlich, wenn man neben eine Zeitreihe `x` eine weitere Reihe prognostizierter Werte `x.dach` zeichnen möchte, vgl. auch Abschnitt 24.4. Zudem ist es bei Angabe mehrerer Reihen nicht notwendig, den Zeichenbereich der $y$-Achse selbst zu bestimmen, sondern dieser wird so gewählt, dass alle Zeitreihen dargestellt werden können.

## 23.3  Glätten

Die Glättung einer Zeitreihe wird angewendet, um längerfristige Tendenzen leichter einschätzen zu können. Zwei klassische Glättungsmethoden sind die Bildung gleitender Durchschnitte und die exponentielle Glättung.

### 23.3.1  Gleitender Durchschnitt

**Definition.**  Gegeben sei eine Zeitreihe $x_1, \ldots, x_n$.

(a) Die Reihe

$$y_t = \frac{1}{2q+1} \sum_{u=-q}^{q} x_{t-u}, \quad t = q+1, \ldots, n-q$$

heißt **einfacher gleitender Durchschnitt** der *ungeraden* Ordnung $2q+1$.

(b) Die Reihe

$$y_t = \frac{1}{2q}\left(\frac{1}{2}x_{t+q} + \sum_{u=-(q-1)}^{q-1} x_{t-u} + \frac{1}{2}x_{t-q}\right), \quad t = q+1, \ldots, n-q$$

heißt *einfacher gleitender Durchschnitt* der *geraden* Ordnung $2q$.

Bei einem einfachen gleitenden Durchschnitt läuft die geglättete Zeitreihe nur im Bereich $t = q+1, \ldots, n-q$, d.h. im Vergleich mit der ursprünglichen Zeitreihe fallen links und rechts jeweils $q$ Werte weg. Daher gibt es bestimmte Verfahren zur Randergänzung, siehe Schlittgen und Streitberg (2001).

In R kann für eine gegebene Zeitreihe x und einen Wert q ein einfacher gleitender Durchschnitt y mit Hilfe der Funktion `filter()` berechnet werden.

```
> y <- filter(x, filter = rep(1, (2 * q + 1))/(2 * q + 1))
```

Will man einen einfachen gleitenden Durchschnitt gerader Ordnung anwenden, so kann dies mittels

```
> y <- filter(x, filter = c(0.5, rep(1, (2 * q - 1)), 0.5)/(2 * q))
```

erreicht werden.

### 23.3.2 Exponentielle Glättung

Ist eine Zeitreihe $x_1, \ldots, x_n$ gegeben und erzeugt man die Reihe $y_1, \ldots, y_n$ mittels

$$y_t = x_t + by_{t-1}, \quad y_0 := 0,$$

für eine Zahl $b$, so spricht man von einem (einfachen) *rekursiven Filter*. Betrachtet man nun die Reihe $\widetilde{x}_t$ mit

$$\widetilde{x}_1 = x_1, \widetilde{x}_2 = x_1 - bx_1, \ldots, \widetilde{x}_n = x_{n-1} - bx_{n-1},$$

und wendet den obigen rekursiven Filter auf $\widetilde{x}_t$ an, so ergibt sich die Reihe

$$y_1 = x_1, \quad y_{t+1} = (1-b)x_t + by_t, \quad t = 1, \ldots, n-1.$$

Wählt man $b$ aus dem offenen Intervall $(0,1)$, so bezeichnet man die so erhaltene Reihe auch als *exponentielle Glättung* der ursprünglichen Reihe. Exponentielle Glättung kann in R mittels

```
> y <- filter(x.tilde, filter = b, method = "recursive")
```

erhalten werden, wenn x.tilde die oben beschriebene Reihe $\widetilde{x}_1, \ldots, \widetilde{x}_n$ bezeichnet. Mit

```
> x.HW <- HoltWinters(x, alpha = (1-b), beta = FALSE, gamma = FALSE)
> y <- x.HW$fitted[,"xhat"]
```

erhält man ebenfalls diese Reihe. Lässt man das Argument `alpha` weg, so wird ein Glättungsparameter aus den Daten geschätzt, d.h. es ist dann nicht notwendig einen Wert $b$ festzulegen.

### 23.3.3 Weitere Glättungsmethoden

Grundsätzlich können auch andere Glättungsverfahren zur Anwendung kommen. In R stehen etwa die Funktionen `lowess()`, `loess()`, `ksmooth()`, `supsmu()` oder `smooth.spline()` zur Verfügung. Die letztgenannte Funktion kann recht bequem eingesetzt werden, um fehlende Werte zu ersetzen.

#### Imputation fehlender Werte

> **Beispiel.** Betrachte die Zeitreihe `presidents` und ersetze die auftauchenden fehlenden Werte durch geeignet prognostizierte Werte.

Zunächst finden wir die Positionen der fehlenden Werte in der Zeitreihe.

```
> pos.na <- which(is.na(presidents))
```

Nun wenden wir die Funktion `smooth.spline()` an. Dafür benötigen wir Paare numerischer $x$- und $y$-Werte. Die Werte auf der Zeitachse können wir mittels der Funktion `time()` erzeugen.

```
> x.time <- time(presidents)
```

Nun können wir die Funktion `smooth.spline()` anwenden, wobei wir explizit die fehlenden Werte ausschließen.

```
> x <- x.time[-pos.na]
> y <- presidents[-pos.na]
> xy.smooth <- smooth.spline(x,y)
```

Das Zeichnen mittels

```
> plot(presidents)
> lines(xy.smooth, col = "red")
```

zeigt, dass nur eine recht schwache Glättung erfolgt, so dass also beobachtete und geglättete Reihe recht nahe beieinander sind. Stärkere Glättungen können durch das Setzen eines größeren Wertes für das Argument `spar` erfolgen.

Aus dem erzeugten Objekt `xy.smooth` können nun mit Hilfe der Funktion `predict()` die fehlenden Werte zu den entsprechenden Zeitpunkten prognostiziert werden.

```
> pred.times <- x.time[pos.na]
> pred.pres <- predict(xy.smooth, pred.times)$y
```

Schließlich kann eine neue Reihe erzeugt werden, welche anstelle der fehlenden Werte die prognostizierten Werte enthält.

```
imp.presidents <- presidents
imp.presidents[pos.na] <- round(pred.pres)
```

Da die Werte in der ursprünglichen Zeitreihe ganzzahlig sind, werden für die Imputation hier auch nur gerundete Prognosen verwendet. Zum Schluss streichen wir in der neuen Reihe noch den Wert zum ersten Zeitpunkt, welcher auch in der ursprünglichen Reihe fehlte.

```
imp.presidents <- window(imp.presidents, start=c(1945,2))
```

Als Grund dafür mag man ansehen, dass die Unsicherheit der Prognose beim ersten Wert höher als bei den anderen Werten ist. Eine grafische Darstellung dieser Zeitreihe ist in Abbildung 23.3, oberste Grafik, gegeben.

## 23.4  Differenzen- und Lag-Operator

Mit Hilfe der Funktion `diff()` kann die Zeitreihe

$$y_t = x_t - x_{t-k}, \quad t = k+1, \ldots, n,$$

erzeugt werden. Dabei wird für das Argument `lag` der Wert $k$ gesetzt. Setzt man zusätzlich den Wert $j$ für das Argument `differences`, so wird diese Operation $j$-mal durchgeführt. Damit liefert also etwa

```
> y  <- diff(x, lag = 2, differences = 3)
```

dasselbe Ergebnis wie

```
> y <- diff(diff(diff(x, lag = 2), lag = 2), lag = 2)
```

Die Differenzenbildung wird beispielsweise verwendet, um eine neue Zeitreihe zu erhalten, bei der ein sogenannter stochastischer Trend eliminiert wurde. Dafür wird meist die Voreinstellung $k = j = 1$ verwendet.

Mit der Funktion `lag()` und Setzen eines Wertes $k$ für das Argument `lag`, kann die Zeitreihe

$$x_{t-k}, \quad t = 1, \ldots, n$$

gebildet werden. Dabei werden de facto *die Zeitpunkte* (bei positivem $k$ in die Vergangenheit) verschoben. Da arithmetische Operationen bei Zeitreihen nur für die Werte derselben Zeitpunkte ausgeführt werden, liefert damit

```
> x - lag(x, k = -1)
```

dasselbe Resultat wie `diff(x)`.

## 23.5  Empirische Autokorrelationsfunktion

Zwischen Beobachtungen $x_1, \ldots, x_n$ einer Zeitreihe bestehen in der Regel stochastische Abhängigkeiten. Ein Ziel der Zeitreihenanalyse besteht darin, diese näher zu untersu-

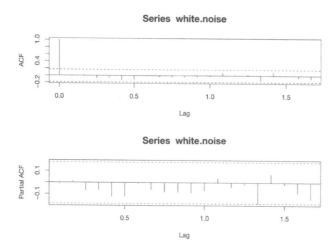

*Abbildung 23.1.* Empirische ACF und PACF eines weißen Rauschens

chen, bzw. durch geeignete Modelle zu beschreiben, um den zugrunde liegenden Prozess verstehen und prognostizieren zu können.

So kann es etwa sein, dass für ein festes $k$ innerhalb einer Zeitreihe zwischen Beobachtungen $x_t$ und $x_{t+k}$ zu verschiedenen Zeitpunkten $t$ ein (stochastischer) linearer Zusammenhang besteht. Man spricht dann von Autokorrelation zum *Lag $k$*.

## 23.5.1  Korrelogramm

Eine Kenngröße zur Messung einer solchen Autokorrelation ist die empirische *Autokorrelationsfunktion* $\widehat{\rho}(k) = \widehat{\gamma}(k)/\widehat{\gamma}(0)$ (ACF), wobei

$$\widehat{\gamma}(k) = \frac{1}{n}\sum_{t=1}^{n-k}(x_t - \overline{x})(x_{t+k} - \overline{x}), \quad k = 0, \ldots, n-1 \, ,$$

die empirische *Autokovarianzfunktion* ist.

**Bemerkung.**  Die grafische Darstellung von $\widehat{\rho}(k)$ für Lags $k = 0, \ldots, n-1$ als Stabdiagramm heißt auch ***Korrelogramm***. Häufig wird der maximale gezeichnete Lag kleiner als $n-1$ gewählt. Außerdem werden oft horizontale Linien $\pm 1.96/\sqrt{n}$ als ein approximatives 95% Konfidenzintervall eingezeichnet. Liegen Werte deutlich ausserhalb dieses Bereiches, so kann dies ein Kennzeichen für Autokorrelation sein.

**Beispiel.**  Zeichne die ACF von `white.noise`.

Mit

```
> acf.white.noise <- acf(white.noise)
```

erhält man die obere Grafik in Abbildung 23.1 und ein Objekt, aus dem weitere Informationen extrahiert werden können.

Die ACF wird hier von Lag 0 bis Lag 20 gezeichnet, wobei der Wert zum Lag 0 stets gleich 1 ist. Die Benennung der $x$-Achse bezieht sich auf die grundlegende Zeiteinheit, also hier Jahre. Daher wird der Lag 12 in diesem Fall mit 1.0 bezeichnet. Wie bei einem weißen Rauschen zu erwarten, sind keine auffälligen Autokorrelationen erkennbar.

### 23.5.2   Partielle Autokorrelationsfunktion

Eine weitere Maßzahl für einen (linearen) statistischen Zusammenhang ist die partielle Autokorrelationsfunktion (PACF). Hierbei wird versucht eine Korrelation zwischen den Werten $x_t$ und $x_{t+k}$ so zu bestimmen, dass der Einfluss der dazwischen liegenden Werte ausgeschaltet wird. Sie enthält im Prinzip dieselben Informationen wie die ACF, aber in anderer Aufbereitung.

**Bemerkung.**   Sei $\widehat{\theta}(1) := \widehat{\rho}(1)$ und

$$\widehat{\theta}(k,j) = \widehat{\theta}(k-1,j) - \widehat{\theta}(k)\widehat{\theta}(k-1,k-j), \quad j = 1,2,\ldots,k-1 \, .$$

mit $\widehat{\theta}(j) := \widehat{\theta}(j,j)$ für jedes mögliche $j$. Dann werden die partiellen Autokorrelationen $\widehat{\theta}(k)$ zum Lag $k$ mittels

$$\widehat{\theta}(k) = \frac{\widehat{\rho}(k) - \sum_{j=1}^{k-1} \widehat{\theta}(k-1,j)\,\widehat{\rho}(k-j)}{1 - \sum_{j=1}^{k-1} \widehat{\theta}(k-1,j)\,\widehat{\rho}(j)}$$

berechnet (Levinson-Durbin Rekursion).

Die partiellen Autokorrelationen können analog zu den Autokorrelationen mit der Funktion `pacf()` berechnet und gezeichnet werden. Im Unterschied zur Funktion `acf()` wird hierbei der Lag 0 *nicht* mit berücksichtigt, vgl. die untere Grafik in Abbildung 23.1.

### 23.5.3   Nichtlineare Zusammenhänge

ACF und PACF geben Hinweise auf mögliche *lineare* statistische Zusammenhänge. Um auch eventuelle nicht-lineare Zusammenhänge zum Lag $k$ zu finden, kann ein Streudiagramm der Punkte

$$(x_{t+k}, x_t), \quad t = 1,\ldots,n-k \, ,$$

gezeichnet werden. Dies kann in R mit Hilfe der Funktion `lag.plot()` durchgeführt werden. Beispielsweise liefert

```
> lag.plot(white.noise, set.lags = 1, do.lines = FALSE)
```

ein solches Streudiagramm für den Fall $k = 1$. Wie zu erwarten, sind für dieses Beispiel keinerlei stochastische Zusammenhänge erkennbar.

### 23.5.4 Test auf Zufälligkeit

Ist eine Zeitreihe $x_1, \ldots, x_n$ gegeben, so kann die Nullhypothese

$H_0$ : die Beobachtungen können als unabhängig voneinander angesehen werden

auf der Basis der ACF mit Hilfe der Funktion `Box.test()` überprüft werden. Bezeichnet $\widehat{\varrho}(\cdot)$ die empirische ACF und ist $H_0$ korrekt, so sind für große $n$ die Statistiken

$$Q_{\mathrm{BP}} = n \sum_{k=1}^{m} \widehat{\varrho}(k)^2 \quad \text{und} \quad Q_{\mathrm{LB}} = n(n+2) \sum_{k=1}^{m} \frac{\widehat{\varrho}(k)^2}{n-k}$$

approximativ $\chi_m^2$-verteilt (Box-Pierce und Ljung-Box Teststatistik). Dabei wird die Zahl $m$ vom Anwender gewählt und mittels des Argumentes `lag` gesetzt. Voreingestellt ist der Wert 1. Über das Argument `type` kann zwischen diesen beiden Teststatistiken gewählt werden.

Ein weiteres Argument, `fitdf`, kann auf einen Wert $f$ größer als 0 gesetzt werden. Der p-Wert wird dann aus einer $\chi_{m-f}^2$ Verteilung berechnet. Dies kommt in der Regel zum Tragen, wenn es sich bei der zu überprüfenden Zeitreihe um Residuen aus einer Modellanpassung handelt, bei welcher $f$ Parameter geschätzt worden sind.

Wie zu erwarten, gibt der Box-Test für die Reihe `white.noise` keinen Hinweis auf eine mögliche Abhängigkeit.

```
> Box.test(white.noise)

        Box-Pierce test

data:  white.noise
X-squared = 0.0125, df = 1, p-value = 0.9111
```

Eine nichtparametrische Alternative zum Box-Test ist der sogenannte Iterationstest (runs test). Er kann in R mit der Funktion `runs()` aus dem Paket **TSA**, siehe Cryer und Chan (2008), durchgeführt werden.

## 23.6 Das Periodogramm

Mit Hilfe des Periodogramms können versteckte Frequenzen bzw. Wellenlängen in einer Zeitreihe gefunden werden.

**Definition.** Das *Periodogramm* $I(\cdot)$ ist für eine Zeitreihe $x_1, \ldots, x_n$ definiert als

$$I(\omega_k) = \frac{1}{\pi n}\left[\left(\sum_{t=1}^{n} x_t \cos(\omega_k t)\right)^2 + \left(\sum_{t=1}^{n} x_t \sin(\omega_k t)\right)^2\right], \quad k = 1, \ldots, \left\lfloor \frac{n}{2} \right\rfloor,$$

für die *Fourier-Frequenzen* $\omega_k = 2\pi k/n$.

Es kann gezeigt werden, dass sich die Werte von $I(\omega_k)$ als die Höhen eines Histogramms ergeben, welches eine Gesamtfläche von $\frac{1}{n}\sum_{t=1}^{n}(x_t - \overline{x})^2$ besitzt. Ist für eine Fourier-Frequenz $\omega_k$ der Wert von $I(\omega_k)$ besonders hoch, so ist dies ein Hinweis darauf, dass ein hoher Anteil der Streuung in der Zeitreihe im Zusammenhang mit dieser Frequenz steht.

**Bemerkung.** Als grafische Darstellungsform wird für ein Periodogramm selten tatsächlich ein Histogramm gewählt. Vielmehr werden die Werte $I(\omega_k)$ durch Linien miteinander verbunden. Zudem wird die $x$-Achse in der Regel nicht mit den $\omega_k$ sondern mit den zugehörigen $k/n$ für $k = 1, \ldots, \lfloor \frac{n}{2} \rfloor$ bezeichnet.

Für die aktuelle Berechnung des Periodogramms in R kann der Zusammenhang zur diskreten Fourier Transformation genutzt werden.

### 23.6.1  Diskrete Fourier Transformation

**Definition.** Seien $x_1, \ldots, x_n$ gegebene Werte. Bezeichne $i$ die imaginäre Einheit. Dann heißen

$$c_k = \sum_{t=1}^{n} x_t \exp\left\{ -i\, 2\pi \frac{(k-1)(t-1)}{n} \right\}$$

für $k = 1, \ldots, n$ die mittels diskreter Fourier-Transformation (DFT) erzeugten Werte.

Die R Funktion `fft()` berechnet die Werte $c_k$ aus obiger Definition mit Hilfe eines effizienten Algorithmus (Fast Fourier Transformation, FFT).

**Satz.** Bezeichnen $c_k$ die Werte der diskreten Fourier Transformation einer Zeitreihe $x_1, \ldots, x_n$, so ist

$$I(w_k) = \frac{|c_{k+1}|^2}{n\pi}, \quad k = 1, \ldots, \left\lfloor \frac{n}{2} \right\rfloor .$$

In diesem Satz ist zu berücksichtigen, dass mit dem Betrag der Betrag einer komplexen Zahl gemeint ist. Das folgende Beispiel ist an Beispiel 2.7 in Shumway und Stoffer (2006) angelehnt.

**Beispiel.** Erzeuge eine Zeitreihe zu den Zeitpunkten $t = 1, \ldots, 500$ mit Werten

$$x_t = 2\cos(2\pi t/50 + 0.6\pi) + \varepsilon_t .$$

Dabei seien die $\varepsilon_t$ unabhängige Beobachtungen aus einer Normalverteilung mit Parametern `mu = 0` und `sd = 5`. Lässt sich der durch weißes Rauschen stark überlagerte periodische Anteil in der Zeitreihe, der hier eine Wellenlänge von 50 Zeiteinheiten besitzt, mittels eines einfachen Periodogramms sichtbar machen?

Zunächst erzeugen wir die Zeitreihe.

```
> set.seed(1)
> x.time <- 1:500
```

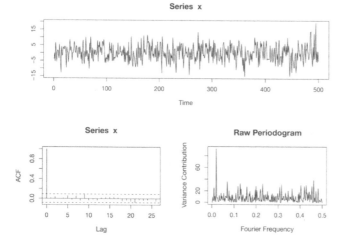

*Abbildung 23.2.* Simulierte Zeitreihe, empirische ACF und einfaches Periodogramm

```
> x.s <- 2*cos(2*pi*x.time/50 + 0.6*pi)
> x.wn <- rnorm(500,0,5)
> x <- ts(x.s + x.wn)
```

Eine grafische Darstellung der Reihe lässt den tatsächlichen periodischen Anteil nur schwer erkennen. Auch die ACF verhält sich tendenziell wie die ACF eines weißen Rauschens, vgl. Abschnitt 23.2.

Wir können das Periodogramm nun mittels der Funktion `fft()` entsprechend dem vorhergehenden Satz berechnen.

```
> n <- length(x)
> k <- 1:(floor(n/2))
> P <- (abs(fft(x))^2)[k+1]/(pi*n)
```

Eine grafische Darstellung wie in Abbildung 23.2 erhält unter Verwendung der Funktion `layout()`, vgl. Abschnitt 9.2.2, mittels

```
> my.lay <- matrix(c(1,1,1,1,1,1,1,1,2,2,3,3,2,2,3,3), nrow=4, byrow=4)
> layout(my.lay)
> # Grafik 1
> plot(x, main = "Series  x", ylab = "")
> # Grafik 2
> acf(x)
> # Grafik 3
> m.txt <- "Raw Periodogram"
> x.txt <- "Fourier Frequency"
> y.txt <- "Variance Contribution"
> plot(k/n, P, type = "l", main = m.txt, xlab = x.txt, ylab = y.txt)
```

Erkennbar ist im Periodogramm ein einzelner besonders starker Ausschlag (Peak). Wir bestimmen die Stelle dieses Peaks.

```
> k[order(P, decreasing = TRUE)[1]]/n
[1] 0.02
```

Dies entspricht der zugehörigen Fourier Frequenz bis auf den Faktor $2\pi$. Die zugehörige Wellenlänge ist der inverse Wert $1/0.02 = 50$. Tatsächlich wird also die verborgene Periodizität mit einer Wellenlänge von 50 Zeiteinheiten hier exakt gefunden.

### 23.6.2   Das Stichprobenspektrum

Bezeichnet weiterhin $i$ die imaginäre Einheit, so ist das *Spektrum* einer Zeitreihe gegeben als

$$f(\omega) = \frac{1}{2\pi} \sum_{k=-\infty}^{\infty} \gamma(k) \exp(-i\omega k), \quad -\pi \le \omega \le \pi,$$

wobei $\gamma(k)$ die Autokovarianzfunktion ist. Eine nahe liegende Schätzung besteht darin, die empirische Autokovarianzfunktion zu verwenden.

**Definition.**   Das *Stichprobenspektrum* ist als

$$\widehat{f}(\omega) = \frac{1}{2\pi} \sum_{k=-(n-1)}^{n-1} \widehat{\gamma}(k) \exp(-i\omega k), \quad -\pi \le \omega \le \pi$$

definiert.

Setz man für $\omega$ eine Fourierfrequenz $\omega_k$, $k = 1, \ldots, \lfloor \frac{n}{2} \rfloor$, so ergibt sich ein direkter Zusammenhang zum Periodogramm.

**Satz.**   Es gilt

$$\widehat{f}(\omega_k) = \frac{1}{2} I(\omega_k), \quad k = 1, \ldots, \left\lfloor \frac{n}{2} \right\rfloor.$$

Das Stichprobenspektrum ist somit ein Vielfaches des Periodogramms. Untersucht man seine statistischen Eigenschaften genauer, so stellt sich heraus, dass es kein geeigneter Schätzer für das Spektrum ist, vgl. beispielsweise Wei (2006). Es gibt verschiedene Möglichkeiten durch Glättung bessere Schätzer zu erhalten.

In R kann hierfür die Funktion `spec.pgram()` verwendet werden. Mit dem Aufruf von

```
> spec.pgram(x, taper = 0, fast = FALSE, detrend = FALSE, log = "no")
```

werden die Werte $\pi I(\omega_k)$ gezeichnet.

### 23.6.3   Kumuliertes Periodogramm

Ein kumuliertes Periodogramm kann verwendet werden, um einen Test auf Zufälligkeit durchzuführen. Gehen wir analog zur Beschreibung in Schlittgen und Streitberg (2001,

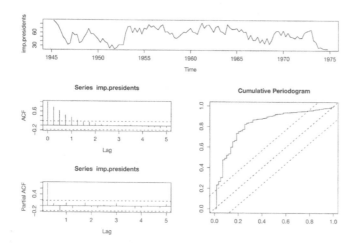

*Abbildung 23.3.* Imputierte Zeitreihe, empirische ACF und PACF, sowie kumuliertes Periodogramm

Abschnitt 7.3.3) vor, so sind hierfür zunächst die Werte

$$S_r = \frac{\sum_{k=1}^{r} I(\omega_k)}{\sum_{i=1}^{m} I(\omega_k)}, \quad r = 1, \ldots, m, \quad m = \left\lfloor \frac{n}{2} \right\rfloor,$$

zu bestimmen. Gezeichnet werden dann ausgehend vom Punkt $(0,0)$ Verbindungen der Punkte $(r/m, S_r)$ für $r = 1, \ldots, m$.

Zeigt der Graph keine bedeutsamen Abweichungen von der Winkelhalbierenden, so kann auf ein weißes Rauschen geschlossen werden. Zur Beurteilung der Abweichung kann zu einem festgelegten Niveau $0 < \alpha < 1$ ein kritischer Wert

$$c = \frac{\sqrt{-\frac{1}{2} \ln \left( \frac{\alpha}{2} \right)}}{\sqrt{m-1} + 0.2 + \frac{0.68}{\sqrt{m-1}}} - \frac{0.4}{m-1}$$

berechnet werden. Parallel zur Winkelhalbierenden $y = x$ werden dann noch die Geraden $y = x+c$ und $y = x-c$ gezeichnet. Liegt der obige Graph außerhalb des durch die Geraden begrenzten Bereiches, so ist dies ein Kennzeichen für eine bedeutsame Abweichung von der Winkelhalbierenden.

---

**Beispiel.** Zeichne für die Zeitreihe `imp.presidents` ein kumuliertes Periodogramm mit kritischem Wert zum Niveau $\alpha = 0.05$.

---

Zunächst werden die Werte des kumulierten Periodogramms berechnet.

```
> x <- imp.presidents
> n <- length(x)
> m <- floor(n/2)
> k <- 1:m
```

```
> P <- (abs(fft(x))^2)[k+1]
> P.kum <- cumsum(P)/sum(P)
```

Wie man sieht, kann hier die Funktion `cumsum()` Anwendung finden. Zudem verzichten wir bei der Erzeugung von P auf das Teilen durch (`pi * n`), da sich dieser Faktor im kumulierten Periodogramm ohnehin herauskürzt. Nun kann der kritische Wert bestimmt werden.

```
> alpha = 0.05
> ct <- sqrt(-0.5 * log(alpha/2))/(sqrt(m-1) + 0.2 + 0.68/
+ sqrt(m-1)) - 0.4/(m-1)
```

Schließlich kann die entsprechende Grafik erzeugt werden.

```
> plot(c(0, k/m), c(0, P.kum), type = "s", xlab = "", ylab = "")
> abline(0, 1, lty = 2)
> abline(ct, 1, lty = 2, col = "blue")
> abline(-ct, 1, lty = 2, col = "blue")
```

Vergleiche die rechte untere Grafik in Abbildung 23.3, die unter Verwendung der Funktion `layout()` erzeugt wurde. Wie zu erwarten, liegt der Graph deutlich von der Winkelhalbierenden entfernt.

Eine etwas andere Vorgehensweise zur grafischen Darstellung eines kumulierten Periodogramms, wie in Venables & Ripley (2002) beschrieben, kann mit Hilfe der Funktion `cpgram()` erzeugt werden.

## 23.7   Einfache Zeitreihen Modelle

Mit der Funktion `decompose()` kann eine einfache Zerlegung einer Zeitreihe in Trend-, Saison- und Restkomponete durchgeführt werden. Die Schätzungen basieren auf gleitenden Durchschnitten.

Mit der Funktion `HoltWinters()` kann das Modell von Holt und Winters, vgl. auch Schlittgen und Streitberg (2001), angewendet werden. Es beruht auf mehrfachen exponentiellen Glättungen. Die drei Glättungsparameter `alpha`, `beta` und `gamma` werden dabei aus den Daten geschätzt, können aber auch vom Anwender festgelegt werden.

# Kapitel 24

# ARIMA Modelle

ARIMA Prozesse stellen spezielle Beschreibungen stochastischer Abhängigkeiten zwischen den Beobachtungen einer Zeitreihe dar. Diese werden mit Hilfe unbekannter Parameter (AR- und MA Koeffizienten) ausgedrückt. Unter Normalverteilungsannahmen können die Parameter unter Verwendung des Maximum-Likelihood Ansatzes geschätzt werden, so dass die darauf basierende Anpassung für Prognosezwecke Anwendung finden kann. Wie bei anderen parametrischen statistischen Modellen existieren auch hier Methoden, welche die Modellbildung und Modelldiagnose unterstützen.

## 24.1   Modellbeschreibung

Stellen die Beobachtungen $x_1, \ldots, x_n$ eine Zeitreihe dar, so wird unterstellt, dass jede Beobachtung $x_t$ die Realisation einer Zufallsvariablen $X_t$ ist.

Man spricht von einem ARMA$(p, q)$ Prozess, wenn angenommen wird, dass für jeden Zeitpunkt $t$ die Gleichung

$$X_t = \alpha_1 X_{t-1} + \alpha_2 X_{t-2} + \cdots + \alpha_p X_{t-p} + \varepsilon_t + \beta_1 \varepsilon_{t-1} + \beta_2 \varepsilon_{t-2} + \cdots + \beta_q \varepsilon_{t-q}$$

erfüllt ist. Dabei sind die $\varepsilon_t$ unabhängig voneinander normalverteilte Zufallsvariablen mit Parameter `mean` $= 0$ und (unbekanntem Parameter) `sd` $= \sigma$.

**Bemerkung.**   An die *AR-Koeffizienten* $\alpha_1, \ldots, \alpha_p$ und die *MA-Koeffizienten* $\beta_1, \ldots, \beta_q$ werden in der Regel noch weitere (sogenannte Stationaritäts- und Invertierbarkeits-) Bedingungen gestellt, vgl. etwa Wei (2006).

Üblicherweise wird zudem ein weiterer unbekannter Parameter $\mu$ (Interzept) eingeführt, indem anstelle von $X_t$ in der Modellgleichung $X_t - \mu$ für jeden Zeitpunkt $t$ gesetzt wird.

### 24.1.1   ARIMA Prozess

Ersetzt man $X_t$ für jeden Zeitpunkt durch $d$-malige erste Differenzen, d.h. wendet man

```
> diff(x, lag = 1, differences = d)
```

zunächst auf die Zeitreihe x an und unterstellt für die transformierte Reihe einen ARMA$(p, q)$ Prozess, so spricht man von einem ARIMA$(p, d, q)$ Prozess.

In diesem Fall wird in der Regel kein Interzept Parameter $\mu$ eingeführt, da im Allgemeinen die differenzierte Reihe um 0 zentriert ist.


## 24.1.2   Schätzung und Prognose

Setzt man die Ordnungen $(p, d, q)$ als bekannt voraus, so können die Koeffizienten mittels eines Maximum-Likelihood Ansatzes aus den gegebenen Daten geschätzt werden.

Die Theorie der ARMA Prozesse erlaubt weiterhin die Angabe einer $l$-Schritt Prognose $\widehat{X}_t(l)$ zum Prognoseursprung $t$, die in einem gewissen Sinne optimal ist.

Dafür wird die Kenntnis der, im Prinzip unendlichen, Vergangenheit der Zeitreihe bis zum Zeitpunkt $t$ und die Kenntnis der Koeffizienten benötigt. In der Praxis werden zur Bestimmung konkreter Prognosen die AR- und MA-Koeffizienten durch ihre Schätzungen ersetzt und eventuell fehlende Werte in der Vergangenheit durch Startwerte festgelegt. Ein Beispiel für die Berechnung von Prognosen mit Hilfe von R wird in Abschnitt 24.4 gegeben.


### Residuen

Für einen angepassten ARMA$(p,q)$ Prozess sind die *Residuen* $\widehat{\varepsilon}_t$ die Differenzen

$$\widehat{\varepsilon}_t = x_t - \widehat{x}_{t-1}(1), \quad t = 1, \ldots, n \, ,$$

der beobachteten Werte $x_t$ und der aus dem Modell berechneten 1-Schritt Prognosen $\widehat{x}_{t-1}(1)$. Standardisierte Residuen sind gegeben als $\widehat{\varepsilon}_t/\widehat{\sigma}$, wobei $\widehat{\sigma}$ eine Schätzung für die Standardabweichung $\sigma$ des weißen Rauschens $\varepsilon_t$ ist.


## 24.1.3   Moving Average Darstellung

Erfüllen die AR- und MA-Koeffizienten eines ARMA$(p, q)$ Prozesses die an sie gestellten Bedingungen, so lässt sich der Prozess auch in der Form

$$X_t = \mu + \sum_{k=0}^{\infty} \psi_k \varepsilon_{t-k}, \quad \psi_0 = 1 \, ,$$

darstellen. Für fest vorgegebene AR- und MA-Koeffizienten können die so genannten *Psi-Gewichte* $\psi_1, \psi_2, \ldots$ mit Hilfe der Funktion `ARMAtoMA()` bestimmt werden.


## 24.1.4   Simulation von Zeitreihen

Die Funktion `arima.sim()` kann genutzt werden um ARIMA-Prozesse zu simulieren.

---

**Beispiel.** Erzeuge eine $\mathrm{ARMA}(1,1)$ Zeitreihe der Länge $n = 200$, die durch die Gleichung

$$X_t = 0.9X_{t-1} + \varepsilon_t - 0.5\varepsilon_{t-1}$$

beschrieben ist.

---

Mit

```
> n <- 200
> set.seed(1)
> arma.x <- arima.sim(list(ar = 0.9, ma = -0.5), n = n)
```

wird die Zeitreihe erzeugt. Eine grafische Darstellung ist in Abbildung 24.1 (obere Grafik) gegeben.

## 24.2 Modellbildung

Für die Bildung eines ARMA bzw. ARIMA Modells ist zunächst die Wahl der Ordnungen $(p, d, q)$ von Bedeutung.

### 24.2.1 Transformationen

$\mathrm{ARMA}(p, q)$ Prozesse sind Modelle für stationäre Zeitreihen. Das bedeutet, dass $\mathrm{E}(X_t)$ und $\mathrm{Var}(X_t)$ nicht von der Zeit $t$ abhängig, also konstant über die Zeit, sind. Zudem hängt $\mathrm{Cov}(X_t, X_{t+k})$ nur von $k$ aber nicht von $t$ ab. Beobachtetet Zeitreihen können aber häufig *nicht* als stationär angesehen werden.

Ist in einer gegebenen Zeitreihe beispielsweise eine Zunahme der Größenordnung der Ausschläge im Zeitverlauf erkennbar, so könnte dies ein Hinweis auf eine mögliche Instationarität im Hinblick auf die Varianz sein. Sind die Werte alle positiv, so wird in einem solchen Fall häufig mit den logarithmierten Daten gearbeitet.

Ist ein Trend im Zeitverlauf erkennbar (mögliche Instationarität im Hinblick auf den Erwartungswert), so werden häufig erste Differenzen gebildet. Anschließend kann ein ARMA Prozesse ohne den Parameter $\mu$ angepasst werden. Denselben Effekt erreicht man durch Anwendung eines $\mathrm{ARIMA}(p, 1, q)$ Modells. (Werte für $d$ größer als 1 werden eher selten verwendet.)

Ist ein periodischer Verlauf erkennbar, so ist dies ebenfalls ein Kennzeichen für eine Instationarität. In einem solchen Fall kann möglicherweise ein saisonales ARIMA Modell, vgl. Abschnitt 24.4, verwendet werden.

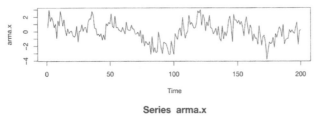

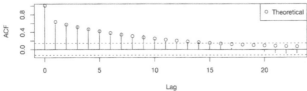

*Abbildung 24.1.* Simulierte Zeitreihe eines ARMA$(1,1)$ Prozesses, $X_t = 0.9X_{t-1} + \varepsilon_t - 0.5\varepsilon_{t-1}$, mit zugehöriger empirischer und theoretischer ACF

## 24.2.2   Autokorrelationsfunktion

Im Prinzip ist es möglich, für ARMA$(p,q)$ Prozesse die theoretische ACF und PACF zu bestimmen, wenn man die Beobachtungen als Zufallsvariablen auffasst. So ist

$$\rho(k) = \frac{\text{Cov}(X_t, X_{t+k})}{\sqrt{\text{Var}(X_t)}\sqrt{\text{Var}(X_{t+k})}}$$

allgemein die ACF zum Lag $k$. Für einen ARMA$(p,q)$ Prozesse kann diese Größe in Abhängigkeit der Werte von $\alpha_1, \dots, \alpha_p$ und $\beta_1, \dots, \beta_q$ angegeben werden. So ist beispielsweise bekannt, dass für einen ARMA$(1,0)$ Prozess mit $0 < |\alpha_1| < 1$ sich die ACF zu $\varrho(k) = \alpha_1^k$ für $k = 0, 1, 2, \dots$ ergibt.

Mit Hilfe der Funktion `ARMAacf()` können die Wert der ACF für gegebene Koeffizienten bestimmt werden.

> **Beispiel.**   Bestimme die Werte der *theoretischen* ACF für einen ARMA$(1,1)$ Prozess, der durch die Gleichung
>
> $$X_t = 0.9X_{t-1} + \varepsilon_t - 0.5\varepsilon_{t-1}$$
>
> beschrieben ist.

Mit

```
> arma.x.acf <- acf(arma.x)
> th.acf <- ARMAacf(ar = 0.9, ma = -0.5, lag.max = max(arma.x.acf$lag))
```

werden die theoretischen ACF-Werte für alle diejenigen Lags berechnet, für die auch die empirische ACF mittels `acf()` ausgegeben wird. Die untere Grafik in Abbildung 24.1

| Prozess | ACF | PACF |
|---------|-----|------|
| AR($p$) | klingt aus (exponentiell oder als gedämpfte Sinusschwingung) | bricht nach Lag $p$ ab |
| MA($q$) | bricht nach Lag $q$ ab | klingt aus (exponentiell oder als gedämpfte Sinusschwingung) |
| ARMA($p,q$) | klingt nach Lag $q - p$ aus | klingt nach Lag $p - q$ aus |

*Tabelle 24.1.* Charakteristika von ACF und PACF

zeigt die empirische ACF der künstlich erzeugten Zeitreihe, sowie die theoretischen Werte (`th.acf`) als blaue Punkte. Man erkennt, dass empirische und theoretische ACF recht nahe beieinander liegen.

In einer konkreten Anwendungssituation sind die Koeffizienten und Ordnungen eines möglichen zugrunde liegenden ARMA Prozesses natürlich nicht bekannt. Dennoch zeigt die theoretische ACF und PACF von ARMA($p, q$) Prozessen bestimmte Charakteristika auf, wie sie Tabelle 24.1 angedeutet sind, vergleiche auch Tabelle 6.1 in Wei (2006). Verhält sich dann die empirische ACF und PACF einer beobachteten Zeitreihe dementsprechend, so können die Ordnungen $p$ und $q$ auf dieser Basis gewählt werden.

> **Beispiel.** Zeichne für die zuvor erzeugte Zeitreihe `imp.presidents` jeweils die empirische ACF und PACF und entscheide auf der Basis von Tabelle 24.1, ob ein ARMA($p, q$) Prozess von einer bestimmten Ordnung als Modell in Frage kommen könnte.

Zunächst werden empirische ACF und PACF in eine Grafik gezeichnet, vergleiche dazu Abbildung 23.3. Zu beachten ist, dass die PACF nicht, wie die ACF mit Lag 0 beginnt. Man erkennt, dass die ACF exponentiell ausklingt. Die PACF bricht nach Lag 1 ab. Da der Wert zum Lag 3 auch noch recht hoch ist, wenn auch nicht signifikant, könnte auch ein Abbruch nach Lag 3 in Erwägung gezogen werden.

Entsprechend Tabelle 24.1 kämen also ein ARMA($1, 0$) oder ein ARMA($3, 0$) Prozess als Modell in Frage.

### 24.2.3 Schätzung der Koeffizienten

Die Koeffizienten eines ARIMA Prozesses können in R nach dem Maximum-Likelihood Prinzip mit der Funktion `arima()` geschätzt werden. Dabei ist zunächst nur die Angabe des Argumentes `order` notwendig, für welches ein Vektor der Länge 3 mit den Werten von $p$, $d$ und $q$ (in dieser Reihenfolge) gesetzt wird.

> **Beispiel.** Bestimme für die Reihe `imp.presidents` die Koeffizienten Schätzer für die Anpassung eines ARMA($1, 0$) und eines ARMA($3, 0$) Prozesses.

Die Anwendung der Funktion `arima()` ergibt:

```
> mod1.pres <- arima(imp.presidents, order = c(1,0,0))
> mod2.pres <- arima(imp.presidents, order = c(3,0,0))
```

Betrachten wir zunächst die Ergebnisse für mod1.pres.

```
> mod1.pres

Call:
arima(x = imp.presidents, order = c(1, 0, 0))

Coefficients:
         ar1   intercept
      0.8316     56.1207
s.e.  0.0542      4.7352

sigma^2 estimated as 81.9:  log likelihood = -431.57,  aic = 869.14
```

Die Schätzwerte sind $\hat{\alpha}_1 = 0.8316$ und $\hat{\mu} = 56.1207$. Die zugehörigen (geschätzten) Standardfehler sind im Verhältnis zu den Schätzwerten klein genug, um auf eine recht zuverlässige Schätzung schließen zu können. Weiterhin wird auch ein AIC Wert von 869.14 angegeben. Dieser kann als Maß für die Qualität der Anpassung im Vergleich mit einem weiteren Modell verwendet werden.

```
> mod2.pres

Call:
arima(x = imp.presidents, order = c(3, 0, 0))

Coefficients:
         ar1     ar2      ar3   intercept
      0.7672  0.2497  -0.2026     56.2394
s.e.  0.0895  0.1115   0.0922      4.2273

sigma^2 estimated as 77.73:  log likelihood = -428.52,  aic = 867.05
```

Wie man sieht ist der AIC Wert im größeren Modell mit 867.05 etwas kleiner als zuvor, was darauf hindeutet, dass dieses Modell sogar eine noch bessere Anpassung liefert.

## 24.2.4  AIC und BIC

Wie bereits angedeutet, kann das in Abschnitt 21.5.1 eingeführte AIC auch als Auswahlkriterium für geeignete ARIMA Modelle verwendet werden. Der Wert kann aus einem ARIMA-Objekt auch mit Hilfe der Funktion AIC() gelesen werden.

```
> AIC(mod1.pres); AIC(mod2.pres)
[1] 869.1437
[1] 867.0463
```

Dies Funktion kann ebenfalls verwendet werden um das BIC Kriterium, vgl. Abschnitt 21.5.1, zu bestimmen.

```
> pres.k <- log(length(imp.presidents))
> AIC(mod1.pres, k = pres.k); AIC(mod2.pres, k = pres.k)
[1] 877.4811
[1] 880.9419
```

Nach diesem Kriterium wird nun allerdings das kleinere Modell (mit nur einem AR-Koeffizienten) bevorzugt.

### 24.2.5 Stationäre Autoregressive Prozesse

Im Prinzip reicht es aus, als Modell für eine stationäre Zeitreihe einen stationären $ARMA(p, 0)$ Prozess, also einen $AR(p)$ Prozess, dessen Koeffizienten Stationaritätsbedingungen erfüllen, zu wählen. Allerdings ist eine geeignete Ordnung $p$ in manchen Fällen sehr groß. Wählt man hingegen einen $ARMA(p, q)$ Prozess als Modell, so ist dieses in der Regel deutlich „sparsamer" in dem Sinne, dass die Anzahl der unbekannten Koeffizienten geringer ist.

Mit Hilfe der Funktion `ar()` ist es möglich einen $AR(p)$ Prozess anzupassen, bei dem die Ordnung $p$ nicht von vornherein vorgegeben, sondern entsprechend dem AIC Kriterium gewählt wird.

```
> ar(imp.presidents)

Call:
ar(x = imp.presidents)

Coefficients:
      1        2        3
 0.7382   0.2021  -0.1799

Order selected 3  sigma^2 estimated as  92.48
```

Es wird also automatisch die Ordnung $p = 3$ gewählt. Die Schätzwerte unterscheiden sich leicht von den obigen, da ein etwas anderes Verfahren zu ihrer Ermittlung verwendet wird.

## 24.3 Modelldiagnose

Die Funktion `tsdiag()` erlaubt die grafische Überprüfung einer Anpassung, die mit Hilfe der Funktion `arima()` erfolgt ist. Mittels

```
> tsdiag(mod1.pres)
```

wird ein Grafikfenster geöffnet, in dem drei Diagramme gezeigt werden. Das erste Diagramm ist die Reihe der standardisierten Residuen. Sie sollte sich bei einer guten Anpassung wie eine Reihe weißen Rauschens verhalten. Für die gezeichnete ACF der Residuen gilt dies ebenfalls, d.h. es sollten keine auffälligen Ausschläge für Lags größer als 0 erkennbar sein. Die dritte Grafik zeigt die p-Werte des Box-Ljung Tests auf Zufälligkeit, vgl. Abschnitt 23.5.4, für verschiedene Werte des Argumentes `lag`. Sämtliche p-Werte sollten oberhalb der gezeichneten Linie liegen. Dies ist in diesem Modell nicht gegeben, so dass also davon ausgegangen werden kann, dass die Anpassung nicht genügt. Hingegen zeigt sich beim Aufruf von

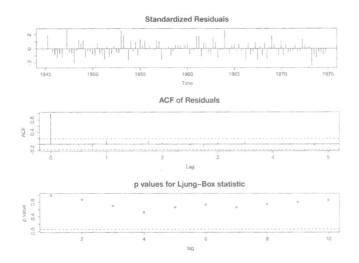

*Abbildung 24.2.* Diagnostische Diagramme zur Anpassung eines AR(3) Modells

```
> tsdiag(mod2.pres)
```

dass sämtliche p-Werte groß sind, vgl. Abbildung 24.2, dieses Modell wird also bevorzugt.

### 24.3.1  Normalverteilung standardisierter Residuen

Kann man davon ausgehen, dass die standardisierten Residuen unabhängig voneinander sind, so kann zusätzlich überprüft werden, ob ihre empirische Verteilung Hinweise auf eine Verletzung der Annahme der Normalverteilung geben könnte.

Standardisierte Residuen für das Objekt mod2.pres können mittels

```
> rs <- mod2.pres$residuals
> std.rs <- rs/sqrt(mod2.pres$sigma2)
```

erhalten werden. Für std.rs kann nun ein Normal-Quantil Diagramm gezeichnet und der Shapiro-Wilk Test auf Normalverteilung durchgeführt werden. Es zeigen sich keine Hinweise für eine bedeutsame Abweichung von der Annahme der Normalverteilung.

## 24.4  Saisonale ARIMA Modelle

Saisonale ARIMA Prozesse führen zusätzliche Differenzenbildungen sowie AR- und MA-Koeffizienten ein, die im Zusammenhang mit einer vorgegebenen Periode $s$ stehen. Man spricht von einem SARIMA$((p, d, q) \times (P, D, Q)_s)$ Prozess. Ein Modell, welches häufig für monatliche Zeitreihen angewendet wird, ist das SARIMA$((0, 1, 1) \times (0, 1, 1)_{12})$ Modell

**AirPassengers**

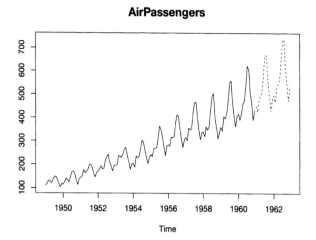

*Abbildung 24.3.* Beobachtete Anzahl von Flugpassagieren (in Tausend) und prognostizierte Werte

(Airline Modell). Es lässt sich in der Form

$$(1 - L)(1 - L^{12})X_t = (1 - \beta_1 L)(1 - B_1 L^{12})\varepsilon_t$$

darstellen. Dabei ist $L$ der Lag-Operator mit der Wirkung $L^k X_t = X_{t-k}$, $\beta_1$ der unbekannte MA-Koeffizient und $B_1$ der unbekannte saisonale MA-Koeffizient.

---

**Beispiel.** Betrachte die Zeitreihe `AirPassengers`, passe das Airline Modell an und prognostiziere die Passagierzahlen der nächsten 2 Jahre.

---

Zeichnet man die Zeitreihe `AirPassengers`, so erkennt man eine sich wiederholende Saisonfigur, deren Ausschläge mit zunehmender Zeit stärker werden. Wir logarithmieren daher die Reihe zunächst.

```
> x <- log(AirPassengers)
```

Ein SARIMA Modell kann ebenfalls mit der Funktion `arima()` angepasst werden.

```
> x.sarima <- arima(x, order = c(0,1,1),
+ seasonal = list(order = c(0,1,1), period = 12))
```

Für die saisonale Ordnungen werden die Werte $(P, D, Q)_s$ in Form einer Liste angegeben.

```
> x.sarima
...

Coefficients:
          ma1      sma1
      -0.4018   -0.5569
s.e.   0.0896    0.0731
```

```
sigma^2 estimated as 0.001348:  log likelihood = 244.7,  aic = -483.4
```

Die Standardfehler sind im Verhältnis zu den Schätzwerten recht gering. Die Grafiken, die der Aufruf

```
> tsdiag(x.sarima)
```

erzeugt, lassen auf eine akzeptable Anpassung schließen. Eine Prognose der nächsten 24 Monate auf der Basis des angepassten Modells erhält man mittels

```
> x.pred <- predict(x.sarima, n.ahead = 24)
```

Damit wird die logarithmierte Zeitreihe vorhergesagt. Eine Prognose für die eigentliche Reihe erhält man nun einfach mittels

```
> Air.pred <- exp(x.pred$pred)
```

Die grafische Darstellung, vgl. Abbildung 24.3,

```
> ts.plot(AirPassengers, Air.pred, lty = c(1,2), main = "AirPassengers")
```

lässt diese Prognose durchaus als plausibel erscheinen.

# Literaturverzeichnis

Agresti, A. (1990). *An Introduction to Categorical Data Analysis*. Wiley, New York (1990).

Casella, G. und Berger, R.L. (2002). *Statistical Inference. Second Edition*. Duxburry.

Christensen, R. (2002). *Plane Answers to Complex Questions. The Theory of Linear Models. Third Edition*. Springer, New York.

Cryer, J.D. und Chan, K.-S. (2008). *Time Series Analysis. With Applications in R. Second Edition* Springer, New York [R-Paket `TSA`].

Dalgaard, P. (2008). *Introductory Statistics with R. 2nd ed.*. Springer, Berlin [R-Paket `ISwR`].

Davison, A.C. (2003). *Statistical Models*. Cambridge University Press, Cambridge [R-Paket `SMPracticals`].

Fahrmeier, L., Künstler, R., Pigeot, I. und Tutz, G. (2003). *Statistik. Der Weg zur Datenanalyse. 4.Auflage*. Springer, Berlin.

Fischer, G. (2005). *Stochastik einmal anders*. Vieweg, Wiebaden.

Fox, J. (1997). *Applied Regression Analysis, Linear Models, And Related Methods*. Sage, Thousand Oaks, California.

Fox, J. (2002). *An R and S-Plus Companion to Applied Regression*. Sage Publications, Thousand Oaks [R-Paket `car`].

Hartung, J., Elpelt, B. und Klösener, K.-H. (2002). *Statistik. Lehr- und Handbuch der angewandten Statistik. 13.Auflage*. Oldenbourg Verlag, München.

Ligges, U. (2008). *Programmieren mit R. 3. Auflage*. Springer, Berlin.

Maindonald, J. & Braun, J. (2006). *Data Analysis and Graphics Using R. Second Edition*. Cambridge University Press, Cambridge [R-Paket `DAAG`].

Mood, A.M., Graybill, F.A. und Boes, D.C. (1974). *Introduction to the Theory of Statistics, Third Edition*. McGraw-Hill, Auckland.

R Development Core Team (2009). *R: A language and environment for statistical computing*. R Foundation for Statistical Computing, Vienna, Austria. [URL `http://www.R-project.org.`]

Schlittgen, R. (2003). *Einführung in die Statistik. Analyse und Modellierung von Daten. 10. Auflage.* Oldenbourg Verlag, München.

Schlittgen, R. und Streitberg, B. (2001). *Zeitreihenanalyse. 9. Auflage.* Oldenbourg Verlag, München.

Seber, G. A. F. und Lee, A. J. (2003). *Linear Regression Analysis. Second Edition.* Wiley, New Jersey.

Shumway, R.H. und Stoffer, D.S. (2006). *Time Series Analysis and Its Applications. With R Examples. Second Edition.* Springer.

Venables, W.N. und Ripley, B.D. (2002). *Modern Applied Statistics with S. Fourth Edition.* Springer, New York [R-Paket MASS].

Verzani, J. (2004). *Using R for Introductory Statistics.* Chapman & Hall [R-Paket UsingR].

Wei, W.W.S. (2006). *Time Series Analysis. Univariate and Multivariate Methods. Second Edition.* Pearson Addison Wesley, Boston.

# Index

# Das Buch zum Digitalen Mathekalender

Katja Biermann | Martin Grötschel | Brigitte Lutz-Westphal (Hrsg.)

## Besser als Mathe

Moderne angewandte Mathematik aus dem MATHEON zum
Mitmachen
2010. XII, 265 S. Mit Illustrationen von Sonja Rörig.
Br. EUR 26,95
ISBN 978-3-8348-0733-5

Mathematik ganz freizeitlich - Mathematik in Bewegung - Mathematik komplett
technologisch - Mathematik ganz zufällig - Mathematik in Produktion und Logistik
- Mathematik gegen Bankrott - Mathematik im menschlichen Körper - Mathematik
auf die Schnelle

"Wozu braucht man Mathematik?" Dieses Buch stellt unter Beweis, dass moderne
Mathematik in fast sämtlichen Lebensbereichen eine wichtige Rolle spielt. Aktuelle
Forschung wird durch unterhaltsame Aufgaben und ihre Lösungen anschaulich.
Das Buch fordert zum aktiven Mitmachen auf und zeigt, dass Mathematik inter-
essant ist und Freude bereiten kann. Für die Anstrengung des konzentrierten
Nachdenkens werden die Leserinnen und Leser mit nützlichen und manchmal auch
verblüffenden Ergebnissen belohnt.

Das Buch basiert auf einer Auswahl der schönsten Aufgaben aus sechs Jahrgängen
des mathematischen Adventskalenders des DFG-Forschungszentrums MATHEON.
Der erstaunliche Erfolg des Mathekalenders (www.mathekalender.de) bei Jung und
Alt war der Anlass, die besten Aufgaben neu zu formulieren und mit ausführlichen
Erklärungen zu dem jeweiligen Praxisbezug zu versehen.

Freuen Sie sich auf eine Rundreise durch spannende Mathematik und ihre
Anwendungen!

**VIEWEG+
TEUBNER**

Abraham-Lincoln-Straße 46
65189 Wiesbaden
Fax 0611.7878-400
www.viewegteubner.de

Stand Januar 2010.
Änderungen vorbehalten.
Erhältlich im Buchhandel oder im Verlag.